ロボット・AIと法

THE LAWS OF ROBOTS AND ARTIFICIAL INTELLIGENCE

弥永真生・宍戸常寿 編

有斐閣

はしがき

　アシモフのロボット物小説，鉄人28号や鉄腕アトムが空想の産物であったのに対し，いまや，私たちの身の回りにはさまざまなロボットが存在し，また，私たちの生活や社会のシステムにおいて人工知能（AI）は重要な役割を果たし，むしろ不可欠のものとなっている。たとえば，すでに，オートパイロットは航空機に導入されており，船舶の航行にも使われているが，自動運転をめぐる技術の発展とそれに対応するための法整備などの動きが最近ではマスメディアを賑わせている。

　このような環境の中で，ロボット・AIが人や社会にもたらす影響は無視できなくなっており，その結果，法学の観点からの考察や検討が欠かせなくなっている。すなわち，ロボット・AIが社会に受容され，活用されるためには，大なり小なり，それらに対応するための法制度の整備が必要となる。逆に，ロボット・AIが現在のように普及し，また，その傾向が加速することを想定せずに作られている法制度をそのまま維持することは，人と人との関係や社会にとって不都合な結果，不幸な結果を招きかねない。ロボット・AIが人間や社会のあり方に変化をもたらしており，ますますもたらすと予想されている今日，これまでの法(学)に新たな光を当てることが必要となっている。

　このような問題意識の下，著者たちは，さまざまな法分野について，ロボット・AIと法との交渉についての現在の到達点と将来の展望を，読者の方々と分かち合いたいと考え，本書を執筆した（各章の内容の概要については第1章VIをご覧ください）。視界が開けるような経験をしていただけることを願っている。また，各章末の参考文献などによって，興味を持たれた読者の方々がさらに理解を深めていただくことを期待している。

　最後に，出版の機会を与えてくださった有斐閣，そして，本書の刊行にあたって，お世話をいただき，早期刊行に尽力くださった笹倉武宏氏に心よりお礼を申し上げたい。

2018年2月

著者を代表して

弥永　真生

ABOUT THE AUTHOR
執筆者紹介

（執筆順。✱は編者）

✱ 宍戸 常寿（ししど・じょうじ）
東京大学大学院法学政治学研究科教授

工藤 郁子（くどう・ふみこ）
PHP総研 主任研究員

大屋 雄裕（おおや・たけひろ）
慶應義塾大学法学部教授

山本 龍彦（やまもと・たつひこ）
慶應義塾大学大学院法務研究科教授

横田 明美（よこた・あけみ）
千葉大学大学院社会科学研究院准教授

木村 真生子（きむら・まきこ）
筑波大学大学院ビジネス科学研究科教授

市川 芳治（いちかわ・よしはる）
慶應義塾大学大学院法務研究科・経済学部非常勤講師

後藤 元（ごとう・げん）
東京大学大学院法学政治学研究科教授

✱ 弥永 真生（やなが・まさお）
筑波大学大学院ビジネス科学研究科教授

深町 晋也（ふかまち・しんや）
立教大学大学院法務研究科教授

笹倉 宏紀（ささくら・ひろき）
慶應義塾大学大学院法務研究科教授

福井 健策（ふくい・けんさく）
骨董通り法律事務所 代表

岩本 誠吾（いわもと・せいご）
京都産業大学法学部教授

CONTENTS

目　次

AI と契約

CHAPTER **6**

木村 真生子

131

ロボット・ＡＩと競争法 ● カルテルを中心に

市川　芳治　161

自動運転車と民事責任

CHAPTER **7**

後藤　元　167

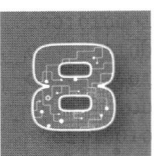
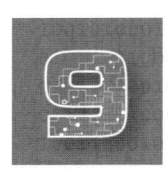 

AI と刑事司法

CHAPTER **10**

笹倉　宏紀

233

ロボット・AI と知的財産権

CHAPTER **11**

福井　健策

ロボット兵器と国際法

岩本 誠吾

判例は下記のような略語を用いて，その裁判所名・言渡日・掲載判例集（代表的なもの）を示した。例えば「東京地判平成 15・9・19 判時 1843 号 118 頁」は，「東京地方裁判所」で平成 15 年 9 月 19 日に言い渡された「判決」で，「判例時報」という判例掲載誌の 1843 号 118 頁に掲載されていることを示す。なお，主な判例は裁判所ウェブサイト（http://www.courts.go.jp/）でも見ることができる。

大判	大審院判決	判	判決
最	最高裁判所	決	決定
最大判	最高裁判所大法廷判決	民集	（大審院または最高裁判所）民事判例集
最大決	最高裁判所大法廷決定	刑集	（大審院または最高裁判所）刑事判例集
高	高等裁判所	判時	判例時報
知財高	知的財産高等裁判所	判タ	判例タイムズ
地	地方裁判所	金判	金融・商事判例
支	支部		

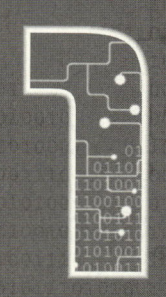

ロボット・AI と法をめぐる動き

宍戸 常寿

は じ め に

1 ロボット・AI ブーム

　いつの間にか，ロボット・AI について，新聞やテレビ，ネットのニュースで目にしない日がなくなっている。この 3 年くらいで，この本に関連しそうなニュースを挙げるだけでも，あっという間にリストができてしまう。

2015 年 4 月	ドローンが首相官邸屋上に落下（2016 年 3 月にドローン規制法成立）
2015 年 6 月	ソフトバンク，Pepper（人の感情を理解する人型ロボット）の一般販売を開始
2015 年 12 月	野村総研，10 ～ 20 年後には日本の労働人口の約 49%が人工知能やロボット等により代替可能との推計結果を発表
2016 年 3 月	AlphaGo（Google DeepMind），人間の囲碁世界チャンピオンに勝利 Tay（マイクロソフトのチャットボット），Twitter でヘイトスピーチを学習して投稿したため停止

2016年 4月	da Vinci Surgical System（ダヴィンチ，手術支援ロボット）による手術について，前立腺がんだけでなく，腎臓がんにも，健康保険が適用されるようになる
2016年 7月	米国ダラス警察，警官射殺事件の容疑者を爆弾ロボットで殺害
2016年 8月	Watson（IBM），膨大な数の医学論文を学習してがん患者の治療法を助言
2016年 12月	経産省，AIに国会議事録を学習させて答弁の下書きをさせる実証実験を開始
2017年 7月	アウディ，自動運転レベル3に対応する自動運転機能を市販車に搭載へ
2017年 8月	SBIや楽天証券，NECとそれぞれ，AIで相場操縦等の不正取引を監視する実証実験を開始
2017年 10月	Clova Wave（LINE），Google Home（Google）（ともにAIスピーカー）の日本での販売開始
2017年 11月	特定通常兵器使用禁止制限条約（CCW）の締約国会議，AIを搭載する自律型致死兵器システム（LAWS）の規制をめぐって議論

新聞各紙の記事等から筆者作成。

　このリストを見れば，ロボット・AIの研究開発が急速に進んでいるだけでなく，私たちの生活に浸透しつつあり，個人の生き方も，企業や政府のあり方も大きく変わりつつあることが一目瞭然だろう。そこには期待と同時に不安も見え隠れする。

　例えばあなたが就職活動中の学生であれば，「近い将来，人間の仕事の半分が，AIに奪われる」という話におびえている真っ最中かもしれない。これは日本の労働人口の約49%がAIやロボット等により代替できる可能性が高いという野村総合研究所の推計（2015年12月）が，元になっている。そこでは将来，特別の知識・スキルが求められない職業等は代替される可能性が高いが，「創造性，協調性が必要な業務や，非定型な業務は将来においても人が担う」という見通しが示されている[1]。こうした能力・スキルを磨かなければ，と前向きに捉えている人もいるだろう。

＊本章で参照したURLの最終閲覧日はすべて2018年1月31日である。
1)　　株式会社野村総合研究所「日本の労働人口の49%が人工知能やロボット等で代替可能に──601種の職業ごとに，コンピューター技術による代替確率を試算」（2015年12月，https://www.nri.com/jp/news/2015/ 151202_1.aspx）。

2 ロボット・AIと法の関わり

　それでは，弁護士・裁判官・検察官のような狭い意味での法律家，あるいは
より広く公務員等の法に関わる職業はどうだろうか？[2]　米国の法律事務所が
破産分野の業務処理のために，IBM の Watson をベースに作られたシステム
を活用し始めたことが報じられた（2016 年 5 月）。欧州人権裁判所の判決を AI
がかなりの確率で予測できるという研究も発表されている（同年 10 月）。

　司法における，IT（情報技術）・ICT（情報通信技術）の活用は遅れてきたが，
今後はそれも変わっていくだろう。政府は最近，裁判手続等の IT 化を進める
ための検討を始めたが，[3] IT 化が進めば法律家はいよいよ本格的に AI を活用し
なければならなくなるだろう。その先には，裁判官ロボットまたは AI 裁判官
(e-judge) も登場するかもしれない（第 10 章参照）。

　法学におけるロボット・AIへの関心も高まっている。特に 2017 年は，本章
の参考文献や注に挙げるとおり，ロボット・AI に関する書籍や論文が多数公
表され，法(学)にとっての「ロボット・AI 元年」だった，といえそうだ。[4]

3 本章のねらい

　20 世紀末から，経済・社会のフロンティアであるインターネットは，新し
い法律問題を次々と生み出してきた。[5] 今後は，法学を学び，広い意味での法律
家になる上で，ロボット・AI を避けて通ることはできない。

　それと同時に，ロボット・AIの研究開発に関わる人々，そしてロボット・
AI を仕事や生活で利用する人々も，社会を構成し規律する法を，正しく認識
し理解することが，これまで以上に必要になる時代にもなる。それはなぜだろ
うか。ショッピングサイトで買い物をし，メールや SNS で連絡を取り合うな

---

2) 駒村圭吾「『法の支配』vs『AI の支配』」法学教室 443 号（2017 年）61 頁以下。
3) 町村泰貴「IT の発展と民事手続」情報法制研究 2 号（2017 年）38 頁以下。
4) 尾崎一郎「AI の奢り」法律時報 90 巻 1 号（2017 年）1 頁以下。
5) 松井茂記＝鈴木秀美＝山口いつ子〔編〕『インターネット法』（有斐閣，2015 年）参照。同書の前
　身ともいうべき高橋和之＝松井茂記〔編〕『インターネットと法』の初版が出版されたのは 1999 年
　である。

ど，いまではほとんどの人々が，インターネットを利用している。そのことによって，私たちは自覚のないままに，電子商取引や名誉毀損，プライバシー侵害といった法的問題に，自身は直接関わらざるをえなくなっている。それと同じことが，今後はフィジカル空間でもロボット・AIによって生じるからである。

理科系学問をバックグランドにしている人にとっては，文系それも法学が研究開発の規制を企んでいるのではないか，という警戒感が強いかもしれない。しかし，国内外のロボット・AIの先駆的な研究者や企業は，ロボット・AIが社会に受容されるための，真摯な取組みを続けている（本章Ⅳ**2**，本書第2章参照）。法（学）が，どのような関心をもち，どのように社会に生じる問題を解決・予防しようとするのか，おおよそを理解しておくことは，ロボット・AIの研究開発や社会実装にとっても有益だろう。

同じことは，法学そして法律家の側にもいえる。ロボット・AIが私たちの生活を本格的に変えていくのはこれからだ。法（学）と経済・技術の相互理解と協力なしには新しい社会問題が解決できないことは，すでにインターネットで法（学）が十分に学んだはずの教訓である。そしてロボット・AIが人間や社会のあり方に変化をもたらすのであれば，それはこれまでの法（学）に新たな光を当てることにもなる[6]。

理論的問題，そして法分野ごとの具体的な問題は第3章以下に譲り，この章ではロボット・AIをめぐる主として国内の動きを概観し，ロボット・AIと法（学）の関係について，少し考えておきたい。

---

6) 工藤郁子「自然人，法人に次ぐ『電子人』概念の登場」ビジネス法務2018年2月号5頁。

ロボット・AI とは？

　ここまで，ロボットとは何か，AI とは何かを特に定義せず，またロボット・AI と一括りで話を進めてきた。ここでそれぞれの定義について見ておこう。

1　ロボットとは？

(1)　ロボットの定義

　みなさんは，「ロボット（robot）」というとどのようなイメージをもっているだろうか。鉄腕アトム，ドラえもん等のアニメや映画のキャラクターだろうか。個人的なことながら，筆者が小学生だった 30 年以上前に，百貨店で開催されたロボット展で見たのは，ぎこちなく関節が動く人型の機械だった。

　日本工業規格「JIS B 0134：2015 ロボット及びロボティックデバイス—用語」は，ロボットを「二つ以上の軸についてプログラムによって動作し，ある程度の自律性をもち，環境内で動作して所期の作業を実行する運動機構」と定義する（2.6）。この定義を見ると，人間からある程度「自律的」に（3(3)），プログラムによって制御されて動く機械である。しかしこれは，産業用ロボット等を念頭に技術の標準化のために置かれた定義であって，最近のロボット技術をめぐるめざましい動きには，いまひとつしっくりこない。言い換えると，現時点でこれがロボットだという定義を示すことは難しいようだ。[7]

(2)　ロボット，AI，IoT

　日本ロボット学会のウェブサイト「日本ロボット研究開発の歩み」では，「コンピュータ制御」をロボット研究の鍵となる技術として説明している。[8] これで

---

　7)　独立行政法人新エネルギー・産業技術総合開発機構〔編〕『NEDO ロボット白書 2014』（2014年）1-1 頁以下。
　8)　http://rraj.rsj-web.org/

は，ロボットはコンピュータ，あるいは AI と重ならないだろうか。この点に関連して，ロボット革命実現会議のとりまとめを経た「ロボット新戦略（Japan's Robot Strategy ——ビジョン・戦略・アクションプラン）」（2015 年 1 月）の説明はこうだ。

　従来，ロボットは①センサー，②知能・制御系，③駆動系の 3 要素を備えた機械であると捉えられてきた。しかしネットワークや AI の普及によって，固有の③をもたない独立の②でも，現実世界のモノやヒトにアクセスし駆動させることが可能になっており，IoT[9] が進化すれば①も不要になるだろう。つまり AI 化された②（＋ IoT ＋ネットワーク）だけでロボット機能は提供できるようになる。このように考えれば，①〜③をすべて備えた機械という定義にこだわるべきでない，というのである。

　つまり，現在のロボットを捉える上で核心になるのは，②の知能・制御系が独立していることであり，それはしばしば AI そのものである。こうしたことを踏まえて，ロボット法の研究者である平野晋教授は，ロボットを「〈感知／認識〉＋〈考え／判断〉＋〈行動〉の循環」を有する機械（人造物），と定義している[10]。本書を読み進めるにあたっても，まずはこの定義から連想されるイメージでロボットを捉えておけば，十分だろう[11]。

2 AI とは？

(1) AI の定義

　次に AI（Artificial Intelligence，人工知能）の定義だが，これも研究者の間でさまざまな見方がある。人工知能学会ウェブサイト「What's AI」の説明は，こうだ[12]。

　　「人工知能」とは何だと思うでしょうか？まるで人間のようにふるまう機械を

---

9)　IoT（Internet of Things）は「モノのインターネット」のことである。官民データ活用推進基本法における「インターネット・オブ・シングス活用関連技術」の定義（2 条 3 項）も参照。

10)　平野晋『ロボット法』（弘文堂，2017 年）55 頁。

11)　なお，サイボーグとは一部が機械で残りが人間の融合創造物である。人間の知能が機械の部分を制御する限りで，サイボーグはロボットではなく人間だ，ということになろう（第 3 章コラム参照）。

12)　http://www.ai-gakkai.or.jp/whatsai/

想像するのではないでしょうか？これは正しいとも，間違っているともいえます。なぜなら，人工知能の研究には二つの立場があるからです。一つは，人間の知能そのものをもつ機械を作ろうとする立場，もう一つは，人間が知能を使ってすることを機械にさせようとする立場です（略）。そして，実際の研究のほとんどは後者の立場にたっています。

そして AI 研究のポイントとして，「推論」（知識をもとに，新しい結論を得ること）と「学習」（情報から将来使えそうな知識を見つけること）を挙げている。

後者の学習のうちディープラーニング（deep learning, 深層学習）こそが，AlphaGo が人間の囲碁世界チャンピオンに勝利する等，昨今の「第 3 次 AI ブーム」の起爆剤になった。ディープラーニングとは，深い層を重ねることで学習精度を上げるように工夫したニューラルネットワーク（脳の神経回路網で見られる特性を計算機上で再現することを目指した数理モデル）を用いる機械学習技術のことだ。[13] ディープラーニングの進化は，コンピュータの能力の向上，ネットワークの進展，そして AI が学習する膨大な量のデータ（ビッグデータ）によるところが大きい。[14]

(2) 強い AI と弱い AI

先ほどの説明にもあるとおり，AI が人間の知能そのものになったとか，近い将来にそうなるかというと，AI 研究者の多数は現在，そう考えていない。現在研究されている AI は，意識や自我を有する人間と同じように見える振る舞いをするけれども，実はそのような意識や自我をもっていない「弱い AI」である。人間と同じ意識や自我をもっている「強い AI」はまだ実現されていない。[15]

また，自ら機能を汎化する「汎用 AI」と「特化型 AI」の区別もある。人工

---

13) 独立行政法人情報処理推進機構 AI 白書編集委員会〔編〕『AI 白書 2017 ——人工知能がもたらす技術の革新と社会の変貌』（角川アスキー総合研究所，2017 年）16 頁。機械学習の性能はデータの特徴表現に依存するが，従来は人間の知識や職人技によって定義されていた。これに対してディープラーニングは特徴表現を自動で学習する点で，表現学習の一種ともされる（39 頁）。
14) AI 研究の発展については松尾豊『人工知能は人間を超えるか』（角川 EPUB 選書，2015 年）59 頁以下。
15) AI が意識をもつことの是非も含めて，鳥海不二夫『強い AI・弱い AI』（丸善出版，2017 年）。

知能技術戦略会議がまとめた「人工知能技術戦略」（2017 年 3 月）は，「現在進んでいる AI 技術は特定タスクを行う特化型の AI 技術であり，あくまで人間の能力を補完するものである」と指摘している。囲碁や将棋で人間の知能がすでに及ばない AI も，現在はまだ，人間が目的や機能を設定する特化型 AI だ。[16]

　2016 年 12 月に成立した官民データ活用推進基本法は，「人工知能関連技術」を，「人工的な方法による学習，推論，判断等の知的な機能の実現及び人工的な方法により実現した当該機能の活用に関する技術」と定義する（2 条 2 項）。これはディープラーニングにより可能となった弱い AI ないし特化型 AI だけではなく，より幅広く AI を包摂する概念だと考えてよいだろう。

❸ ロボット・AI の何が新しいのか？

　このように見てくると，現在ではロボットも AI も密接に関連していることが分かる。現在のロボット技術の側から見れば，ロボットの知能・制御系または〈考え／判断〉する要素として AI は取り込まれているし，機械学習ソフトウェアを構成要素として含むロボットは同時に AI システムでもある。[17]

　本書がロボット・AI を一括りで扱うのは，こうした事情が背景にある。本書では，自動走行車やドローンもまとめてロボット・AI の中に入れて，そこで生じる法的問題や法学にとっての課題を考えていくが，あらかじめ次の点に注意しておきたい。[18]

16）西垣通『ビッグデータと人工知能』（中公新書，2016 年）184 頁以下は，特化型 AI は IA(Intelligence Amplifier) と呼ぶべきだと指摘する。IBM が Watson を AI ではなく，「『Augmented Intelligence（拡張知能）』として人間の知識を拡張し増強するもの」と定義しているのも，本文のような事情と関わるかもしれない（IBM ウェブサイト「Watson とは？」https://www.ibm.com/watson/jp-ja/what-is-watson.html）。

17）総務省 AI ネットワーク社会推進会議「国際的な議論のための AI 開発ガイドライン案」（本章 Ⅳ 3(2)参照）は，AI を「AI ソフト」（データ・情報・知識の学習等により，利活用の過程を通じて自らの出力やプログラムを変化させる機能を有するソフトウェア）および「AI システム」（AI ソフトを構成要素として含むシステム）を総称する概念として定義している。

18）以下は，ロボット・AI をめぐる報告書や本章で引用した文献（特に末尾に挙げた参考文献）で議論されていることを，筆者なりにおおざっぱに整理したものである。

(1) ロボット・AI と情報通信ネットワーク

　クラウド上に存在する AI が情報通信ネットワークを介してロボットを制御する場合を考えれば分かるように，現在のロボット・AI は ICT と密接に関わる。AI の進化の鍵となったビッグデータの収集分析もインターネットあればこそだ。

　ロボット・AI をめぐる議論が「AI ネットワーク化」という形で ICT 政策と関連づけられたり（本章Ⅳ **3**(2)参照），プライバシーやセキュリティ等の情報法・情報政策と重なったりするのも，現在のロボット・AI をめぐる動向が情報通信と深く結びついているからである。他方で，ロボットが物損事故や傷害を起こした場合，それをモノの世界（フィジカル空間）とインターネットの世界（サイバー空間）のどちらに引きつけて考えればよいのか，という問題も生じることになる。

(2) 自律性と制御可能性

　ロボットの定義に関連して「自律的」ということばが出てきたが，これはざっくりいえば，人間から独立にロボット・AI が判断するということで，自動運転でいう「自動」と同じだ。とはいえ，「自律的」の中にも程度の差があることに注意しなければならない。例えば自動運転技術については，運転支援から部分運転自動化，条件付運転自動化，高度運転自動化を経て完全運転自動化の 5 段階に区別される（第 7 章参照）。また，ロボット兵器も人間の関わりに応じて遠隔操作ロボット，半自律ロボット，そして完全自律ロボットに分類される（第 12 章参照）。

　このような自律性の程度は，事故の際に背後にいる人間にロボット・AI の行動から生じた責任を負わせることができるか，よりマクロに見ればロボット・AI と人間の一般的関係をどう設計するかを考える上で，重要な要素である。

　ところで，ロボット・AI は人間の指図を待たずに判断し行動するから自律的なのであるが，その事態を突き詰めていけばどうなるだろうか。それは人間にとってロボット・AI が制御不能になる，ということでもある。ロボット・AI の研究開発に際して制御可能性を確保する装置を組み込むべきだとか，それは技術的に不可能だといった議論は，ロボット・AI のそもそものあり方に関わっていることに，注意しておきたい。

(3) 透明性と説明可能性

ディープラーニングで進化してきた AI は人間の知能を上回る回答を示すが，なぜ，どのようにその答えが出てきたのか，AI の研究開発者でも説明ができず，判断がいわばブラックボックス化してしまう場合が多い。そうだとすると，ロボット・AI の判断は本当に「正しい」のだろうか。「人間より賢いから」といってロボット・AI に任せていると，とんでもない事態を引き起こすことにならないだろうか。このように考えていくと，ロボット・AI の透明性，説明可能性が確保できるのか，できないのであればその利活用の場面を限定すべきではないか，という問題が出てくるのも，自然なことだろう。

(4) ロボット・AI に関する合意形成

ロボット・AI 技術は急速に進化していく。またグローバルに見れば，米国企業や中国を中心に研究開発競争が激化しているし，日本も官民挙げてこうした流れに取り残されないようにしている（本章Ⅲ）。日本ではスマートフォンが 2010 年以降爆発的に普及したが，ロボット・AI も実用化されたら瞬く間に普及して，私たちの生活になくてはならなくなるかもしれない。だから，まだ登場していない完全自律型ロボットや汎用 AI についても，あらかじめその問題点について考えて，対応や研究開発の制限を議論しておくべきではないか。

他方，まだ存在しない技術やサービスをあれこれ考えるのは難しい。そのような想定頼りで規制してみても実効性はおぼつかないし，ロボット・AI についてのイノベーションを阻害して最終的に人間の利益を損なうのではないか。特にグローバルな研究開発競争が進む環境では，このような対応や制限を一国だけで考えてみても，意味がないのではないか。

このように，ロボット・AI の方向性や限界について社会的な合意を形成しながら，その研究開発や利活用を進めることの難しさも，今の段階で頭に入れておいてほしい。

ロボット・AI による社会変革

1 時間軸——シンギュラリティ？

　AI に関連して，「2045 年までにシンギュラリティ（技術的特異点）に達する」という仮説が取り上げられることが多い。人間の知能を超える AI が登場するという文脈で語られることもあるが，未来学者のカーツワイルは，機械の情報処理能力はそれよりも前に人間の生物的知能を上回ると予測している。彼が強調しているのは，2045 年には，人間の生物的知能が数十億倍の能力を有する非生物的知能と融合することで何兆倍も拡大し，人類が生物としての限界を超越していくという，より壮大な話だ。[19] この意味でのシンギュラリティを否定する立場もあり，[20] この章ではこれ以上の深入りは避けたい。

　それにしても，今後ロボット・AI が急速に進化し，人間の社会を変えていくことは確かだろう。例えば「人工知能技術戦略」は，①各領域において，データ駆動型の AI 利活用が進む（現在），②個別の領域の枠を越えて，AI，データの一般利活用が進む（概ね 2020 年以降），③各領域が複合的につながり合い，エコシステムが構築される（概ね 2025 〜 30 年以降），という 3 段階のフェーズで AI の産業化が進むものと展望している。

　本書が具体的に検討する法的問題は，半自律的な自動運転や手術ロボットのように現時点ですでに顕在化しているもの（第 7 章〜第 9 章，第 11 章）から，ロボット・AI の自律化が進み利活用も広がる 2020 〜 30 年代を念頭に置いた問題（例えば第 5 章），さらにその先で完全に自律的になったロボット・AI がもたらす問題（第 12 章），人間や個人，社会のあり方の根本的な変化（第 3 章，第 4 章）まで幅広い。以下では，そうしたロボット・AI による社会の変化を政府がどのように捉えて研究開発や社会実装を方向づけようとしているのか，紹介しておきたい。

---

19)　さしあたりレイ・カーツワイル『シンギュラリティは近い［エッセンス版］』（NHK 出版，2016 年）。
20)　西垣・前掲注 16)94 頁以下。

2 「第4次産業革命」と「Society5.0」

1990 年代から実施された行政改革以降，政府の政策形成の場として，経済財政諮問会議や総合科学技術・イノベーション会議等，内閣や内閣府に設置される各種の会議体が重要になってきている。ロボット・AI に関わる会議体は各省庁のものを含めるととにかく多数にのぼり（表参照），ロボット・AI はいわば国策の中心になった感がある。[21]

例えば「『日本再興戦略』改訂 2015」（2015 年 6 月閣議決定）は，次のように指摘する。

> ロボット技術の範疇を超えて，ビジネスや社会の在り方そのものを根底から揺るがす，「第四次産業革命」とも呼ぶべき大変革が着実に進みつつある。IoT・ビッグデータ・人工知能時代の到来である。

他方，第 5 期（2016 ～ 2020 年度）の「科学基本計画」（2016 年 1 月閣議決定）も，世界各国では官民協力の下で第 4 次産業革命を先導していく取組みが始まっていると述べた上で，日本も「Society 5.0」[22]を推進することを宣言した。その実現される社会の姿の例示として，「生活の質の向上をもたらす人とロボット・AI との共生」が顔を出している。

一見して分かるとおり，「第 4 次産業革命」「Society5.0」というキーワードは，いかにも産業・社会の一大変革というイメージを志向している。その方向性は他の各府省の会議体でも，「データ主導社会」「AI ネットワーク化社会」「Connected Industries」等々，微妙な表現や内容の違いがありながら，共有されている。「未来投資戦略 2017 —— Society5.0 の実現に向けた改革」（2017 年 6 月閣議決定）の一節は，そうした力学が一つに収束した形として，受け止めることができる。

> この［先進国に共通する―筆者注］長期停滞を打破し，中長期的な成長を実現

---

21) 新保史生「ロボット・AI と法をめぐる国内の政策動向」人工知能学会誌 32 巻 5 号（2017 年）665 頁以下，独立行政法人情報処理推進機構 AI 白書編集委員会〔編〕・前掲注 13）297 頁以下。
22) ①狩猟社会，②農耕社会，③工業社会，④情報社会に続く，人類史上 5 番目の新しい社会であり，新しい価値やサービスが次々と創出され，社会の主体たる人々に豊かさをもたらしていく社会。

内　　閣	健康・医療戦略推進本部	医療等分野データ利活用プログラム	2018 年 改訂予定
	IT 総合戦略本部	AI, IoT 時代におけるデータ活用 WG 中間とりまとめ	2017 年　3 月
		オープンデータ WG 中間とりまとめ	2017 年　3 月
		世界最先端 IT 国家創造宣言・官民データ活用推進基本計画	2017 年　5 月
		IT 新戦略に向けた基本方針	2017 年 12 月
	知的財産戦略本部	新たな情報財検討委員会報告書 ――データ・人工知能（AI）の利活用促進による産業競争力強化の基盤となる知財システムの構築に向けて	2017 年　3 月
		知的財産推進計画 2017	2017 年　5 月
	日本経済再生本部	ロボット新戦略――ビジョン・戦略・アクションプラン	2015 年　2 月
		「日本再興戦略」改訂 2015 ――未来への投資・生産性革命	2015 年　6 月
		日本再興戦略 2016――第 4 次産業革命に向けて	2016 年　6 月
		未来投資戦略 2017 ――Society 5.0 の実現に向けた改革	2017 年　6 月
		新しい経済政策パッケージ	2017 年 12 月
内閣府	総合科学技術・イノベーション会議	科学技術基本計画（第 5 期）	2016 年　1 月
		科学技術イノベーション総合戦略 2017	2017 年　6 月
		人工知能と人間社会に関する懇談会報告書	2017 年　3 月
公正取引委員会		データと競争政策に関する検討会報告書	2017 年　6 月
総務省・文部科学省・経済産業省	人工知能技術戦略会議	人工知能技術戦略	2017 年　3 月
総務省	情報通信審議会	IoT ／ビッグデータ時代に向けた新たな情報通信政策の在り方　第四次中間答申	2017 年　7 月
		AI ネットワーク社会推進会議 報告書 2017 ――AI ネットワーク化に関する国際的な議論の推進に向けて	2017 年　7 月
経済産業省・特許庁		第四次産業革命を視野に入れた知財システムの在り方に関する検討会報告書	2017 年　4 月
経済産業省	産業構造審議会新産業構造部会	新産業構造ビジョン ―― 一人ひとりの，世界の課題を解決する日本の未来	2017 年　5 月
		第四次産業革命に向けた横断的制度研究会報告書	2016 年　9 月
		第四次産業革命に向けた競争政策の在り方に関する研究会報告書	2017 年　6 月

（出所）　知的財産戦略本部 新たな情報財検討委員会配布資料等をもとに筆者作成。網掛けは閣議決定。

していく鍵は，近年急激に起きている第 4 次産業革命（IoT，ビッグデータ，人工知能（AI），ロボット，シェアリングエコノミー等）のイノベーションを，あらゆる産業や社会生活に取り入れることにより，様々な社会課題を解決する「Society 5.0」を実現することにある。

❸　日本におけるロボット・AI 政策の力点

これらの文書等に垣間見られる，ロボット・AI 政策の力点は，次のようなところにある。

⑴　超高齢化社会における経済・産業政策としてのロボット・AI

ロボット・AI の推進は，経済・産業政策としての面を強くもっている。少子高齢化が進む日本の経済の今後向かうべき方向として，ロボット・AI に強い期待が寄せられている。例えば「日本再興戦略 2016 ―― 第 4 次産業革命に向けて」（2016 年 6 月閣議決定）では，人口減少に伴う供給制約や人手不足を克服する「生産性革命」にとって，ロボット・AI を含む第 4 次産業革命が鍵とされている。

労働力人口が減少していく中，例えば非定型的な業務には人間が優先的にあたり機械的な作業は AI に委ねるとか，高齢者の労働を支援するロボットが開発されたりすれば，超高齢化社会の新しいモデルをつくることにもなるだろう。[23]こうした期待は政府だけではなく，産業界そして有識者の間にも強い。[24]

⑵　ロボット・AI の立ち後れという危機感

「ロボット新戦略」は，もともと産業型ロボットが普及していた日本の地位が最近動揺している，という問題意識を強調している。さらに政府の決定等では，日本の AI 研究開発が米国企業や中国に立ち後れているのではないか，という危機感が伝わってくる。

---

23)　大内伸哉『AI 時代の働き方と法』（弘文堂，2017 年）28 頁以下。
24)　日本の産業界では，産業競争力懇談会（COCN）の活動が注目される。経済学からの発信として例えば柳川範之〔編著〕『人工知能は日本経済を復活させるか』（大和書房，2017 年）。

「既存の枠組みを果敢に転換して，世界に先駆けて社会課題を解決するビジネ
スを生み出すのか。それとも，これまでの延長線上で，海外のプラットフォーム
の下請けとなるのか。」

　　「製造現場など日本が強みを持つ分野と人工知能等の第 4 次産業革命の鍵を握
る技術をどう組み合わせて勝負するのか。勝ち目はあるが，ここを逃せばもう後
はない。」

　こうした「日本再興戦略 2016」の強い筆致からは，ロボット・AI の立ち後
れが，日本がこれまで優位にあったものづくりの局面での競争力の後退，経済
そして国力の低下に直結する，という思いが感じられる。特に GAFA と呼ば
れる米国企業（Google, Amazon, Facebook, Apple）が，サービスを通じて収集し
たビッグデータを下に，ロボット・AI 研究をリードしていることに対する警
戒感も見え隠れしている。

(3)　競争法・政策，情報法・政策との連関

　いま述べた点では日本と欧州では事情が共通しているが，EU では競争法や
情報法が，米国企業の活動に対する間接的な規制として機能する例が見られる。
EU 競争当局がビッグデータとの関係で米国企業の合併に対して積極的な法執
行を試みたことも，そうした流れの中にある。[25]2018 年に施行される EU 一般
データ保護規則（GDPR）では，プロファイリングについて，データ主体が異
議申立てをする権利，自動処理のみに基づいて重要な決定を下されない権利，
そして透明性の要請を定めているが，これはロボット・AI のもたらす問題（本
章 II 3）に対応しようとするものでもある。[26]

　日本でも，公正取引委員会や経済産業省の研究会が，EU における競争法・
政策の動向を参考にして，データの収集，利活用と独占禁止法の関係について
相次いで報告書を公表している。2015 年の個人情報保護法改正は，国民の個
人情報を取り扱う海外事業者に対しても個人情報保護法の義務規定の適用があ
ることを明確にした。「未来投資戦略 2017」等では，ロボット・AI の研究開

---

25)　市川芳治「ビッグデータを活用した競争は『卑怯』か？」庄司克宏〔編〕『インターネットの自
　　由と不自由』（法律文化社，2017 年）157 頁以下。
26)　山本龍彦『おそろしいビッグデータ』（朝日新書，2017 年）169 頁以下。

発のためにも不可欠であるデータ流通の促進が検討されている。

ロボット・AI の社会的影響と対応

1 ロボット・AI の社会的影響とリスク

ここまで見てきたように，ロボット・AI はいままで人類が手にしてきた道具・技術とは違う形で社会や人類のあり方を大きく変える可能性を秘めており（本章 II），しかも研究開発の段階を超えて利活用が進んでおり，政府もそれを経済成長との観点から加速しようとしている（本章 III）。

しかし，ロボット・AI の急速な普及によって，私たちの社会はどうなっていくのだろうか。「強い AI」や汎用型 AI が登場した暁には，人間と機械の違い，人間であるということの条件と意味，といった深刻な哲学的・文明論的な問いを避けて通ることはできなくなるだろう。しかしそれ以前に，ロボット・AI の普及によってどのような社会的影響が生じるのか，その影響にどう対応していくべきかといった論点は，いまそこにある（clear and present）問題である。人間はより幸福に，豊かになれるのだろうか。それともロボット・AI に仕事が奪われ，人間同士の格差や差別も進行するのだろうか。

私たちにとっていまや身近な食物や電化製品は，科学技術の産物でもある。そして，研究・実用化の時点では予測もしなかった形で，個人や社会に多大な影響をもたらす例が増えている。私たちの社会は「リスク社会」であり[27]，その経験と知見は，ロボット・AI に，当然にあてはまるだろう。

すでに欧米では，ロボット・AI がもたらす課題に研究開発者や政府がどう向き合うべきかという議論が深まっており，EU 議会はロボット・AI につい

---

[27] 城山英明「リスク評価・管理と法システム」城山＝西川洋一〔編〕『法の再構築 III　科学技術の発展と法』（東京大学出版会，2007 年）89 頁以下，長谷部恭男〔責任編集〕『新装増補リスク学入門 3　法律からみたリスク』（岩波書店，2013 年）を参照。

ロボット・AI をめぐる課題の国内での検討	
内閣府人工知能と人間社会に関する懇談会 （2016 ～ 17）	人工知能学会倫理委員会 （2014 ～）
総務省 AI ネットワーク化検討会議 （2016 ～） 総務省 AI ネットワーク社会推進会議 （2016 ～）	Acceptable Intelligence with Responsibility （2014 ～）
JST-RISTEX 人と情報のエコシステム （2016 ～）	ロボット法研究会 （2016 ～）
内閣府新たな情報財検討委員会 （2016 ～）	AI 社会論研究会 （2015 ～）
NEDO 次世代人工知能技術社会実装ビジョン （2015）	社会における AI 研究会 （2006 ～）
経産省 CPS によるデータ駆動型社会の到来を見据えた変革 （2015）	NIRA わたしの構想 人工知能の近未来 （2015）
JST 知のコンピューティングと ELSI/SSH （2014）	NIRA AI をどう見るか "Edge Question" から探る AI イメージ （2016 ～）

（出所） 内閣府「人工知能と人間社会に関する懇談会」報告書付録資料をもとに筆者作成。

て法整備を求める決議まで行っている（第2章参照）。もちろん日本でも，こうした議論がさまざまな場で始まりつつある（表参照）。

2 リスク社会における科学と社会の関係

新しい科学技術と社会との関係を考える際に，鍵になるのはまずは研究者だ。最先端の研究者として考えられる一つの姿勢は，技術はどこまでいっても人間が使う道具にすぎず，それを人間が使用した結果からは中立的なものだ，という割り切りだ。この姿勢を推し進めれば，研究者は新技術の開発に専念すればよいし，逆にその技術を利用するかしないか，人間による新技術の悪用を取り締まるかどうかは，社会の側が決めればよい，ということになる。

しかし，科学と社会はこのように没交渉でよいのだろうか。軍事研究や原子

力研究を考えれば分かるとおり，新しい技術が開発されれば使ってみたくなるのは人情だし，だからこそ研究開発に多くの資源を社会は投入する。遺伝子治療やヒトクローン技術のように，人間の尊厳の観念を脅かすリスクを有するものもある。先端科学技術については研究段階で一定の規制をしても学問の自由（憲法 23 条）に反しないのは，こうした事情による。

　他方，新しい科学技術に対して，正しく理解しないままに社会が怖がったり，思い込みから研究を禁止してしまったりするのも，適切ではない。私たちの社会は科学技術の発展に多くを負っている。社会の側でも新しい科学技術を正しく理解し，それが社会にもたらす影響・リスクを正しく評価した上で，受け入れるかどうか，合意を形成していく必要がある。

　この点で注目されるのは，人工知能学会の倫理委員会が公表した「人工知能学会　倫理指針」（2017 年 2 月）だ。これは日本における AI 研究者の「倫理的な価値判断の基礎」となるべきもので，①人類への貢献，②法規制の遵守，③他者のプライバシーの尊重，④公正性，⑤安全性，⑥誠実な振る舞い，⑦社会に対する責任，⑧社会との対話と自己研鑽，⑨人工知能への倫理遵守の要請の9 つを含んでいる。

　ここで，人類の平和・安全・福祉・公共の利益，基本的人権と尊厳（①），プライバシー（③），公平・平等（④）が確認されていることが注目に値する。この指針は，AI がこれまでの社会の基本的価値を傷つけるのではなく，むしろそれを尊重してよりよい社会を作っていくための技術として受容されたい，という研究者の思いを示すものだろう。そのために，AI 研究者が社会に対して負う責任を自覚するとともに，社会と積極的に対話することで（⑦⑧），ありうる誤解を解いていき社会と AI の適切な関係を築こうとするものと評価できる。

3　ロボット・AI の開発・利活用について留意すべき点

　このような研究者側の自主的検討とも呼応する形で，政府の側でもロボット・AI による社会的影響・リスクの評価や対応の検討も始まっている。ここでは，総務省 AI ネットワーク化検討会議（2016 年）と，その後継組織である AI ネットワーク社会推進会議（2016 年〜）での議論を紹介しよう。[28]

(1) AIネットワークの影響とリスク

　この2つの会議では，AIシステム（ロボットを含む）が情報通信ネットワークに接続され，AIシステム相互間，あるいはAIシステムと他のシステムの間のネットワークが形成されることを「AIネットワーク化」と捉えて，それにより生じる新しい社会のあり方を幅広く検討している。その検討の一つに，AIネットワーク化のもたらすリスク，特にロボットについてリスクシナリオの分析を行ったものがある（表参照）。

　このリストは，考えられるリスクをすべて挙げたものではなくて，リスクの顕在化する時期や被害の程度等を洗い出す思考実験を行うために，現時点で想定できるリスク例を挙げたものである。しかしこれを一瞥しただけでも，ロボット・AIがもたらす可能性のある社会的影響が実にさまざまで，重大な悪影響をもたらすおそれがあることは，容易に見て取ることができる。

(2) AI開発ガイドライン案

　このような社会的影響やリスクを踏まえて，2つの会議では，AIの研究開発のために留意することが期待される事項として，国際的に共有されるべき原則・指針の内容について検討してきた。そのまとめが「国際的な議論のためのAI開発ガイドライン案」（2017年7月）である（表参照〔22頁〕）。[29]

　情報法の分野では，1980年にOECDが採択した「プライバシー保護と個人データの国際流通についてのガイドライン」が，国際的なスタンダードとして受け入れられ，日本の個人情報保護法も同ガイドラインを踏まえて制定された経緯がある。AI開発ガイドライン案も同じようなねらいで，AIの研究開発についての国際的な議論のためのたたき台として議論された。

　ただし，ガイドラインそれ自体が，直接にAIの研究開発を規制・拘束するとか，このまま国内法化を目指すものではない。[30]これは一つには，ロボット・AIの研究開発がグローバルに進み，その影響やリスクもネットワークを通じ

---

28)　福田雅樹＝林秀弥＝成原慧〔編著〕『AIがつなげる社会』（弘文堂，2017年），特に福田雅樹「『AIネットワーク化』およびそのガバナンス──『智連社会』に向けた法・政策の視座」（2頁以下）。

29)　成原慧「AIの研究・開発に関する原則・指針」福田＝林＝成原〔編著〕・前掲注28)78頁以下。

30)　総務省「AIネットワーク社会推進会議 報告書2017」は，開発ガイドライン案がソフトロー的性格をもつことを強調する。

AI ネットワーク化のリスク		
	▼ リスクの種類	▼ 想定されるリスクの内容
機能に関するリスク	① セキュリティに関するリスク	ロボット自身がハッキングされることにより，踏み台として利用され，情報が流出したり，ロボットが不正に操作される
		ロボットに関係するクラウド等 AI ネットワークシステムがハッキング攻撃されることにより，情報が流出したり，ロボットが不正に操作される
	② 情報通信ネットワークに関するリスク	ネットワークの遅延や停止によりロボットが動作しなくなったり，想定外の動作をする
		AI ネットワーク化の進展により，フレキシブルなモジュール間連携が可能となる反面で，想定外のネットワーキングにより，想定外の処理が行われ，ロボットが想定外の動作をする
	③ 不透明化のリスク	ロボットのインターフェースの不備により，動作に至る過程や根拠を確かめることが困難になる
		ネットワーク上で複数の AI が多重かつ複雑に連携してロボットを操作する場合，不確実性が増大し，動作に至る過程や根拠がブラックボックス化する
	④ 制御喪失のリスク	ファームウェアの乗っ取りや不正なアップデートなどにより，ロボットが想定外の動作をし，制御が喪失する
		自動走行車の運転中に機能不全が生じた場合に，運転者の技能低下や機械の不調などにより，運転者が操作に介入することができず，制御不能に陥る
	⑤ 事故のリスク	自動走行車の運転時に運転者がハンドルから手を離して乗ることにより，緊急時の対応が困難になる
		自動走行車が，ネットワークを通じて，誤った情報を共有したり，共鳴することで交通システムが麻痺することにより，事故が生じる
法制度・	⑥ 犯罪のリスク	親しみのある見た目のヒト型ロボットが，オレオレ詐欺の「受け子」や「出し子」など人間の代替物として犯罪に悪用される

権利利益に関するリスク		個人 A の脳と連携した AI・ロボットが個人 B により不正に操作され，個人 B が個人 A を利用して犯罪を実行する
	⑦ 消費者等の権利利益に関するリスク	愛玩用の犬型ロボットの飼い主のリテラシー不足などにより，ロボットのアップデートが確実になされなかったため，ロボットが遠隔操作ウィルスに感染して，悪用され，空き巣に入られたり，情報が漏洩するなどの被害が生ずる
		愛玩用の犬型ロボットが歌うサービスを提供していた会社が倒産したため，サービスが継続できず，ロボットが歌わなくなり，ショックを受けた飼い主の高齢者の健康が悪化する
	⑧ プライバシー・個人情報に関するリスク	サービス・ロボットのプロファイリングにより健康状態等に関する（差別に繋がる，誤った）情報が伝播する
		サービス・ロボットとドローンがネットワークを通じて連携し，利用者とロボットとの会話に関係する商品をドローンが自動的に配送するサービスにより，望まない商品が配送されるが，適切な修正が不可能である
	⑨ 人間の尊厳と個人の自律に関するリスク	ロボットにより摂取する情報等を操作されることにより，利用者の意思決定や判断のプロセスが操作される
		遺伝子等を元に亡くなった人を再現するロボットが人間の尊厳との関係で問題となる
	⑩ 民主主義と統治機構に関するリスク	テレイグジスタンス・ロボットにより外国人が入国審査を受けることなく「上陸」することが可能となり，出入国管理制度が機能不全に陥り，テロリスト等が流入する
		人間に投棄された「野良ロボット」が徒党を組んで人間に対して参政権等の権利付与を要求する

（出所）　総務省 AI ネットワーク化検討会議報告書 2016 をもとに筆者が作成。

AI 開発ガイドライン案		
基本理念	**1** 人間中心の社会の実現	
	2 ステークホルダー間での指針・ベストプラクティスの国際的共有	
	3 便益とリスクの適正なバランスの確保	
	4 技術的中立性の確保，開発者にとっての過度の負担の回避	
	5 ガイドラインの不断の見直し	

開発原則	主に AI ネットワーク化の健全な発展及び AI システムの便益の増進に関する原則	①連携の原則
	主に AI システムのリスクの抑制に関する原則	②透明性の原則
		③制御可能性の原則
		④安全の原則
		⑤セキュリティの原則
		⑥プライバシーの原則
		⑦倫理の原則
	主に利用者等の受容性の向上に関する原則	⑧利用者支援の原則
		⑨アカウンタビリティの原則

（出所） 総務省「AI ネットワーク社会推進会議報告書 2017」をもとに筆者作成。

　て世界的に及ぶことが考えられる以上，一国で規制をするかどうかを考えても限界がある，という事情がある。また，ロボット・AI の規制に前向きな欧州と逆に消極的な米国の間で，開発者がガイドラインを自主的に遵守しつつ，それによってロボット・AI が社会的に受容されることを国際的な方向性として目指す，という戦略がある。

　ガイドライン案のうち，特に②の透明性の原則と③の制御可能性の原則は，ロボット・AI がリスクをもたらすその固有の原因に立ち戻って（本章 II **3**），入出力の検証可能性や判断の説明可能性を確保するように（②），また人間や

他の AI による監督や，AI システムの停止ができるように（③），留意することを開発者に期待している。そのような透明性・制御可能性がいったい技術的に確保できるのか，自主規制であれ開発者にインセンティヴを与える手法であれ，透明性・制御可能性の確保のために何らかの制度的な取組みが必要ではないか等，幅広い参加者が今後も議論を積み重ねていく必要があるといえよう。

(3) ロボット・AI の利用者に求められること

ここまで，研究者や商品・サービスとして提供する開発者を念頭に，ロボット・AI の社会的影響やリスクを減少させるために求められる取組みについて触れてきた。しかし，ロボット・AI によってより良い社会が作られるかどうかは，ロボット・AI の利用者次第でもある。この点は，インターネットによる社会的問題が，インフラ事業者やプロバイダ等だけでなく利用者からも生じていること，それも膨大な数の利用者がさまざまな目的でさまざまな方法で利用することから生じていることを思い出せば，当然というべきだろう。

まず考えなければいけないのは制御可能性に関わる側面である。ロボット・AI は，利用者が利用していく間にも学習を続けて賢くなっていく反面，利用者の利用次第で開発者の予測を超えて変化していってしまう。Tay がインターネットでヘイトスピーチを教え込まれた結果，ヘイトスピーチを発信するようになった事例は，ロボット・AI による社会的害悪が利用者によってもたらされる可能性を，教えてくれる。

次にセキュリティの問題も考えてみよう。自動運転者の利用者がソフトウェアのアップデートを怠れば，大事故が起きるかもしれない。そうすると，現在の自家用車でも定期的な車検が必要なように，ロボット・AI の利用者にも定期的なアップデートを義務づけてはどうだろうか。逆に，そうした利用者の協力を前提にできるのであれば，研究開発者の側では，発見されたロボット・AI のリスクに対して迅速かつ有効に対処できるのではないか。

他方，ロボット・AI の利用者に過大な負担を求めることは，同時にロボット・AI の社会実装を妨げる。利用者が安心してロボット・AI を利用できるためには，例えば開発者の示した用法に従って利用したにもかかわらず事故が起きたような場合にはその責任を限定するとか，他人に損害を与えるリスクを保険制度によって分散させる等の制度的取組みも必要になるだろう。

また，今後はロボット・AI を利用できる能力が社会生活を営むための重要な条件になる。そうすると，インターネットについてメディアリテラシーの涵養が求められるのと同様に，ロボット・AI の利用にあたって注意すべき事項や適切な利用方法等について，広く私たちが学ぶ機会が保障されなければならない。そうでなければ，ロボット・AI を利用できる層とそうでない層の間で，またその悪用によって，社会の中で分断や格差が生じることにもなるだろう。

このように，＜ロボット・AI 開発者―ロボット・AI 利用者―消費者（被害者）＞といった構造を考えると，ロボット・AI の社会的影響やリスクを抑えるためにもっぱら研究開発を制限すれば足りる，ということにはならない。むしろ利用者が安心して安全にロボット・AI が利用できるための環境整備や，場合によっては利用方法の制限も必要になるように思われる。「AI ネットワーク社会推進会議報告書 2017」が，AI 開発ガイドラインに加えて，「AI 利活用ガイドライン」の策定の必要を指摘しているのは，このためである。

V

ロボット・AI と法（学）

1 ロボット・AI がもたらす法（学）の課題

古来，「社会あるところ法あり」(Ubi societas, ibi ius) といわれるとおり，多くの構成員からなる社会は，そこで生じる紛争を解決または予防するために，法を定め（立法），ルール違反に制裁を課す（執行）ことが必要になる。こうした法のあり方は，適用・解釈という作用，そしてそれを専門的に扱う専門家である法律家と，分かちがたく結びついている。[31] 社会生活が多様化し分化するとともに，それぞれの社会生活に即して，法とその解釈・適用を指導する原理原則が分化して，憲法・民法・刑法のように異なる法（学）の分野になる。以

---

31) 宍戸常寿「Introduction」山下純司＝島田聡一郎＝宍戸常寿『法解釈入門〔補訂版〕』（有斐閣，2018 年）1 頁以下，さらに本書第 10 章も参照。

上が，法(学)のラフスケッチである。

　法が社会生活を対象にするものである以上，ロボット・AI による社会の変化は，法のあり方にも影響する。内閣府「人工知能と人間社会に関する懇談会」報告書（2017 年 3 月）は，AI と人間社会について検討すべき課題を分野ごとに挙げているが，そのうち法的論点としては，次のような論点が掲げられた。

> ①人工知能技術による事故等の責任分配の明確化と保険の整備。人工知能技術を
> 　使うリスク，使わないリスクの考慮
> ②個人情報とプライバシーの保護も含めたビッグデータ利活用
> ③人工知能技術を活用した創作物等の権利の検討
> ④法解釈，法改正，法に関連する基本的概念の再検討の可能性

　このうち①は自動運転車をはじめロボット・AI によって紛争が生じた場合の民刑事の責任（第 7 章〜第 9 章）やその行政法的規制（第 5 章）に関わる。②は情報法，③は知的財産法（第 11 章）に関わる具体的な課題である。もちろんこれ以外にも，ロボット・AI がもたらす具体的な法的課題については，多くの指摘がある。[32] 例えば労働法分野では，(a)人材再配置のスムーズな実現，労働者の長期失業回避や所得保障，(b)職業（再）教育の実現と職業訓練の負担の担い手，(c)知識労働者に適した働き方への対応，といった課題が挙げられている。[33]

　他方で，これまでの法を適切に運用すれば，ロボット・AI がもたらす新しい法的問題も解決できる，という見方もある。例えば①については，既存の不法行為法・製造物責任法によってロボット・AI の開発者と利用者の間の責任は適切に分配されるから，法的不確実性を懸念して研究開発や利用に萎縮する必要はない，と指摘されている。[34]

　このように，ロボット・AI のもたらす法的問題への対応がどこまで大がかりなものとなるかは，それぞれの分野における原理原則や，現行法の具体的な

---

32) 新保史生「ロボット法をめぐる法領域別課題の鳥瞰」情報法制研究 1 号（2017 年）64 頁以下。
33) 大内・前掲注 23)46 頁以下。井上智洋『人工知能と経済の未来』（文春新書，2016 年）201 頁以下は，ベーシックインカム（すべての個人に，収入水準にかかわらず，最低限の生活費を無条件・一律に給付する制度）の導入を説いている。
34) 森田果「AI の法規整をめぐる基本的な考え方」RIETI Discussion Paper Series（2017 年）。

内容によっても異なる。そこでここでは④に関連して，2つの論点を示しておきたい。

2 ロボット・AIによる法のパラダイムシフト？

　第1の論点は，法秩序全体の基礎，または法学的な思考の根本が，ロボット・AIによって揺らぐのではないか，という問題である。いわば法の「パラダイムシフト」[35]がロボット・AIによって生じるかどうかに関わる。

　個人が自律した人格を有するという人間像，意思に基づいて行われた行為の責任をその個人に帰属させるという世界観が，現在の法（学）の前提になっている。その前提で，権利能力・法人・基本的人権といった法秩序の基礎になる概念，あるいは私的自治や過失責任主義等といった基本的な原理原則は組み立てられている。

　ところが，このような人間像・世界観は，ロボット・AIの登場によってもはやさまざまな形で維持できなくなるのではないか（第3章参照）。例えば，自律的AIやそれを組み込んだロボットにも法人格や人権（ロボット権）を認めるべきではないか[36]。また，AIは予測不能なので使用者には結果責任を追及すべきではないか。このように考えていくと，法（学）のあり方は全体として根本から見直される必要がある，ということになりそうである。

　これに対して，先ほどの人間像・世界観がフィクション（擬制）であることは，少なくとも現代の法（学）は自覚した上で部分的な修正で対応してきたのであり，ロボット・AIの問題にも同じように対応すれば足りる，という見方もありうる。例えば近代では私的自治を重視して，公権力の市民生活への介入を必要な限度にとどめる（比例原則）という考えが採用されてきた。しかし現在，環境法の分野では，環境リスクを想定して，事業者の広汎な事前規制を正当化

---

35) 新保史生「ロボット法学の幕開け」Nextcom 27 号（2016 年）23 頁。「パラダイム」（paradigma, パラディグマ）も多義的で奥深い概念だが，ここでは学問の前提が非連続的に変化・断絶するという程度の意味である。

36) 青木人志「『権利主体性』概念を考える——AIが権利をもつ日は来るのか」法学教室 443 号（2017 年）54 頁以下，大屋雄裕「外なる他者・内なる他者——動物とAIの権利」論究ジュリスト 22 号（2017 年）48 頁以下。

する，予防原則がとられている（第5章参照）。AI が予測不能だという問題も，同じく予防原則を発展させればよいのではないか。ロボット・AI の背後には開発者にせよ利用者にせよ誰か人間が存在するのであり，それに法的効果を帰責すれば足りるではないか（第6章参照）。このように考えれば，法（学）はロボット・AI の問題に対応できるほどに柔軟で，融通無碍だ，ということにもなる。

本書の各章では，時にはいずれかの見方が正面から主張され，時には記述の暗黙の前提にされている。それは翻って法分野と，それが対象とする社会生活の特性であったり，ロボット・AI の挑戦を受け止めつつどのような社会運営が望ましいのかの見方であったりの違いにもよることに注意して，本書を読んでいただきたい。

3 「ロボット・AI 法」の独自性？

いま述べた点にも関連して，将来的に「ロボット・AI 法」のような独自の法（学）分野が必要になるのか，それとも既存の法（学）分野にロボット・AI のもたらす法的問題は解消されるのかについても，論争が始まりつつある。

「ロボット法」を唱える研究者としては，新保史生教授や平野晋教授が挙げられる。とはいえ両教授も，「ロボット法」という名前の法律を制定して規制すべきだ，と主張しているわけではない。ロボットの研究開発が進み，普及も予定されている現在，ロボットから生じる法的問題を既存の法分野ごとに検討するだけでは不十分だ，というのが，両教授の主張の核心にある。そして「ロボット法学」が他の法分野から独立して考察されることを示すだけの問題状況を指摘し，基本原則を示そうとしている[37]

これに対して，「ロボット法」の原則的可能性を否定する見方もある。例えば夏井高人教授は，ロボット法に関する国際的研究動向を紹介した上で，伝統的な法解釈学の範囲内で対処することができない法的検討課題は少なく，しかもそのような課題はそもそも法解釈学の領域を超えている，と指摘する[38]

37）　平野・前掲注 10），新保・前掲注 32），新保・前掲注 35）等を参照。

この「ロボット法」の可能性をめぐる議論は，本章がすでに繰り返し述べてきたように，ロボット・AI 両方に共通する問題でもある。ここでの議論の背景には，法（学）とはどういう知的営為なのか，解釈論と立法論の関係，問題発見と問題解決のどちらに力点を置くのか，そして過去の知的伝統との連続をどこまで重視するかといった，法に対する見方や学問観にも関わる難しい問題がある。本書はひとまずロボット・AI が法に対してもたらす問題を具体的に描いてみせるもので，「ロボット・AI 法」の可能性には中立的であることも，合わせて付言しておきたい。

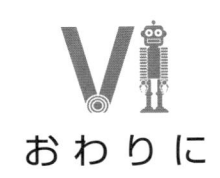

おわりに

本書の概観

　それでは，ロボット・AI が急速に進展し普及する社会に対して，現段階で法学はどのような知見を提供できるのだろうか？　本書では，各法分野の研究者が，いわば自己反省を加えながら検討していく。以下では，簡単に道案内をしておきたい。

1　国内外の動向

　第 2 章「ロボット・AI と法政策の国際動向」（工藤郁子）は，日本国内の議論を紹介した本章と対をなすもので，欧州と米国の法政策のダイナミズムを紹介する。公的機関がものづくりの延長線上でロボットへ関与しようとする欧州

---

38)　夏井高人「アシモフの原則の終焉──ロボット法の可能性」法律論叢 89 巻 4・5 号（2017 年）175 頁以下。夏井教授は，ロボット・AI のもたらす社会的影響を低く見積もっているのではなく，「強い AI」にもなればもはや「神」の領域であって，人間による法的な制御は不可能だ，という冷徹な認識をも示している（208 頁以下）。

と，情報通信産業主導で AI の自主規制の議論が進む米国の異同が，わかりやすく分析されている。

2　理論的検討

法学の中で人間とは何か，社会とは何か，そして法とは何かという根源的問題を扱ってきたのが法哲学と憲法学である。この2つの章は，ロボット・AI により，人間や社会のあり方が根底的に変わる場合について法理論的に検討している。

第3章「ロボット・AI と自己決定する個人」(大屋雄裕) は，AI が「個人」を単位とする社会のあり方を根本から問い直す，と見る。これまでの法が＜意思―行為―責任＞の連関というフィクションを前提にするものであったことを振り返りながら，新たな社会と法のあり方について，法哲学者らしい挑発的な問いを投げかけている。

第4章「ロボット・AI は人間の尊厳を奪うか？」(山本龍彦) は，憲法に対して AI がもたらす衝撃を，「個人の尊重」という基本的価値を4つの層に切り分けながら，多面的に分析する。ロボット・AI 時代にもこれまでの人間像・個人像を，それがフィクションであることを自覚しつつなお維持しようとするにはどうすべきか，第3章と読み比べてほしい。

3　各論的検討

第5章以下では，AI・ロボットによって生じる社会生活上の問題への法的対応を，それぞれの法分野の知見から，具体的に検討している。

第5章「ロボット・AI の行政規制」(横田明美) は，消費者安全法を参考にして行政規制と民事・刑事規制の組み合わせという処方箋を示すとともに，あるべき規制についての合意形成のあり方，そして行政の役割を検討する。

第6章「AI と契約」(木村真生子) は，AI と最も基本的な法制度である契約の関係を分析する。契約法が，自動販売機やコンピュータ，インターネットに対応してきた歴史を踏まえながら，代理や法人という制度を AI に拡張すべきかを，冷静に検討している。

契約の自由を消費者の利益のために規制するのが消費者法（第5章参照）だが、公正な競争秩序のための規制が競争法である。AIの行動を人間に帰することができるのか、すべきかという第6章で問題となった論点をカルテルに即して敷衍する「ロボット・AIと競争法」（市川芳治）は、あわせて法執行上の課題も示している。

　第7章「自動運転車と民事責任」（後藤元）は、自動運転車のドライバー・運行供用者とメーカーが現行法の下でどのような民事責任を負うかという問題を扱う。この章は、保険制度のあるべき姿、各アクターのインセンティヴを高めるための制度設計など、AI・ロボットに対する法と経済学的アプローチの意義も明らかにしている。

　第8章「ロボットによる手術と法的責任」（弥永真生）は、＜ロボット・AI開発者―ロボット・AI利用者―消費者（被害者）＞の関係で生じる法的問題を、ロボット手術に即して明らかにする。改正債権法における定型約款の規定、遠隔医療・遠隔手術に関わる民事訴訟法・国際私法上の問題などなど、AI・ロボットが関わる論点の多様さを教えてくれる。

　刑法学者が第7章と同じ自動運転の問題を扱ったのが第9章「ロボット・AIと刑事責任」（深町晋也）である。運転者の責任、設計者の責任を検討するとともに、ロボット・AIがペットのように「被害者」（客体）として保護される条件も提示される。

　第10章「AIと刑事司法」（笹倉宏紀）は、刑事訴訟法の観点から、事実認定と法の適用判断の両面について、AIがどこまで法律家を代替しうるのかを、大胆かつ緻密に検討していく。AIによって法の支配や刑事司法のあり方を逆照射し、法律家が手続に拘ることの意味を問い直すものでもある。

　すでに述べたとおり、ロボット・AIは情報の流通・保護と表裏の問題であるが、プライバシーについては第4章で触れられた。知的財産権については、第11章「ロボット・AIと知的財産権」（福井健策）が、ロボット・AIコンテンツの爆発的な拡大とその影響をわかりやすく概観し、学習用データ、ロボット技術・AI本体、学習済みモデル、生成コンテンツそれぞれが、著作権法・不正競争防止法によって保護されるべきかを分析している。

　第12章「ロボット兵器と国際法」（岩本誠吾）は、人間に対するロボットの脅威に対する国際法の対応状況を明らかにする。致死性自律兵器システム

（LAWS）に制御可能性が必要だという点ではコンセンサスが得られそうなものだが，この章はロボット・AIをめぐるグローバル・ガバナンスの困難を示している。

＊　＊　＊

　人工知能学会の倫理指針（本章Ⅳ**2**）は，高度な専門的職業に従事する者としてAI研究者が社会と対話すべきことを求めている。これは広義の法律家や法学者にもあてはまることだろう。[39] しかしそのためには，AI・ロボットをめぐる動きを知るとともに，ただそれに振り回されるのではなく，そもそも法（学）が何を大切にしてきたのか，その基礎を反省し，その上で現在の法（学）に何が可能であり何が課題なのか，落ち着いて考える必要がある。

　そうしたロボット・AIと法（学）の関係に即して本書が構成されていることは，いま紹介したとおりである。だから本書は，ロボット・AIを介した法学入門でもあり，法学をバックグラウンドにする読者にとっては法学再入門にもなっている。

参考文献 CHAPTER **1**

総務省AIネットワーク化検討会議「報告書2016 AIネットワーク化の影響とリスク——智連社会（WINS（ウインズ））の実現に向けた課題」（2016年）

総務省AIネットワーク社会推進会議「報告書2017——AIネットワーク化に関する国際的な議論の推進に向けて」（2017年）

大内伸哉『AI時代の働き方と法——2035年の労働法を考える』（弘文堂，2017年）

平野晋『ロボット法——AIとヒトの共生にむけて』（弘文堂，2017年）

福田雅樹＝林秀弥＝成原慧〔編著〕『AIがつなげる社会——AIネットワーク時代の法・政策』（弘文堂，2017年）

---

39)　そうした対話の一例として実積寿也＝鳥海不二夫＝宍戸常寿「〔座談会〕情報法制の可能性について—— AIをめぐる動向を中心に」情報法制研究1号（2017年）109頁以下。

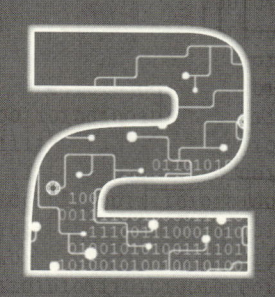
ロボット・AIと法政策の国際動向

工藤 郁子

は じ め に

1 「ロボット・AIと法」は、こわくない？

「ロボット・AIと法」というと、警戒されることが多い。「規制で自由がなくなって迷惑」「変な政策で成長分野を殺しそう」「なんだか怖い」といった言葉もよく耳にする。「敵情視察」として本書を手にし、懐疑的な目を向けている読者もいることだろう。

たしかに、法は人の行為や技術のあり方を制約する側面がある。そのため、ロボット・AIのイノベーションを阻害するものとして捉えられがちだ。しかし、法はイノベーションの自由を支えるものでもある。例えば、機械学習の対象となる膨大なデータを円滑に利用できるのは、前処理やパラメータ調整などを行ってデータセットを整えた技術者の努力はもちろんだが、契約という概念や知的財産法という仕組みが整備されているからでもある。また、実証実験中

のロボットが予期せぬ物損事故を起こしても，保険をかけていれば，第三者に与えてしまった損害を補償しつつ，開発資金の目減りを防ぐことができる。これを制度的に担保するのが，保険法や保険業法である。

　法は，ロボット・AI が実装され，健全に競争しながら，社会に受容されていくための，インフラストラクチャーの一種と捉えることができる。

2　法政策のデザイン

　「法も社会のインフラストラクチャーの一種だ」というと，法や政策の枠組みは所与のもののように思えるかもしれない。また，積年の試練に耐えてきた制度はよく練られたものであることも確かである。しかし，ここで強調しておきたいのは「法の可変性」である。新しい技術の台頭や製品・サービスの変化などによって，時代とともに望ましいインフラストラクチャーのあり方も異なってくる。そのため，法もまた必然的に変化を求められるものであり，制度上もその可変性が担保されているのである。

　第 1 章で詳述されているとおり，ロボットや AI の進展は，新しい課題を法に投げかける。法がどのように対応すべきかは，第 3 章以降で精緻に分析・検討されるが，ここでは，法の可変性を前提に，ロボット・AI 関係者自らが，法政策をデザインするという観点[1]をもつことの重要性を指摘しておきたい。実際に，ロボット・AI と法については，今まさに合意形成が行われており，一部では法改正等も検討されている。

3　本章の構成

　本章は，法政策動向の紹介を通じて制度のダイナミクス（そしてその背後にある理念・価値・利害など）を伝えることを目的とする。政策形成過程のダイナミクスを知ることは，ルールや制度を設計し，ロボット・AI をとりまく社会環境を「デザイン」する一助となるだろう。

---

1)　水野祐『法のデザイン――創造性とイノベーションは法によって加速する』（フィルムアート社，2017 年）を参照。

なかでも，現在国際的に策定が進んでいるロボット・AIの開発原則や利用指針を中心として，法政策動向を概観する。以下では，特に欧州と米国の動向について検討する。

　なお，ロボット・AIの開発原則・利用指針に係る法政策は，イノベーションを抑圧しないよう配慮されており，非規制的かつ非拘束的なものも多い。政府による直接規制ではない場合もある点に留意が必要である。

　また，直近に限っても数多の提言やガイドラインが公表されているため，網羅的でなく，情報が急速に陳腐化するリスクがあることも付記し，注意を喚起しておきたい。

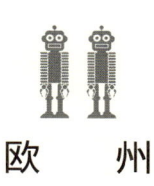

欧　　州

』ロボティクス規制に関するガイドライン

(1) 概　　略

欧州委員会[2]の財政的支援を受けた「ロボットと法」に関する調査として，2012年3月から開始された「RoboLawプロジェクト（RoboLaw Project）」がある。[3]同プロジェクトの成果は，「ロボティクス規制に関するガイドライン（Guidlines on Regulating Robotics）」として2014年9月に公表された。[4]

　ガイドラインでは，ロボットと法を考える際の基本的な考え方がまとめられている。具体的には，自動走行車，手術支援システム，ロボット義肢，介護ロボットそれぞれについて，[5]倫理的分析と法的分析を行うことで，課題を明確化

---

2) 欧州委員会（European Commission）とは，欧州連合の行政執行機関であり，法案提出権限をもつ。同委員会が策定した法案は，欧州連合理事会・欧州議会が採決することになる。

3) http://www.robolaw.eu/

4) http://www.robolaw.eu/RoboLaw_files/documents/robolaw_d6.2_guidelinesregulatingrobotics_20140922.pdf

し，政策的示唆を導いている。

(2) そもそも規制は必要か？

ガイドラインの冒頭では，そもそもロボットに関する規制が必要なのかが検討されている。

まず，厳格すぎる規制がイノベーションを抑圧するおそれが指摘されている。これは多くの読者も直感的（または経験的）に首肯し得るところであろう。しかし同時に，一見逆説的ではあるが，規制が不明確で，誰がどのような責任を負うかが曖昧であれば，これもまたイノベーションを阻害する可能性があるとの認識もガイドラインに示されている。

イノベーションは，革新的であるほど前例や既存の枠組みから飛び出しがちであり，法的な評価が固まりにくい。法律家の間でも見解が一致せず「灰色」な評価となることも多い。例えば，日本でも自動運転や運転支援システムなどの新しい技術について，開発者や利用者がどのような法的責任を負うかについて十分な検討がなされておらず，現時点では，責任のあり方が不明瞭だといわれている。そうなると，開発者や利用者は，純粋な意味での法的リスクに加えて，法的不確実性という意味での法的リスクをも引き受けることになる[6]。その結果，過剰な安全確認が行われ，市場導入が遅くなるなどの萎縮効果が想定される。つまり，新しい技術を社会に実装する際に，何が権利・利益の侵害と評価されるか，誰にどのような責任が帰属するかが曖昧で不明確であれば，「取引費用」が増大し，取引主体が不測の不利益を受けるという問題が生じる。過剰規制も過少規制も，信頼できる法的環境が整っていないという意味では，ともにリスク要因となる。

他方で，法的分析を進めることで，「灰色」から「白」の外延を析出していくこともできる（自動運転車による交通事故の責任について，詳しくは本書第7章・

---

5) 前提となる技術が異なるため，分野別に検討し，帰納法的に共通課題を推論するという方法をとっている。

6) 以上の指摘について，森田果「AIの法規整をめぐる基本的な考え方」RIETI Discussion Paper Series 17-J-011（2017年）。ただし，同論文は，現行法（不法行為法および製造物責任法）が社会的に望ましいと期待される法ルールの構造を基本的に採用しているとして，開発者・利用者が法的不確実性を過度に重視する必要はないと述べる。

第 9 章を参照）。また，自動運転車に期待される安全性について，事前に公共的な議論が行われており社会的合意が形成されつつあるのなら，自動運転機能を市場に導入する時期を決定しやすくなる。

　本ガイドラインは，このような見解を採用した上で，ロボティクスのイノベーションを促進できる法的枠組みの形成が必要であるとしている[7]。そして，EU 加盟国間で共有する包括的な原則や枠組みを作る必要があると結論づけている。

(3) 産業政策と規範の接合

　「ロボティクス規制に関するガイドライン」では，自由・安全・正義・平等などの規範との調整も試みられている。ロボットは，欧州市場において重要な位置を占める戦略分野であるが[8]，その反面，労働市場，所得分配，職務上必要とされる能力などに変動をもたらし，社会構造を変える可能性がある。そのため，ロボット産業の発展を損なわないよう，産業政策と規範的な戦略を適切に接続しなければならないと本ガイドラインは分析する。

　この問題意識をより詳しく理解するために，本ガイドラインにおいてエンハンスメント技術[9]について検討した部分を紹介しよう。エンハンスメントとは，個人のパフォーマンスを改善することを目的として，技術によって人体を変更するもののことであり，エンハンスメント技術とはそのための技術を指す。現在は，障害者の失われた機能を回復するために主として利用されている。もっとも，機能を補うだけではなく，健常者に新しい機能を与えることも可能である。

---

7)　なお，中国共産党中央委員会・国務院も，2017 年 7 月に公開した「次世代 AI 開発計画（新一代人工智能発展規劃）」において，AI に関する倫理規範・規格・規制の導入が必要であるとの認識を示しており，2030 年には，AI 分野において，技術面だけでなく倫理・法政策面でも世界で主導的地位に立つとの目標を掲げている（http://www.gov.cn/zhengce/content/2017-07/20/content_5211996.htm）。

8)　本プロジェクトは，「第 7 次欧州研究開発フレームワーク計画（FP7）」から予算を得ている。リスボン戦略でいうところの「知識ベースの欧州経済社会の構築」が前提とされており，ロボット分野への投資に成功した国が将来において強い産業を築くことができるとの認識が示されている。

9)　本ガイドラインにおける「エンハンスメント（enhancement）」は，ロボティクスを用いた義手義足，装具，パワードスーツなどのほか，インプラント，遺伝子治療，脳深部刺激なども含む。

エンハンスメント技術について，本ガイドラインは，障害者の「生活の質（quality of life）」を向上させるため，研究開発を積極的に推進すべきであると評価している。さらには，障害者権利条約を根拠として，その推進はEUの義務であるとまで述べられている。同時に，エンハンスメントの潜在的市場の開拓は欧州に大きな利益をもたらすとも分析されている。

他方で，エンハンスメントがもたらす機会とリスクを踏まえ，倫理的・法的な観点から「インフォームド・コンセント」の概念を刷新する必要性も指摘された（わが国におけるインフォームド・コンセントの意義について，本書第8章を参照）。ただし，「人間の尊厳」（EU基本権憲章1条），自己決定の自由，予防原則[10]などの解釈からは，許されるエンハンスメントとそうでないものを区別する基準や，健常者に新しい機能を与えることに問題がないかを判断する指針を導出することは困難であるとされている。そのため，本ガイドラインでは，技術的な安全基準（EU医療機器指令など）だけでなく，公開討論や専門家の研究を経て，倫理的・法的指針も策定すべきであると提言された。

新しい技術を社会に普及させていくには，どのような形であれば人々に受容されるかという規範や価値観の分析も重要になる。例えば，エンハンスメントは，機能の回復・維持をこえて，能力・性質の「改良」を目指すこともできるため，「病理」「健康」「健常」「障害」「治療」などの概念が問い直される可能性がある。技術の応用形態によっては，合意形成や社会的議論が熟すまで，新技術の市場投入や産業応用を待たなければならないこともあるだろう。しかし，たとえ不確かな科学技術予測に基づくとしても，社会的な討論や倫理的・法的研究を，技術的な研究開発と同時並行させれば，そのタイムラグを緩和できるかもしれない。それは，産業上の優位性を得ることにもつながるのである。

---

10) ここでいう「予防原則（Precautionary Principle）」は，ある物質や技術が重大かつ不可逆的な影響を及ぼす可能性がある場合，科学的な因果関係が十分証明されない状況でも，予防的に政策決定（規制など）を行うという考え方を指す。

CHAPTER
2

2 ロボティクスに関する民事法的規則

(1) 概　略

「RoboLaw プロジェクト」の成果などを踏まえ，2015 年 1 月より，欧州議会の法務委員会に「ロボティクスと AI に関するワーキング・グループ」が設置された。[11] 2016 年 6 月には，ワーキング・グループの議論に資するよう，欧州議会調査局の科学技術選択評価委員会（Science and Technology Options Assessment: STOA）事務局が，ロボットの進展によるリスクを分析した報告書を公開した。[12] これを基に議論が続けられ，2017 年 1 月，法務委員会は「ロボティクスに関する民事法的規則に関する欧州委員会への提言（Report with recommendations to the Commission on Civil Law Rules on Robotics）」を報告書として取りまとめた。[13] 同報告書は，AI・ロボット関連事業を展開するためには法的安定性を担保することが重要であるとし，また，安全性などを確保するために EU 域内で統一した民事法的規則を導入する必要があると結論づけている。さらに，（明記されていないが，おそらく米国を想定して）他国が定める基準を強いられることのないよう EU が主導的役割を担わなくてはならないとも強調した。内容は多岐にわたり，自律型のスマートロボットなどの定義・分類の検討，倫理原則の確立，自律型ロボットの責任帰属の明確化，自動走行車に関する強制加入保険制度の検討，トレーサビリティーを確保するためのロボット・AI 登録制度の導入，ロボットに関する技術的・倫理的・法的課題について助言する専門機関の設立などが含まれていた。さらに，将来的には，損害発生時の責任を明確化すべく，自律型ロボットの一部に「電子法人（electronic person）」な

---

11) http://www.europarl.europa.eu/committees/en/juri/subject-files.html?id=20150504CDT00301

12) http://www.europarl.europa.eu/RegData/etudes/STUD/2016/563501/EPRS_STU%282016%29563501_EN.pdf

13) http://www.europarl.europa.eu/sides/getDoc.do?pubRef=-//EP//NONSGML+REPORT+A8-2017-0005+0+DOC+PDF+V0//EN　委員会では通常，案件ごとに報告者（Rapporteur）を選任し，報告者が本会議に提出する報告書を取りまとめる。本件の報告者は，欧州議会第 2 党の中道左派政党「社会民主進歩同盟」（Progressive Alliance of Socialists and Democrats: S&D）に所属し，ルクセンブルクを選挙区とするマディ・デルボー（Mady Delvaux）議員である。

ど一定の法的主体性を認める可能性にも言及している（契約代理人たるエージェントとしてのロボット・AI について，本書第 6 章を参照。また，ロボット・AI に行為者性や法的人格を認めることの法理論上の諸課題について，本書第 3 章を参照）。

2017 年 2 月，欧州議会の本会議において提言が修正の上で採択された。そのため，改正法案を提出すべきかなどが，今後，欧州委員会で検討されることになる[14]。

(2) ロボット・AI と労働・雇用

可決された内容は，ロボット・AI に関する民事法的規則を検討することであった。他方で，いわゆる「ロボット税」の導入などに関する記述はすべて削除された。ここでは，ロボット・AI と労働・雇用について言及しておきたい。

ロボット・AI の普及によって，生産性が向上する，人間が危険な環境で働かなくてもよくなる，といった労働環境の改善に対する期待は大きい。他方で，ロボット・AI が，幅広い職種に影響を及ぼし，人間が担っているさまざまな労働が奪われるかもしれないと懸念する声も多いところである。

2017 年 1 月に公表された報告書でも，雇用の喪失，格差拡大，税収の減少，社会保障制度への打撃などのおそれが指摘されていた。ロボットの普及に伴って人間の雇用が減少すれば，社会保険料や税収が低減し，また失業者を対象とした教育訓練への投資の必要性も高まる。そこで，持続可能な税制や社会保障制度のため，AI などを搭載したロボットの登録を企業に義務づけ，ロボットを所有する企業等に，ロボットの活用で得られた利益の一部を負担させる「ロボット税」や，ベーシックインカムの導入等を検討することが提言されていた。

しかし，国際ロボット連盟やドイツ機械装置産業連盟などが「ロボット税」の導入に反対を表明し，自動車業界などの統計を示しつつ，各国の労働者 1 万あたりのロボット台数である「ロボット密度（robot density）」と雇用者数との間には，正の相関関係があると主張した。欧州議会の本会議においても，ロボットを課税対象とすることは，ロボットの普及を阻害し，EU および加盟国の競争力低下をもたらし，ひいてはそれが人間の雇用喪失にもつながるという

---

14) 欧州議会の採決に法的拘束力はなく　欧州委員会は法案提出義務を負わない。

40
ロボット・AI と法政策の国際動向

CHAPTER

2

意見が出され，本会議で採択対象とならなかった。

ロボット・AI がタスクや個別業務を代替するのと同時に，新たな労働・雇用を創出するとしても，技能の適応や雇用の流動化への対応は，法政策上の課題として残る。たしかに，あらゆる課題を解決する「汎用 AI（Artificial General-al Intelligence）」はまだ開発されておらず，人間を完全に代替するロボット・AI が登場するのは遠い未来のことだといわれている。しかし，ひとつまたは少数の機能に専門化して稼働する「特化型 AI（Narrow AI）」がさらに洗練されて今よりも普及することは想定されることである。そうなると，就業者がロボット・AI の使い方について学んだり，企業が構造転換できるよう環境を整えたりするために，一定の政策変更が必要となるだろう[15]。逆にいえば，ロボット・AI の活用を加速させるためには，労働・雇用に関する懸念を払拭し，新産業への人材移動を促し，社会保障制度を見直すことも重要である。なお，欧州議会でも，ロボット・AI が雇用・労働に与える中長期的な影響を注視していくことは，盛り込まれている[16]。

(3) 開発原則・利用指針は必要か？

欧州議会では，「ロボティクス憲章（Charter on Robotics）」の枠組みも提案さ

---

15) 大内伸哉『AI 時代の働き方と法──2035 年の労働法を考える』（弘文堂，2017 年）46 頁以下では，これまでの労働政策の重点が解雇規制と雇用維持にあり，労働移動政策が後手に回っていたとの認識を示した上で，今後は人材の企業間・産業間再配置をスムーズに行うべく，労働者の長期失業の回避や所得保障というセーフティネットの措置を講じる方法が重要になると指摘する。また，人材の流動化が前提となると，個々の企業では人材教育をするインセンティブが働きにくくなるため，企業外での職業訓練が課題になるとしている。

16) 米国でも，2016 年 12 月，大統領府が「AI・自動化と経済」（Artificial Intelligence, Automation, and the Economy）という報告書を発表している。同報告書は，AI・自動化によって労働生産性の向上と GDP の成長が期待できるとした上で，雇用の創出と喪失が生じるものの，結果として失業率に大きな変動はないとの見通しを示している。他方で，労働市場において必要とされる技能が変化し，特に低賃金，低熟練，低教育の労働者の雇用が脅かされるため，経済的不平等や格差拡大のおそれがあるとも指摘する。このため，長期的な政策的介入，具体的には，① AI の研究開発への投資，②教育と訓練への投資，③失業保険や再就職支援等のセーフティネットの整備・強化に取り組むべきであると述べている（https://obamawhitehouse.archives.gov/sites/whitehouse.gov/files/documents/Artificial-Intelligence-Automation-Economy.PDF）。また，韓国でも，2017 年 8 月，産業用ロボットなどオートメーション化に関する設備投資について，税制上の優遇措置を縮小し，社会福祉や生活保護の財源確保をすることが議論された。

れ，開発者向けの倫理行為規範が示された。[17] その詳細を紹介する前に，抽象的な規範として，なぜ開発原則や利用指針が提案されているのか，という点について触れておきたい。

　冒頭で述べたとおり，現在，産官学を問わず原則・指針を策定する動きが国際的に活発化している。[18] 他方で，（ロボット・AIについて一定の規制は必要であるとの立場を採用するとしても）指針や原則の策定は「余計なこと」であり，実際の事例に裏打ちされていない机上の空論を検討することは非効率的ではないか，などの批判もある。

　もちろん，ロボット・AIの開発・利用について，抽象的な原則は検討せず，現行法で問題があるとされた点について個別の法改正・立法をすることで，ひとつひとつ課題を解決していく方法も想定される。しかし，ロボット・AIが利用される場面はさまざまであるため，場当たり的にルールを形成すると，全体としては整合性のない制度ができてしまい，開発者・利用者などに混乱が生じたり，不公平が生じたりしてしまうかもしれない。それを避けるためには，多様なロボット・AIの利用局面において，統一的な視点をもっておくことが望ましい。

　また，欧州においては，同じEU域内であるのに加盟国ごとにルールが大幅に異なると，輸出入時の障壁となり事業展開に支障が生じるため，ある程度の調和（harmonization）が要請される。加盟各国の規制や標準をどのような視点に基づいて検討すべきかを示す機能が，開発原則・利用指針に期待されている。

　加えて，一般に，ルール形成過程においては，立法・行政だけでなく司法も大きな役割を果たす。つまり，事件が発生した場合に，各地の裁判所が，適切に新技術を理解して法の解釈適用をし，妥当な解決を図ることが期待されている。その際，法廷に立つ当事者や法曹が援用したり，裁判所が参照したりできるようなガイドライン（およびガイドラインを導出するにあたってなされた議論の蓄

17）これに先立つ2007年4月，韓国政府の産業資源部（当時）は，「ロボット倫理憲章」を起草している。Guo, Shesen, and Ganzhou Zhang, *Robot rights*, Science 323.5916 (2009) : 876.

18）EU域内でも，2016年4月，英国規格協会が「ロボットとロボットシステムの倫理的デザインと利用のためのガイド」をまとめている。さらに同年，英国下院の科学技術委員会「ロボティクスとAI」が，社会的・倫理的・法的問題を検討し報告書を公開した（https://www.publications.parliament.uk/pa/cm201617/cmsctech/896/896.pdf）。

積）があれば，検討の効率化を図ることができ，社会全体としても価値がある。[19]

　ロボティクス憲章における規範も，法的な取組みを補完する役割が期待されており，イノベーションを強化・促進しつつ，国民の懸念に対応していくことが目指されている。

⑷　ロボティクス憲章

　ロボティクス憲章は，(ⅰ) ロボット開発者の倫理規範，(ⅱ) 研究倫理委員会の規範，(ⅲ) 設計者および利用者のライセンス，で構成されている。それぞれ，順を追ってみてみよう。

　ロボット開発者の倫理規範 ◉　　まず，「ロボット開発者の倫理規範（code of ethical conduct for robotics engineers）」はあくまで任意であって，義務や強制ではなく，一般的な原則・ガイドラインを提示するものにとどまるとされる。[20]

　具体的には，以下の 12 項目がある。(a) ロボットが人間の利益のために行動すべきという「有益性（Beneficence）」，(b) ロボットが人間に危害を加えてはならないという「無害性（Non-maleficence）」，(c) 人間が十分な情報をもとに任意に判断できるようにする「自律性（Autonomy）」，(d) 介護ロボットやケアロボットなどを公平に享受できる「正義（Justice）」，(e) 人間の尊厳や自律性といった諸権利を常に尊重すべきという「基本権（Fundamental Rights）」，(f) 予防原則に沿って社会・環境に配慮すべきとする「予防性（Precaution）」，(g) すべての利害関係者による意思決定プロセスへの参加を促す「包摂性（Inclusiveness）」，(h) 現在および将来世代への社会的・環境的・身体的影響に対する「答責性（Accountability）」，(i) 人間の身体・健康・権利を尊重すべきという「安全性（Safety）」，(j) ロボットを安全かつ確実に動作させるようにプログラミングできる制御可能性の必要条件としての「可逆性（Reversibility）」，(k) 個人情報を安全かつ適切に利用する「プライバシー（Privacy）」，(l) 研究から普及までのあらゆる段階で求められる「利益の最大化・被害の最小化（Maximising

---

19)　ガイドラインに法的拘束力はないが，（拘束力のある）法令の解釈において，論拠や参照点とすることはできる。

20)　もっとも，将来的には，研究資金を拠出する機関や研究機関などが，リスクアセスメントの実施を通じて，技術の将来的影響を早期に検討することを奨励すべきとの見解も付記されている。

benefit and minimising harm）」である（これら 12 項目をより深く検討するために本書第 4 章も参照）。

　上述した 12 項目は，（各論は保留するとしても）総論としてはごく当たり前のことであり，あらためて提示する意義がないように感じるかもしれない。しかし，例えばシステム開発などにおけるプロジェクト・マネジメントが，プロジェクトの目的・範囲・前提条件などの根本的な取決めである「プロジェクト憲章」の作成から始まるように，立上げにおいて「自明の前提」を整理することで，利害関係者間で認識のすり合わせを行えるという効果がある。また，個別の論点が生じた際に振り返るべき，より高次で抽象的な原点として，議論の無限後退を一定程度緩和することが期待できる。さらに，各項目を全体として解釈することで，システムとして機能するようになる。例えば，(b) 無害性や(i) 安全性は，(a) 有益性や (1) 利益の最大化・被害の最小化と一体となることで，ゼロリスクを指向しているわけではないことが示される。加えて，倫理規範を項目として提示しておくことで，標準規格の相互乗入れなども波及効果として期待できるかもしれない。[21]

　研究倫理委員会の規範 ◉　　次に，「研究倫理委員会の規範（code for research ethics committee)」は，上記のロボット開発者の倫理規範を組織（研究機関や企業）として実現していくためのガバナンス上の指針である。

　以下の 6 項目が提示されている。(a) 利益相反を回避すべく，倫理審査プロセスは研究自体と分離すべきとする「独立（Independence)」，(b) 倫理審査プロセスが適切な専門知識をもつ者によって行われるべきとする「能力（Competence)」，(c) 審査プロセスの「透明性と説明責任（Transparency and accountability)」，(d) 組織内のすべての研究を対象として，研究や利害関係者の尊厳や正当な利益を考慮しつつ，時宜にかなった判断を行うべきとする「研究倫理委員会の役割（The role of a Research Ethics Committee)」，(e) 専門知識を有する，学際的でバランスのとれたメンバーを集めるべきとする「研究倫理委員会の構成

---

21)　例えば，1980 年 9 月に経済協力開発機構（OECD）で，プライバシー保護とパーソナルデータの国際流通についてのガイドラインに関する理事会勧告が採択され，いわゆる「OECD 8 原則」が提示されたが，世界各国の個人情報やパーソナルデータを保護する法令や標準規格は，この 8 原則を基礎としている。

（The constitution of a Research Ethics Committee）」，（f）承認後も研究を注視する
ための適切なプロセスを確立し，継続的に監督をすべきという「モニタリング
（Monitoring）」，である。

　上記は，手続き（process）に関する規範と位置づけることができる。「法」
というと，規範内容そのものをイメージしがちであるが，規範内容を実現する
ための手続きに関する規範もまた法の一種である。例えば，民法や刑法など内
容面を規律する実体法（substantive law）だけでなく，民事訴訟法や刑事訴訟法
などのように形式面を規定した手続法（procedural law）も存在する（詳細は本
書第 10 章を参照）。手続法は実体法に対して付属的な地位を占めるようにもみ
えるが，いうまでもなく，内容が形式を規定するのと同時に，形式が内容を規
定する。そのため，両者を並行して検討する必要がある。

　設計者および利用者のライセンス ◉　　　「設計者のライセンス（licence for
designers）」「利用者のライセンス（licence for users）」は，モデルとして雛形を
提示するものだ。設計者のライセンスは，ロボット開発者の倫理規範をライセ
ンス形式に引き直したものであり，緊急時に備えてロボットの機能を止める
「キル・スイッチ（kill switch）」の導入なども盛り込まれた。他方，利用者のラ
イセンスもまた，ロボット開発者の倫理規範の変奏である。データ主体の明示
的な同意がないまま個人情報を収集・使用することが禁止されていたり，ロ
ボットを改造して兵器として機能させることが禁止されていたりする（兵器と
してのロボットについては，本書第 12 章を参照）など，利用の側面を意識したもの
となっている。

　ここで，設計者と利用者の区分について，前提となる技術認識を整理したい。
まず，ロボットは躯体に注目が集まりがちだが，周囲の環境を感知した上でア
ルゴリズムを適用・判断するアプリケーション・ソフトウェアも構成要素と
なっている。そして，ロボティクスとクラウド技術の近接は急速に進んでおり，
躯体をネットワークと接続し，感知・収集したデータをクラウドで蓄積・共
有・分析し，サービス改善等につなげることを企図する研究開発者・事業者も
多い。さらに，（躯体の製造開発者でも単なる利用者でもない）第三者によるアプ
リケーションの開発・提供を実現しようという動きもある。つまり，現在ス
マートフォンでみられるようなアプリケーションの開発・利用環境が，ロボッ
トにおいても将来的に実現する可能性がある。そのため，利害関係者として，

プラットフォームとしてのロボットを設計した製造開発者に加えて，利用者としての側面も併せもつアプリケーション開発者等の存在も想定される。

　AIも同じような構造を有している。例えば，深層学習を用いたAI開発においては，基本構造を定めてアルゴリズムを設計した上で，学習用データを入力して予期する結果が得られるようにパラメータを調整するが，他者が設計したアルゴリズムの提供を受けた利用者が，学習用データの入力やパラメータの調整を行って，新たなAIを開発する場合もある。そのため，設計者が予期しない形で利用され，想定外のAIが開発されることも十分にありうる。[22]

　このように，設計者と利用者は，最終成果物たるロボット・AIに対する予見可能性や期待可能性が異なるため，ガイドラインなどで両者を区別する実益がある（ロボット・AIの開発・利用を巡る利害関係者の多層化・複層化については，本書第5章を参照）。

3 「モノづくり」と法政策

(1) 産業構造の反映

　欧州におけるロボット・AIの開発原則・利用指針に係る法政策動向を概観してきた。ここまでの議論は，AIも含んでいるものの，「ロボティクス規制に関するガイドライン」「ロボティクスに関する民事法的規則」「ロボティクス憲章」など，ロボットを主軸として語られていることが多いと気付くだろう。これは，欧州（特にドイツ）の産業構造が影響しているとみられる。

　欧州は，日本や米国と同様にサービス産業の比率が高まり，雇用も拡大している。もっとも，ドイツは「モノづくり」に強みがある産業構造であり，2000年代以降も，労働集約的な生産工程を東欧諸国等に移転しつつ，高付加価値な生産工程を国内に残し，高品質モデルのブランディングを図るなどの手段により，売上高に対する付加価値額の向上に成功したとされる。こうした産業界の

---

[22]　自由度の高さは悪用可能性を孕むが，だからといって設計自体に規制をかけて無菌処理（sterile）すれば，イノベーションを育む生成性（generativity）も失われてしまうことが予想される。こうした懸念について，Jonathan L. Zittrain, *The Generative Internet*, Harvard Law Review 119 (7), pp.1974-2040（2006）などを参照。

取組みをさらに推進し，輸出国としての国際優位性を維持・強化するため，ドイツ連邦政府も，製造業を中心とした産業のデジタル化を進める「インダストリー 4.0」(Industrie 4.0) という戦略を掲げている。[23] なお，「インダストリー 4.0」を見据えた将来の雇用政策を検討すべく，2016 年 11 月，ドイツ連邦労働社会省が白書「労働 4.0」(Arbeiten 4.0) を公表している。[24]「労働 4.0」と，それに先立ってまとめられた調査報告書「2030 年の労働市場予測」では，「インダストリー 4.0」を推進した場合，経済成長だけでなく雇用の増加も予想されるとされた。

　ロボット・AI の開発原則・利用指針に係る法政策動向も，こうした文脈を背景としている。

(2)　学術研究機関からの提言

　ロボット・AI の産業振興について，学術研究機関も重要な役割を担っている。欧州においても，学術研究機関にある AI 研究開発拠点が，政府の支援を受けつつ，産官学で連携しながら，ロボット・AI の研究者・開発者を育成・輩出し，起業を推進し，スタートアップを支援している。それだけでなく，研究者も規範形成に関わり，研究や提言を行っている。そこで，欧州における学術研究機関の法政策関連動向の概略もまとめておきたい。

　ＦＨＩ◉　　まず 2005 年と比較的早期に，英国オックスフォード大学哲学部に FHI (Future of Humanity Institute) という機関が設置された。名称のとおり，技術変化が人類の未来に与える倫理的影響に着目して学際的な研究を行っており，AI のほか気候変動や経済破綻などのリスクも扱っている。[25] AI については，

---

23)　中国では「中国製造 2025」，インドでは「Make in India」など同様の取組みが進められている。いずれも，産業政策上，製造業の比重が比較的大きいという特徴をもつ。

24)　http://www.bmas.de/SharedDocs/Downloads/DE/PDF-Publikationen/a883-weissbuch. pdf?__blob=publicationFile&v=9　「労働 4.0」では，将来の「良質な雇用」(Gute Arbeit) を実現するという目的の下，デジタル化によって労働市場と社会が変化する中でも，個々人の職業人生（キャリア）全体にわたって，雇用を獲得する能力（エンプロイアビリティ）を確保することなど，5 つの政策目標が示されている。その具体的な政策課題の一つとして，主に就業者を対象とし，外部環境の変化等に応じて，必要な知識や能力の維持・獲得を図る継続教育訓練（Weiterbildung）の改善を挙げている。また，「失業保険から，労働のための保険へ」として，教育訓練コストを失業保険によって賄うことも提案されている。

制御可能性や安全性を担保しつつ，活用していくにはどうすればよいかという観点から研究が進められている。[26]

　CSER◉　　他方，英国ケンブリッジ大学の人文・社会科学部局では，CSER（Centre for the Study of Existential Risk）が 2012 年に設立された。国際的で破壊的なリスクが研究対象となっており，AI やナノテクノロジーなどの先端技術も含まれている。産官学などさまざまな利害関係者を招き，ワークショップやセミナーを実施している。

　CFI◉　　また，2015 年には，同大学に CFI（Leverhulme Centre for the Future of Intelligence）が設置されている。オックスフォード大学・ロンドン大学・カリフォルニア大学等とも連携し，AI を最大限に活用すべく，アルゴリズムの透明性確保から AI が民主主義にもたらす意義まで，幅広い範囲で研究が進められている。

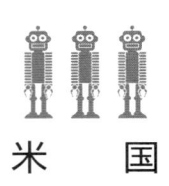

米　　国

¹ IT 産業と法政策

(1)　概　　略

　米国もまた欧州と同様に，イノベーションを重視する産業政策に基づいて，ロボット・AI の研究開発が推進されている。例えば，2009 年から 3 度にわたり公開された「米国イノベーション戦略」では，先進車両（Advanced Vehicles）や情報処理の新領域（New Frontiers in Computing）などが優先分野として挙げられている。

---

25)　FHI は社会への提言活動も積極的に行っており，世界経済フォーラム（World Economic Forum）に政策的助言をしているほか，スウェーデン，ベルギー，英国，米国などの政府機関への情報提供も行っている。

26)　2014 年には，FHI 所長のニック・ボストロムが『スーパーインテリジェンス：方向性・危険性・戦略（Superintelligence: Paths, Dangers, Strategies）』（Oxford University Press）を出版した。

他方で，欧米の差異を模式的に強調すれば，米国においては情報通信分野が実質 GDP 成長率に寄与する産業構造となっており，政権交代等による若干の濃淡はあるものの，政策上長らく重視されてきたという点に特徴がある。また，情報通信分野の活況を反映して，研究者と大企業だけでなく，スタートアップ・起業家・投資家も含む形で，より緊密に協働しているという点も指摘できる。ロボットを主軸として公的機関で議論される傾向がみられた欧州に対して，米国では基本的には民間で AI に関する議論が進んでいるようにみえる。

そこで以下では，米国の学術研究機関・産業界における動向を概観する。

(2) 学術研究機関・産業界からの提言

ＡＡＡＩ◉　　2008 年，アメリカ人工知能学会（AAAI：Association for the Advancement of Artificial Intelligence）は，有識者会合「AI の長期的な未来に関する AAAI 会長パネル（AAAI Presidential Panel on Long-Term AI Futures）」を設置した。[27] 人工知能の発展が社会に及ぼす長期的影響について，社会・経済・法・倫理などの観点も含めて検討した上で，AI の責任ある利用を推進するという声明を公表している。

なお，当該会合は米カリフォルニア州のアシロマで開催された。これは，1975 年に同じ場所で行われ，科学者自らが遺伝子組換え技術に係る実験のリスクについて検討し，生物学的・物理学的な「封じ込め」などガイドライン制定の端緒となった「アシロマ会議」を意識したものとみられる。[28]

スタンフォード AI 100 ◉　　2014 年 12 月，上記会合を引き継ぐ形で，同期間中 AAAI 会長であったエリック・ホロビッツらが中心となり，「スタンフォード AI 100（One hundred year study of Artificial Intelligence）」を開設した。[29] AI が法・経済・社会等にもたらす，100 年にわたる長期的な影響を学際的に調査している。2016 年 9 月には「2030 年の AI と生活」という報告書を公開し，輸送，サービスロボット，ヘルスケア，教育，コミュニティ，安全とセキュリティ，

---

27)　http://www.aaai.org/Organization/presidential-panel.php

28)　2016 年度人工知能学会全国大会「公開討論：人工知能学会 倫理委員会」江間有沙報告（http://ai-elsi.org/archives/321)。

29)　https://ai100.stanford.edu/

雇用と職場，エンターテインメントという 8 分野について過去 15 年の振返り
と今後 15 年の予測を展開した。

　開発原則・利用指針との関係では，安全性・自律性を考慮した原則の必要性
を検討している。また，AI に対する社会的不安はガイドラインの提示などで
緩和できるとしている。

　IEEE◉　　他方で，電気・電子工学に関する学会であり，規格の制定な
ど標準化活動を積極的に行っている IEEE（The Institute of Electrical and Elec-
tronics Engineers）も，[30]「AI・自律システムの倫理的配慮に関する IEEE グロー
バル・イニシアティブ（Global Initiative for Ethical Considerations in Artificial Intelli-
gence and Autonomous Systems）」というプログラムを 2016 年 4 月から開始し，[31]
「倫理と調和するデザイン：AI・自律システムと人類の福利に関する優先順位
のためのビジョン（Ethically Aligned Design: A vision For Prioritizing wellbeing
With Artificial Intelligence And Autonomous Systems）」という報告書の初版を
2016 年 12 月に公表した。[32] 今後，意見公募を行い，また，世界各地でのワーク
ショップなどを経て，内容の改訂を行うとしている。[33]

　同報告書では，一般原則として，人類の便益（Human Benefit），責任（Respon-
sibility），透明性（Transparency），教育・啓発（Education and Awareness）が挙
げられている。また，各論として，パーソナルデータと個人のアクセス・コン
トロール（Personal Data and Individual Access Control），自律型兵器システムの
見直し（Reframing Autonomous Weapons Systems），経済的・人道的課題（Eco-
nomics/Humanitarian Issues）などについても言及された。

　なお，標準化活動も同時進行しており，「IEEE P7001（自律システムの透明性：
Transparency of Autonomous Systems）」，「IEEE P7002（データ・プライバシー・プ
ロセス：Data Privacy Process）」，「IEEE P7005（透明性ある雇用者のデータガバナ
ンスに関する標準：Standard for Transparent Employer Data Governance）」などの

---

30)　なお，IEEE は 1974 年から情報倫理綱領（Code of Ethics）を作成している。また，「ロボット
　　と法」との関係では 1984 年から開催している「ロボットと自動化に関する国際会議（IEEE
　　International Conference on Robotics and Automation：ICRA）」にも注目すべきであろう。

31)　http://standards.ieee.org/develop/indconn/ec/autonomous_systems.html

32)　http://standards.ieee.org/develop/indconn/ec/ead_v1.pdf

33)　http://techethics.ieee.org/ なども参照のこと。

規格が検討されている。[34]

　ＦＬＩ◉　　上記は主として学界における動向だが，産学が緊密に連携している点に米国の特徴があることは前述したとおりである。[35] 例えば，2014 年 3 月には，AI などの新技術を人類が活用できるよう研究支援を行う団体「FLI (Future of Life Institute)」が開設されたが，そこには MIT やハーバード大学の研究者のほか，ジャン・タリン[36] などの起業家・技術者も参画している。

　2015 年 1 月には，起業家のイーロン・マスク[37] が寄付した 1000 万ドルを資金として，AI に関する研究プロジェクトを開始すべく「堅牢で有益な AI に向けた研究の優先事項に関するオープンレター (An Open Letter: Research Priorities for Robust and Beneficial Artificial Intelligence)」を公開し，助成先の公募を開始した。[38] 短期的に優先すべき研究テーマとして，法と倫理に関する研究も挙げられており，自動運転車に関する責任，自律型兵器，プライバシーなどのほか，AI の開発・使用について科学者が果たすべき役割や職業倫理の検討も含まれている。

　さらに，2017 年 1 月にはアシロマにおいて 5 日間にわたる国際会議を開催し，[39] 先行する諸議論，原理・指針を参照しつつ，AI 研究，倫理・価値，将来的な課題についての方向性を議論した。その成果を「AI に関するアシロマ 23 原則 (Asilomar AI Principles)」[40] として公表した。AI・ロボットの研究開発者による署名は 1200 筆以上にのぼり，その他の分野からも物理学者のスティーブン・ホーキングを筆頭に 2300 名以上の賛同を集めている。

---

34)　http://standards.ieee.org/develop/indconn/ec/autonomous_systems.html

35)　なお，産学の緊密な連携は，技術の研究開発への投資と，製品・サービスの開発への投資をつなぐ効果も期待できる。

36)　インターネット通話サービス「スカイプ (Skype)」共同開発者であり，プロ棋士に勝利したことで話題になった囲碁プログラム「アルファ・ゴ (AlphaGo)」を開発した「ディープマインド (DeepMind)」共同出資者としても著名。

37)　オンライン決済サービス「ペイパル (PayPal)」の前身となる企業を設立し，宇宙ロケットを製造開発する「スペース X (SpaceX)」や電気自動車事業を展開する「テスラ (Tesla)」などを立ち上げたことで知られる。

38)　採択結果について，西下佳代＝茅明子＝矢島章夫＝奥和田久美「人工知能やロボットの社会的影響に関する先行的研究動向」イノベーション学会年次学術大会講演要旨集 30, 479-482 頁（2015 年）。

39)　https://futureoflife.org/bai-2017/

40)　https://futureoflife.org/ai-principles/

当該原則は，研究上の課題（Research Issues），倫理と価値（Ethics and Values），長期課題（Longer-term Issues）の3分野に整理された。安全性（Safety），被害発生時の検証に係る透明性（Failure Transparency），司法の判断過程における透明性（Judicial Transparency）などのほか，例えば，長期課題では，再帰的な自己改善（Recursive Self-Improvement）を備える AI の開発にあたっては厳重な安全管理対策が必要との認識も示されている。

　オープン AI ◉　　2015 年 12 月，イーロン・マスク，起業家・投資家のピーター・ティール[41]，投資家のサム・アルトマン[42]などが，10 億ドルの寄付金をもとに非営利研究機関「オープン AI（Open AI）」を設立した。その名のとおり，オープン AI での研究を通じて，安全な AI を構築し，AI の恩恵をできるだけ広範に配分することが目指されている[43]。

　2016 年 4 月に，強化学習アルゴリズムの検証プラットフォーム「オープン AI ジム」，2016 年 12 月には，AI の測定・学習プラットフォーム「ユニバース」を公開している。

　パートナーシップ オン AI ◉　　2016 年 9 月には，アマゾン，グーグル（ディープマインド），フェイスブック，IBM，マイクロソフトの5社が，「パートナーシップ オン AI（Partnership on AI）」の設立を発表した。AI 技術のベストプラクティスを研究・形成し，AI とその社会的影響について議論するためのプラットフォームとなることを目的としている。AAAI やオープン AI も参画しているほか，2017 年 1 月にはアップルも加わり，同年 5 月にはインテル，ソニー，セールスフォースのほか，電子フロンティア財団や国連児童基金などの非営利組織も参画した。

　上記のとおり，名だたる企業が参加しているが普段は激しくしのぎを削りあう企業同士が協働していることを不思議に思うかもしれない。しかし，セキュ

41）　ペイパルの共同創設者で，ヘッジファンドの「クラリアム・キャピタル（Clarium Capital）」や複数のベンチャー・キャピタルを設立したことで有名。

42）　オンライン・ストレージ・サービス「ドロップボックス（Dropbox）」や民泊サービス「エアビーアンドビー（Airbnb）」などを支援した，スタートアップ・インキュベーター「Y コンビネータ（Y Combinator）」代表として知られる。

43）　ソースコードを広く一般に公開し，誰でも自由に扱ってよいとする「オープンソース運動（Open-source software movement）」の成功が強く意識されているとみられる。

CHAPTER
2

リティなど他の情報通信分野においても「片手で握手して，片手で殴り合う」という状況は散見される。これは，ビジネスの競争領域と社会的責任を果たす共有領域を区別しているためである。つまり，AIとその社会的影響を検討し対応していくことは，共有領域にあたると捉えられている。パートナーシップオンAIでは，設立時に「信条（Tenets）」として8項目を公表し[44]利害関係者への説明責任，利益の最大化とAI技術の潜在的な課題への対処などに努めるとしている。

(3) 策定を民間に委ねた方がよいか？

ここまで，米国における民間の取組みを概観してきた。後述するとおり，米国政府も原則・指針に関連した議論をしているが，産学が先行している。欧州連合などの公的機関が主戦場となっていた欧州とは趣が異なる[45]。

しかし両者とも，すべての政策課題を直接規制だけで実現しようとしているわけではないという点では共通する。特に，情報通信分野など技術や市場構造の変化が激しく，専門性が高い領域において，民間主導でルール策定を行いつつ，必要に応じて公的機関や政府が関わることが検討されている。

ロボット・AIの原則・指針の策定を誰が担うべきかについては，状況や立場により最適解が異なるため，見解が分かれるところだ。欧州は，公的機関が自主規制の策定過程の段階で関与しようとしているようだ。対して，おそらく米国は，自主規制の策定自体は民間に委ねつつ，執行局面において規制の目的が達成されない場合や予期せぬ作用が発生した場合などに政府が実効性を確保する方向で調整しているようにみえる。

ルール形成を民間に任せて自主規制やガイドラインに委ねることは，メリットとデメリットの両方がある。法がその欠点を補い，後押しして行くにはどう

---

44) https://www.partnershiponai.org/tenets/

45) このような傾向は，いわゆる「プロファイリング規制」でもみられる。欧州では 2016 年 5 月に発効した「EU 一般データ保護規則（General Data Protection Regulation：GDPR）」22 条において，プロファイリングに関する権利をデータ主体たる個人に認めた。他方，米国では，連邦取引委員会（Federal Trade Commission：FTC）が，2016 年 1 月に公表した報告書『ビッグデータ：包摂の道具か排除の道具か？（Big Data: A tool for inclusion or exclusion?）』などにみられるように，ソフトローや自主規制による規律を目指そうとしている。本論点の詳細については，本書第 4 章を参照のこと。

すればよいか，法学・政策学においても自主規制[46]や共同規制[47]のあり方について検討と理論化が進んでいる。

2 AIの未来に備えて

(1) 概　略

米国では民間に委ねる形で検討が進んでいると述べたが，政府の目指している方向性について触れておきたい。

米国政府においては，各省庁の科学技術政策の情報集約・調整の場である国家科学技術会議（National Science and Technology Council：NSTC）および科学技術政策局（Office of Science and Technology Policy：OSTP）が中心となって，2016年10月，AIの社会的な影響と制度設計についての報告書「AIの未来に備えて（Preparing for the Future of Artificial Intelligence）」を公開した。[48] 同時に，「AI研究開発国家戦略計画（National Artificial Intelligence Research and Development Strategic Plan）」も策定されている。[49]

同報告書の取りまとめにあたり，NSTCとOSTPは，大学やNPO等とともに4回のワークショップを共催し，また，意見募集も行った。その成果は，23の提言（Recommendations）に反映された。

(2) 提言と研究開発戦略

23の提言 ◉　　犯罪予測ツールにおける正義・公正から航空交通制御システムの開発・実装の議論に至るまで，提言内容が多岐にわたるが，23項目の

---

46)　自主規制の分析について，原田大樹『自主規制の公法学的研究』（有斐閣，2007年）230頁以下を参照。なお，同書において自主規制は「ある私的法主体に対して外部からインパクトが与えられたことを契機に，当該法主体の任意により，公的利益の実現に適合的な行動がとられるようになること」と定義されている。

47)　情報通信分野の共同規制については，生貝直人『情報社会と共同規制——インターネット政策の国際比較制度研究』（勁草書房，2011年）などを参照。

48)　https://obamawhitehouse.archives.gov/sites/default/files/whitehouse_files/microsites/ostp/NSTC/preparing_for_the_future_of_ai.pdf

49)　https://obamawhitehouse.archives.gov/sites/default/files/whitehouse_files/microsites/ostp/NSTC/national_ai_rd_strategic_plan.pdf

うち 20 項目において，政府・公的機関が果たすべき役割が明示されている点に特徴がある。

　例えば，提言 1 では「社会に利益をもたらす方法により，責任をもって AI・機械学習を活用できるか，また，どのように活用できるかを検討することを推奨」しているが，その対象は「民間および公的機関（Private and public institutions）」である。他方，提言 7 では「安全，研究，その他の目的でデータ共有を増加させる方法につき，産業界・研究者と連携する必要がある」としているが，この対象は「運輸省」となっているなど，省庁名が名指しされていることもある。

　他方，政府機関等以外への提言内容は少数にとどまり，また，内容も謙抑的である。つまり，産業界には一般的状況の情報提供（提言 12），大学等には，倫理・セキュリティ・プライバシー・安全に関する教育（提言 18），専門家には安全に向けた継続的協力（提言 19）を求めている。これは，欧州議会が，設計者・利用者を名宛人として開発原則や利用指針を検討してきたこととは対照的だ（産官学全体で実現すべき規律のあり方と，そのなかでの行政の役割について，本書第 5 章を参照）。

　AI 研究開発国家戦略計画 ◉　　　上記提言と同時に，以下 7 つの戦略が挙げられていた。(1) AI 研究への長期的投資，(2) 人間と AI の効果的な協働方法の開発，(3) AI の倫理・法・社会的影響の理解と対応，(4) AI システムの安全・セキュリティの確保，(5) AI の学習と試験のための共有可能な公的データセットと環境の整備，(6) 技術標準やベンチマークによる AI 技術の測定と評価，(7) 国家的な AI 研究開発人材の需要に関するさらなる理解，である。

　こうした戦略を掲げることにより，効果的な研究開発投資を行うための枠組みを開発することが目指されている。

(3)　安全保障政策とロボット・AI

「AI の未来に備えて」では，最後である 23 番目の提言として，「国際人道法に沿って自律型・半自律型兵器に関する政府全体の方針を定めること」が挙げられていた。また，政府内の「活用事例」として，AI を用いた新兵の教育プログラムに関する国防高等研究計画局（Defense Advanced Research Project Agency: DARPA）の取組みが紹介された。そこで，安全保障・防衛政策とロボッ

ト・AI の関係についても触れておきたい（ロボット兵器と国際法については，本書第 12 章を参照）。

　米国政府は，2014 年 11 月に「防衛革新イニシアチブ（Defense Innovation Initiative）」を策定し，「第三の相殺戦略（the third offset strategy）」を推進することを表明した。これは，主として中国やロシアなどを念頭に，先端技術の利用によって追い上げを「相殺」し，軍事的優位性を確保するとの構想である[50]。ロボット・AI についても，無人機（攻撃機・潜水機），自律型・半自律型兵器，意思決定支援システムなどに活かすべく，研究開発投資を行うとした。実際に，米海軍は自律型の防空システムなどを構築・導入している。

　また，民生技術の支援と取込みも積極的に行われている。DARPA は，2004 年以降，自律型ロボット車両によるカーレース「ダーパ・グランド・チャレンジ（DARPA Robotics Challenge）」，災害救助用ロボット競技大会「ダーパ・ロボティクス・チャレンジ（DARPA Grand Challenge）」などを開催し，200 万ドルという高額賞金をめぐって世界各国から集まった大学や企業などのチーム 100 以上が競い合うイベントとなった。さらに，2015 年には民生部門との架け橋として「国防イノベーション実験ユニット（Defense Innovation Unit Experimental）」が設置されている。

　こうした動きについて警戒する立場もある。先に紹介したアシロマ 23 原則では，18 番目で，自律型兵器による軍備拡大競争への反対が示されている。また，国連地域間犯罪司法研究所（Interregional Crime and Justice Research Institute：UNICRI）は，オランダのハーグに「人工知能・ロボットセンター（Centre for Artificial Inteligence and Robotics）」を設置すると 2016 年 9 月に発表したが，その主要目的のひとつとして，自律型兵器の監視が挙げられていた。

---

[50]　なお，EU でも防衛研究・技術投資計画「Preparatory Action」が進められており，ロボット・AI の利用推進が目指されている。また，2017 年 9 月，フランスのマクロン大統領は，DARPA をモデルとする研究開発支援機関の設立を提唱した。

おわりに

　本章では，欧米における法政策動向を描写することで，政策形成過程のダイナミクスを伝えることを試みた。ルール形成の主たる担い手について欧米では差が見られ，また，注目している領域も若干異なっていた。他方で，ガイドライン等で核となる概念自体は近接している。これは，起草者同士が交流してありうべき開発原則・利用指針について議論を重ねているためである[51]。本書第1章で紹介があったように，日本でもロボット・AIと法政策について検討が進み，一部では国際化の動きもある。今後も世界各地で，法政策領域における協調と競争が起こると予想される。

　紹介してきた議論のなかには，テクノフォビアとはいわないまでも，ロボット・AIを過剰におそれすぎであるとか，そもそも技術の理解や認識が間違っているという場合もあるかもしれない。技術と法の「対話」が求められているとしても，リスクやルールのことばかりを話す法律家やELSI（Ethical, Legal and Social Issues）関係者は，敬遠されがちである。技術開発者や事業部門に倫理や法政策の意義を理解してもらうためには，コンプライアンスの名の下に，未来や新技術に「呪い」をかけてイノベーションの芽を摘んでいないか自問しながら，法や倫理が，前に進もうとする人たちのための指針になることを伝える必要がある。

　おそらく，その際に重要なことは，エクスキューズを提供することでも，徹底できないルールを細かく作り込むことでもない。新しい技術とそのインパクトの理解に努めた上で，社会的期待に沿った価値や理念を整理して示しコミットしてもらうことであるように思われる。

51）　例えば，2017年10月に東京で開催された「AI and Society Symposium」「Beneficial AI Tokyo」には国内の学術研究機関・新興企業だけでなく，IEEEやCFIの関係者など諸外国から参加者が集まり，議論を行った（http://www.aiandsociety.org/organizers-ja/）。

本文中で示したもののほか,

独立行政法人情報処理推進機構 AI 白書編集委員会〔編〕『AI 白書 2017 ——人工知能がもたらす技術の革新と社会の変貌』(KADOKAWA, 2017 年)

ウゴ・パガロ〔著〕, 新保史生〔監訳・訳〕, 松尾剛行 = 工藤郁子 = 赤坂亮太〔訳〕『ロボット法』(勁草書房, 2018 年)

立本博文『プラットフォーム企業のグローバル戦略——オープン標準の戦略的活用とビジネス・エコシステム』(有斐閣, 2017 年)

ロボット・AIと自己決定する個人

大屋　雄裕

　例えば映画『スター・ウォーズ』（ジョージ・ルーカス監督，1977 年）に登場する C-3PO のようなロボットが階段で転んで他人を巻き込み，怪我をさせてしまったとしよう。それによって生じた損害には，誰がどのように責任を負うべきなのだろうか。『2001 年宇宙の旅』（スタンリー・キューブリック監督，1968 年）の宇宙船ディスカバリー号に搭載されたコンピューター・HAL9000 のように，何らかの理由で搭乗者を殺害することを AI が決意した場合にはどうだろうか。ロボットや AI が自律性を獲得し，人間の指示を超えて行為した場合に，我々の社会はその結果を法的に――民事・刑事の両面において――適切に処理することができるのだろうか。

　今から数十年前には SF 映画や小説の中で夢見られていたこのような事態は，しかしすでに現実に近づいている。カーナビの指示する通りに車を走らせたら不適切なルートに入り込んだ経験をもつ人も多いだろう（その結果として車ごと湖に落ちてしまった事例すら報告されている）。この事例ではなおそこに運転者という個人がおり，カーナビの指示に従うかどうかを判断する能力と責任がそこにあると想定されている（そうしろ，とカーナビの起動時にも注意されたりする）。だが C-3PO のように喋りこそしないが家の床を走り回るお掃除ロボットにつ

まずいて転倒する高齢者はいつ現れてもおかしくないだろうし，そこにカーナビの事例と似た行為者は見当たらない。エアコンの AI が「適切だ」と考える温度で動作を続けた結果，その部屋に寝かされていた認知症の高齢者が健康を害したというような場合，エアコンと高齢者のどちらがより高い判断能力をもっており，どちらが行為主体であり，責任を負うべきなのだろうか。

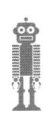

法システムの基礎

1 分割不能な個人

　例えば我妻榮は，「近代法思想における自由平等の原理の具体的顕現」が「個人財産権の絶対・個人意思の自治（契約の自由）・過失責任」だと位置付けた[1]。「すべての個人について権利能力を認め，社会生活の独立の主体たる地位を与えた」法システムの下で[2]，私有財産と自由契約という手段を通じて人々が具体的な生活関係を形成していくのが社会であり，国家はその前提たる自由と平等を守るためにのみ強制を加えることができる。近代の法システムの基礎である「個人」（individual）とはこのように，権利・義務の主体であり（権利能力），それを処分するための判断を自律的に行なうことのできる（行為能力），我々一人ひとりの人間の姿としてイメージされたのである。

　そしてそれは，かつて王権神授説の時代に絶対的＝分割不能な主権をもって国家に君臨した主権者の似姿でもある。ジャン・ボダンによれば，国家主権——「国家の絶対的にして永続的な権力」が絶対的であるとは相対的でないことであり，したがってそれは唯一のものとして特定の存在により行使されなくてはならない（彼がその主体と考えたのは，もちろんフランス国王であった）[3]。近代における権力分立，あるいは古代からの混合政体論におけるように分割を通じ

---

1)　我妻榮『民法総則〔民法講義 I〕』（岩波書店，1951 年）11 頁。
2)　同 201 頁。

ロボット・AI と自己決定する個人

CHAPTER
3

て同種のものを並列に存在させ，場合によっては相互に牽制・否定し得ること
を認めてしまえば，それはもはや絶対的な存在ではなくなってしまうだろう。
それ以上に分割（divide）できない（in-）こと，それにより最高性・最終性と絶
対性を保障されたのが国家の支配者たる王であり，一人ひとりの個人（in-divid-
ual）もまたそれ以上に分割できないこと，その意味において社会の最小単位で
あることによって，自らの運命に対する絶対的な支配者として位置付けられた
のである[4]。

　そして民事法の世界ではすべての人が出生によって私権を享有し（民法3条
1項），典型的には契約を通じて自律的な個人による互恵的関係を形作ることを
前提として，国家や公権力はそこにみだりに立ち入るべきではないとされてき
た（私的自治の原則・契約自由の原則）。憲法においてすべての国民が「個人とし
て尊重され」，「生命，自由及び幸福追求に対する」権利を最大限尊重される（憲
法13条）ことも，両者の関係を前提するものと考えていいだろう。つまりここ
で個人とは，自分にとって何が幸福にあたるのかを知っており，どのようにそ
れを追求するかを自律的に判断できるような存在として想定されているのであ
る。各主体にとっての幸福のあり方をもっともよく理解しているのはその本人
であり，だからこそ国家や社会など外部からの強制・干渉は可能な限り差し控
えられるべきだという考え方から，例えばJ. S.ミルは「他者危害原理」を提唱
した[5]。国家による強制が許されるのは他者に対して危害をもたらす行為を禁止
する場合に限るとするこの原理は，政府の機能を限定することによって我々の
自由を確保しようとするものであり，近代憲法・立憲主義の重要な理論的基礎
となっている。

---

3)　Jean Bodin, *Les six livres de la République*, 1576. 参照，佐々木毅『主権・抵抗権・寛容——
　　ジャン・ボダンの国家哲学』（岩波書店，1973年）。
4)　このような理念が人間の場合においてもすでに限界に達していると指摘するものとして，例えば
　　平野啓一郎『私とは何か——「個人」から「分人」へ（現代新書）』（講談社，2012年），および鈴
　　木健『なめらかな社会とその敵—— PICSY・分人民主主義・構成的社会契約論』（勁草書房，2013
　　年）。
5)　John Stuart Mill, *On Liberty*, 1859（斉藤悦則〔訳〕『自由論（古典新訳文庫）』〔光文社，2012
　　年〕など）。

2　保護と排除の法

　だが同時にそれが，そのような判断能力を十分に備えない個体を法・政治から排除する側面をもっていたことも忘れられるべきではない。民事法では未成年者に関する能力制限（民法5条）や成年被後見人制度（同8条以下），刑事法では心神喪失（刑法39条）および医療観察制度（心神喪失者等医療観察法）がその典型であり，該当者は「個人」の範型を外れた存在として契約の一方的な取消しや刑事免責を認められるなどの保護を受ける一方で，後見，親権者による監督，あるいは社会的な隔離などの制約に服することになる。言い換えれば彼らは範型的な個人ならざるものとして，特別の取扱いの対象と区分されるのである。

　政治もまた，例外ではない。価値相対主義に立つハンス・ケルゼンは，道徳的な信念はそれを信じるものに対してしか意味をもたず，したがってある行為や状態の善悪を客観的に定めることはできないという立場から，民主政を正当化しようとした。[6] 客観的・科学的に結論を導くことができない状況で，しかし一定の社会的意思決定が必要になるとしたら，特定の選択肢を正しいと思う個人の数でとりあえず決めてしまうしかないというのである。その帰結はしたがってあくまでも暫定的なものであり，常に将来に向けた問い直しに開かれていなければならないというのではあるが，第一義的にはあくまで個々人が一定の自律的な判断を行ない得ることが前提とされている以上，ここでも個人のもつ評価能力や判断力が信頼されていると言うことは許されるだろう。

　だからこそ，責任もそのような個人の自己決定から生じるものと理解されてきた。民事法における過失責任主義は，個人の意図的な選択の帰結（故意）あるいは理性的な存在者であればなし得たはずの注意を怠ったこと（過失）に対する責任のみを追及しようとするものであり，逆に言えばいかなる自律的存在にも防ぎ得ず（無過失），したがって自律的な選択の結果と考えられない事態は免責されてきた。刑事法の世界においても，応報刑論はまさに人格を有する個

---

6) Hans Kelsen, "Vom Wesen und Wert der Demokratie", *Archiv für Sozialwissenschaft und Sozialpolitik*, 47. Bd., 1920/21（長尾龍一〔訳〕「民主制の本質と価値〔初版〕」『ハンス・ケルゼン著作集Ⅰ民主主義論』〔慈学社出版，2009年〕）1-36頁。

人を前提として，にもかかわらず悪と評価される行為をあえて選択したことを根拠として罪責を問う立場であった。これらの制度に一貫しているのは，〈意思―行為―責任〉という連関によって人々の織り成す関係を読み解こうという姿勢である。意思をもたない存在の動作・意思に基づかない行動は自己決定の一部としての「行為」ではなく，それに対する責任を問う余地もまたないのである。

自己決定の自律性への問い

1 認知科学の挑戦

だが，このように法・政治システムが基礎に据えてきた個人の自己決定という観念に対する疑いは強まっている。20 世紀後半以降に発達した認知科学・心理学は，当事者が自律的な選択と認識しているものであっても選択の状況や周囲の環境の影響を強く受けていることを，さまざまな実験を通じて明らかにしてきた。[7]

例えば右脳損傷により左手が麻痺している患者に手を叩くよう頼むと，右手だけを体の正面にもってきて手を叩くつもりの動作をする。「手を叩きましたか？」と確認すると，「叩きました」と答えたり「両手効きではないので不器用なんです」と自分の行動を合理化したりする。[8]ベンジャミン・リベットによる有名な実験では，運動が実際に始まったあと約 300 ミリ秒が経過してから運動への意思が生じていることが示された[9]——「リベットの解釈によれば，意志というのはいわば拒否権である。自由意志というのは，複数の並行して開

---

7) このような観点から近代的な人間像に疑いを呈するものとして，例えば，下條信輔『サブリミナル・マインド——潜在的人間観のゆくえ（中公新書）』（中央公論社，1996 年）。

8) V. S. Ramachandrar and Sandra Blakeslee, *Phantoms in the Brain: Probing the Mysteries of the Human Mind*, William Morrow, 1998（山下篤子〔訳〕『脳のなかの幽霊』〔角川書店，1999 年〕）。

始される運動プロセスの中から，適切でないプロセスを拒否する機能にすぎない」[10]。

　どちらの例からも，状況を認識し，判断し，行為するという我々が想定してきたようなプロセスが本当に実在するのか，むしろ我々は判断抜きに行為して・・しまったあとからその内容を合理化・正当化しているだけなのではないかという疑いが生じるだろう。我々の意思が現実の行為のあとから生じるようなものにすぎないとすれば，それを根拠として行為の責任を負わせるのは不合理だということにならないだろうか。意思と行為の関係が科学的・客観的に疑わしい存在にすぎないとするならば，〈意思─行為─責任〉という連関に立脚していた近代の法システムはその根底から覆ることにはならないだろうか[11]。

❷ アーキテクチャの権力

　選択それ自体が自律的になされるとしても，選択肢を事前に物理的に制限してしまえば帰結を制約することができる。例えば入口のドアに鍵をかければ，「そのなかに入るか・入らないか」という選択の一方を事前に消去することが可能になるだろう。あるいは鉄道のプラットホームにホームドアを設置すれば，視覚障害者が線路へと転落する危険性を，鉄道自殺を試みる健常者にとっての可能性もろとも，消去することができる。このように選択が行なわれる物理的な環境を操作することで人々の行為への制約が可能になる点に注意を促したのが，アメリカの憲法学者ローレンス・レッシグであった。彼は対象の行為を制約すること全体を「規制」（regulation）と位置付け，法や規範など伝統的な規制の様式と並ぶものとして物理的な環境操作──「アーキテクチャ」が存在す

---

9) Benjamin Libet, *Mind Time: the Temporal Factor in Consciousness*, Harvard University Press, 2004（下條信輔〔訳〕『マインド・タイム──脳と意識の時間』〔岩波書店，2005 年〕）。

10) 鈴木・前掲 注4) 30 頁。

11) 念のために指摘すれば，ある制度の正当化については，このように自然的事実を反映していることを根拠とするタイプ（したがって事実が異なっていたことが判明した場合には制度の変化が必然的に要請される）だけではなく，自然的事実とは異なる内容だからこそ規範的に構築される必要があるとする逆向きのタイプが考えられる。例えば参照，大屋雄裕『自由とは何か──監視社会と「個人」の消滅（ちくま新書）』（筑摩書房，2007 年）第 4 章。

CHAPTER
3

ると指摘した。[12] 窃盗を制約するような規制は，刑事法を通じた処罰によっても施錠された金庫によっても可能になるように，異なる様式の規制が競合することもあるだろう。非常口の設置を建築基準法が義務付ける場合のように，行為可能性を開くアーキテクチャの設置を法が強制するという形で異なる規制が協働することも考えられる。我々一人ひとりの個人にとっての可能性の空間は，このようにさまざまな様式をとる規制の合計によって形作られることになるだろう。[13]

そしてレッシグは，物理的な操作可能性＝「可塑性」(plasticity) の高い空間としてのサイバースペース（コンピュータとその上で動作するソフトウェアによって形作られる世界）においては，そのアーキテクチャを形作るコードが国家以外の主体，典型的にはグローバルに活動するソフトウェア企業によって生み出されコントロールされること，それによって我々の自由の範囲が実質的に大きな影響を受けるにもかかわらず，民主政・国家がそれに有効に対処する手段が限られていることを指摘したのであった。彼によれば我々は非＝国家的な主体によって，事前に規制される危機に瀕しているのである。

3　幸福への配慮

これに対し，アーキテクチャ的な手法を活用して選択の環境に硬軟さまざまな調整を加えることで，可能な選択肢のなかから自らの望むものを自由に選択しているという当人にとっての状況と，その結果が社会的に・本人にとって望ましいものになるという事態を両立させることができると主張したのが，キャス・サンスティーンである。[14] 例えばカフェテリア式の食堂で入口に近いとこ

---

12)　Lawrence Lessig, *Code and Other Laws of Cyberspace*, Basic Books, 1999（山形浩生＝柏木亮二〔訳〕『CODE——インターネットの合法・違法・プライバシー』〔翔泳社，2001年〕）。改版である以下も参照。Lawrence Lessig, Code: Version 2.0, Basic Books, 2006（山形浩生〔訳〕『Code Version 2.0』〔翔泳社，2007年〕）。

13)　成原慧は，主体の行為を制約する「規制」と規制権限をコントロールすることによって規制対象の自由を保障する作用としての「統制」を区別することでレッシグの主張をより正確に定位するとともに，法がアーキテクチャという規制手段に対する統制の手段として機能する可能性を示唆している。参照，成原慧『表現の自由とアーキテクチャ——情報社会における自由と規制の再構成』（勁草書房，2016年）13頁。

ろにサラダとフルーツを置けば，揚げ物を並べている場合と比べて野菜の摂取量を増やすことができるだろう。ファストフードのセットメニューにおいて，特に指定しない場合の既定の選択肢（デフォルト）はフライドポテトだがあえて注文すればサラダに変更できるようにしたときとその逆，あるいは両者を完全に並列の選択可能なオプションとして提示した場合では，選択の結果が変わってくるはずだ。もちろん「今日はポテトを食べよう」という強い意思をもっている客の行動はおそらくあまり変わらないだろうが，そのように自分の意思を貫く可能性も保障された自由な選択環境の下でさえ，選択肢の位置付けや配置を変えることで，帰結に統計的・確率的な差を生じさせることができるだろう。サンスティーンはこのような手法を「ナッジ」（nudge，相手を柔らかく押しやること）と呼んでいる。かくして，個々人にとっての選択肢の範囲を最大限保障するという政治思想（リバタリアニズム）と，相手の幸福に配慮するための介入（パターナリズム）は両立するというのが，彼の主張であった（リバタリアン・パターナリズム）。

　そしてこの手法は，社会全体の利益増進のためだけでなく個々人にとっての幸福にもつなげることができると，サンスティーンは主張している。オンライン書店のおすすめ機能のように，過去の消費履歴から当事者が選びそうなもの・好みそうな候補をシステムから積極的に提示すれば，選択結果に対する満足度が上がる可能性は高いし，自分の趣味にあうものにめぐりあうまで延々と商品を探し続ける必要もないというわけだ。ナッジは「選択する」ということそれ自体に必要となる時間や精神的な負担を減らすことができるし，選択環境の設計者（choice architect）が適切にふるまえば，自己決定の当事者だけでなく社会全体も幸福にすることができるだろう。これまでの選択と似たようなものを選択し続けることによって志向や趣味が自己強化されることになるという典型的な批判（共鳴室：エコー・チェンバー）に対しても，一定のノイズやブレを「おすすめ」に混ぜるようなプログラムを組めば対応することができる。偶然の素敵な出会い（serendipity）を演出する仕組みを「セレンディピティ・アーキ

---

14)　Cass R. Sunstein and Richard H. Thaler, *Nudge: Improving Decisions about Health, Wealth, and Happiness*, Yale University Press, 2008（遠藤真美〔訳〕『実践行動経済学——健康，富，幸福への聡明な選択』〔日経 BP 社，2009 年〕）。

CHAPTER

3

テクチャ」と呼ぶサンスティーンは，自己決定の条件・過程だけでなく，その
ほつれでさえ規制の手段に取り込もうとしていると言うことができるだろう。[15]

4 あらたな可能性

　そして次の問題は，このように選択環境を操作するという規制手法と AI が
組み合わさる事態だということになる。まず我々は，例えば液晶表示式の自動
販売機において，商品選択画面の配列が選択者にとっての利便性を高めるよう
に操作されるような場合を考えることができる。過去の消費履歴から，選択者
が実際に頻繁に選択したものやそれに類似した商品を，少ない操作回数や認識
コストで選択できる場所に配置するのである。このような事態は「AI の支援
を受けた意思決定」と考えることができるだろうし，その結果についても（一
定程度 AI の影響を受けたものではあるかもしれないが）私自身のものと考えること
に大きな問題はないだろう。だがそのように現在までの私にとって快適・便利
な環境が実現されていくことによって，私があらたな存在へと変化していく可
能性，これまでの自分とは異なる運命を選び取る自由は緩やかに窒息させられ
ていくのかもしれない。

　積極的に提示されるのではなく，特定の商品が一覧に表示されなくなる場合
のように消極的な方向への干渉が行なわれる場合についてはどうだろうか。例
えば EU で導入・法制化が進みつつある「忘れられる権利」（right to be forgot-
ten）のように，検索エンジンの表示する結果から特定の情報へのリンクを除
去するようなケースを考えよう。[16] もちろんその情報が含まれるウェブサイト

---

15) Cass R. Sunstein, *Choosing Not to Choose: Understanding the Value of Choice*, Oxford
University Press, 2015（伊達尚美〔訳〕『選択しないという選択——ビッグデータで変わる「自由」
のかたち』〔勁草書房，2017 年〕）。

16) 立法として，EU 一般データ保護規則（REGULATION OF THE EUROPEAN PARLIAMENT
AND OF THE COUNCIL on the protection of natural persons with regard to the
processing of personal data and on the free movement of such data, and repealing
Directive 95/46/EC（General Data Protection Regulation））17 条。当該立法の審議中に現わ
れた先行的な裁判例として，EU 司法裁判所の先行判決（2014 年 5 月 13 日）がある。参照，今岡
直子「『忘れられる権利』をめぐる動向」国立国会図書館『調査と情報—— ISSUE BRIEF』854 号
（2015 年 3 月 10 日）。

の存在をあらかじめ知っており，ウェブブラウザのブックマークに留めているような人は，リンクが消去されたかどうかにかかわらず元の情報にアクセスすることができるのだが，だから我々が実質的にアクセス可能な情報の範囲は検索エンジンの表示結果によって影響を受けない，とはあまり考えないだろう。そもそも我々の多くは知らないからこそ検索するのであり，それに対して知っていれば影響されないと指摘することにはほとんど意味がないはずだ。我々が日常的に利用する検索エンジンの表示結果から，私が好まないだろうと AI が判断した情報があらかじめ取り除かれそのことが知らされることもないとき，あるいは通販サイトで入力したキーワードをもとに表示される商品のリストから，やはり私にとって好ましくないと AI が判断したものが除去されているとき，その内部で私が何かを選択したとして，それは責任の十分な基礎になるような私の自己決定だと言うことができるのだろうか。誰かを牢獄に監禁し，解放されたければ署名しろという条件で結ばれた契約を十全なものと我々が考えないとするならば，AI の作り出す共鳴室に封じ込められた我々の判断は，どうなのだろうか。

　あるいは商品の配列が選択者の選好ではなく販売者の意向や販売戦略の影響を受けていた場合，さらに進んで，そのような戦略自体が AI によって形成された場合にはどうだろうか。例えば別項（161 頁以下）で扱われているように，「利益を最大化せよ」という方針（これ自体は人間たる経営者によって示されたものかもしれない）に基づき，需要の状況と同種のサービスの提供価格を監視しつつ自律的に価格決定を行なうようなメカニズムを内包したホテルの予約システムを考えたならば，それはもはや AI 主導的な意思決定，あるいは AI による・AI の意思決定だと考えるべきではないだろうか。そのような事態においてもなお，そのような AI の動作を導入・承認・許容したという理由によって，あるいは AI が人間ではなく法的な責任主体でない以上そこに責任を問うことはできないという理由によって，現実的には自律性を発揮していない個人に「自己決定」の責任を負わせるべきなのだろうか。

意識されない操作と統制

1 規制への意識

この問題は，アーキテクチャやナッジのような選択環境の操作がそれ自体としては選択への干渉ではなく，したがって対象となる個人によって意識されないかもしれないことによって，より深刻になるだろう。レッシグがいみじくも指摘したように，泥棒によって意識されていなくとも，鍵は彼がドアを開けることを制約することができる。[17] アーキテクチャによって現実には一定の制約を受けつつ，そこで奪われた可能性があることにそもそも気付かないとか，そこに籠められた誰かの意図を知ることもないということは十分に考えられるだろう。

ケルゼンが民主政を擁護した背景に，人間が「他律の苦痛」（Qual der Heteronomie）すなわち他者に干渉されたり何かを強制されたりすることを嫌う本能的な性質をもっているという想定があったことを想起しよう。彼によれば，だからこそ市民による自己統治を実現する民主政が，自らの選択と異なる結果を強制される個人の数を最小にできるという理由によって，最善のものとして選択されるはずなのであった。だが確かに，法による規制は何が禁止されているかが明確であり，かつ対象者にそれが知られることによって初めて機能するのだから（被治者にその存在が知られていない法は機能しない，というのもレッシグの指摘であった），それに対して批判を加えるとか反発することも間違いなく可能なはずだ。他者による干渉が現実に意識されれば，他律の苦痛もそこから生まれるのかもしれない。だが個々人に知られにくい形で選択環境が操作され我々の人生が影響を受けているとき，それを意識し排除することは可能なのだろうか。我々の知らないうちに自由や自律が侵害され，気付いたときにはすでにそれを

---

17)　松尾陽は，アーキテクチャによる規制が①機会操作性，②無視不可能性，③意識不要性，④執行機関の不要性という特徴を備えていると整理している。参照，松尾陽「アーキテクチャによる規制作用の性質とその意義」法哲学年報 2007（有斐閣，2008 年），241-250 頁，246-247 頁。

取り戻す方法がなくなっているという危険性はないのだろうか。

2 no way out（出口なし）

　だがそうだとしてもどうしようもない，というのがサンスティーンのひとつ
の回答だろう。ナッジが我々の自律性を制約するという批判に対して彼は，中
立的な選択環境はもはや存在しないという形で回答している。選択環境を操作
することで一定の傾向が生み出せるということを我々がすでに認識してしまっ
た状況において，そうしないということは中立な選択肢ではなく，むしろその
結果得られたであろう便益を何か（おそらく我々の嫌悪感とか自意識といったもの
だろう）のために犠牲にするということを意味している。憲法学者としてのサ
ンスティーンがかつて，現在の社会のあり方が正当であることを前提として・
その変革を提言する側に社会がよりよくなることの立証責任を負わせるような
議論（現状中立性：status quo neutrality）を批判していたことを想起しよう。[18] 現
状がまさに現状であるというだけではその正当性は保障されず，我々はその正
しさを常に再検討していく必要がある。ナッジに対しても同様に現状の中立性
をただそれだけで主張することはできず，その結果としてもたらされる便益や
社会のあり方によってその適切なあり方を（「使わない」という選択肢も含めて）
検討する必要があるということになろう。

　ここからサンスティーンは，ナッジを用いる範囲や程度を社会的に決定する
という方向に解を見出していくことになる。たとえ十全な自律・自己決定がも
はや想定できないとしても，そこに生じる干渉や制約のあり方を個々人が決定
しているのであれば全体を自己決定の結果と考えることができるというこの方
向性は，メタ自己決定論と位置付けることができるだろう。[19] だが問題はその
メタ自己決定を誰が・どのような選択環境において行なうのか，その自己決定
に対するアーキテクチャ的な制約やナッジは生じないのかという点にあるだろ
う。メタ自己決定に対するメタナッジが可能になるのであれば，その範囲・程

---

18) Cass R. Sunstein, *The Partial Constitution*, Harvard University Press, 1993.
19) 参照，大屋雄裕「解説」伊達〔訳〕・前掲注 15) 227-237 頁。

度に関するメタメタ自己決定が行なわれない限り，全体の自律性を保障することはできないことになる。だがそれに対するメタメタナッジの可能性があるとすれば……。

　そして，さらなる可能性として考えなくてはならないのはおそらく，このメタナッジの次元における決定者・選択環境の設計者自体が AI になっていく事態だろう。例えば「おすすめ」に対する反応率・遵守率をもとに，さらに強いナッジが必要なのか・セレンディピティの割合を高める必要があるかが判断される。対象者の満足度か幸福度——それはまさに功利主義が政策決定の基礎として考えた選好充足と快楽に対応しているのだが——を AI が認識し考慮に入れることができるなら，そのようなメタナッジの適切さはさらに向上することになるだろう。だがそのとき，そこに我々の行為であるとか我々の選択と呼び得る事態は存在しているのだろうか？

　我々自身の幸福を目指した選択と社会的・全体的な利益とが一致するように，偶然の出会いまで含めてすべてが AI によって計算されその支配下で進行するとして，にもかかわらず我々はそこで生じた事態に対する責任を負うべきなのだろうか。あるいは逆に，そのような環境を作り出す AI を生み出し，動作させ，あるいはこれこそが目指すべき目的であると一定の価値観を採用すべく指示したものがいるとして，彼はそのような責任を免れているのが正当だということになるのだろうか。

行為者の人格性への問い

1　人と物の世界

　もちろんこれまで我々が前提してきた近代の社会の内部に，現実には人間以外の存在が混ざっていたことは言うまでもない。それは例えば包丁や竹馬のように我々の身体の延長としての古典的な道具であり，当然にその使用者に責任が還元されることになっていた。やがてサーモスタットで動作するエアコンや

遊園地のジェットコースターのように，独立に動作するが事前の指示に忠実に従うだけの機械が生み出されたが，そこでもその導入や動作を承認した人間に責任を問うことが想定されていたと言ってよいだろう。その自律性を我々が認めざるを得ない存在の典型としての動物については（それを人格性とまで言えるかについては人ごとに基準が異なるだろうが），一方でその所有者・管理者へ責任を還元する道具的な存在へ，他方では火山や台風と同様の自然の事物として我ら人類の社会の外側にあるものへと仕分けられることになった。どちらも同じ「犬」の問題であるにもかかわらず，ペットや猟犬として飼育下にある犬がもたらした損害に対しては飼い主たる人間が責任を負うとされるのに対し，野犬による被害は自然災害のように（例えば被害者側の損害保険によって）処理されることを想起しよう。行為と責任はあくまで社会内部の問題であり，その外側にある世界のできごとについて，我々は単に受け止めるしかない。そこから生じ得る損害に耐える方法はただ，そのリスクを保険によって共有し・分散するだけなのである。

　サヴィニー以来のドイツ民法学において確立したとされる人・物の二分法，世界を自律的・人格的存在としてのヒトと彼らがもつ意思の対象である（典型的にはその支配への意思が社会的に承認されることによって所有権の客体となる）モノへと区分する世界像は，このようにして誕生したと言うことができるだろう。[20]だからこそ，前述したように特別の取扱いを必要とするヒトはそこにおいてヒトの意思に従属するモノ類似の存在と位置付けられることになったのである。我々はここで，カントが債権・物権と並んで物権的対人権（das auf dingliche Art persörliche Recht）――「物件としてある外的対象を占有し，人格としてこの外的対象を使用する権利」というカテゴリーを置いていたことを想起すべきかもしれない。[21]

20）　その背景として，個々人がもつと想定された自律的意思によって構成される権利の体系として私法を捉えようとしたカントの哲学・法理論があったことを指摘するものとして，参照，筏津安恕『私法理論のパラダイム転換と契約理論の再編――ヴォルフ・カント・サヴィニー』（昭和堂，2001 年）。

21）　Immanuel Kant, *Metaphysic der Sitten (Kant's gesammelte Schriften Bd. VI)*, der Königlich Preußischen Akademie der Wissenschaften (ed.), 1907, p. 276.

CHAPTER

3

2　人間の条件

　だとすれば現在我々が直面しつつある問題とはその逆，モノでありながらヒトと同様の能力をもち，現実にそれを左右するような存在をどのように位置付けるかだ，ということになるのではないだろうか。生命倫理において中心的な課題のひとつである*パーソン論*は，人間が*人間らしい扱い*──道徳的な配慮や人権の承認を要求し得る根拠の探究を試みてきた。例えばそれは理性や判断能力の存在であるかもしれず，自己の人生に関する構想を自律的に形成できる能力であるかもしれない。現在の状況は，このような問題図式の下において，パーソンの条件を満たす範囲に我々の*被造物でありながら異質な存在が参入する*という事態，あるいは彼らが我々の判断や自己決定によって織りなされる（はずの）社会においてその実質を担うようになった状態における，*人間の条件*（the Human Condition）ということになるのだろう。

　ハンナ・アーレントが言語によって人間同士が協力・対立する行為たる「活動」（action）として政治を捉え，生命維持のための生物学的過程である「労働」（labor）・私的領域において消費される財を作り出す「仕事」（work）とは区別されるそれこそが人間の公的領域を形作ると考えていたことを想起しよう。[22]もちろん我々はすでに*AIが言語によって我々の問いかけに答え，ロボットが我々と会話する*社会に生きているのであった。[23]言語行為こそが我ら人類の社会に参入する資格を形作るのだとすれば，ロボット・AIの場所はその内部に求められるはずだという意見も，当然ながら現われてくるだろう。

---

[22]　Hannah Arendt, *The Human Condition*, University of Chicago Press, 1958（志水速雄〔訳〕『人間の条件（ちくま学芸文庫）』〔筑摩書房，1994 年〕）。

[23]　例えばヤマト運輸が公式 LINE アカウントで会話 AI による再配達受付・日時場所変更を受け付けている例（http://www.kuronekoyamato.co.jp/ytc/info/info_161115.html），あるいはヒューマノイドロボットと位置付けられている「Pepper」が接客や商品案内のために活用されている例を参照せよ。

人格なき社会への展望

　以上の議論から明らかになるのは，近代の法システムが前提していた（そして現代においてもなお基礎とされている）〈意思―行為―責任〉という連関が，ロボット・AI の登場によって揺るがされているという問題である。AI が自己決定にゆらぎをもたらし，ロボットが我々の社会を構成するメンバーの行為者性を不明確にすることによって，この連関の最後のものとして想定される責任の段階，責任とは何を基礎とし・どのようなものとして・どの範囲に生じるのかという問題に影響が生じることになるだろう。我々はそのような状況に対して，どのような解決策を考えることができるのだろうか。

　ひとつの選択肢はおそらく，上記の連関を断念して結果からのみ責任を導こうとする方向性である。「政治は結果責任だ」とも言われるように，動機や意図，故意・過失の存在を問うことなくいかなる結果が生じたかのみを基礎とした責任追及のシステムを考えることは，決して難しくない。ロボットに，あるいは何らかの意味で不完全な人間に意図や決断があったかどうかはともかく，一定のネガティブな帰結が生じたならば彼は何らかの責任を負わされることになるのである。

　だがただちに理解されるように，純粋結果責任というこの考え方は刑事法の分野で我々に――おそらくはあまり喜ばしくない記憶として――知られている新派刑法学（あるいは純粋な結果無価値論）の基礎でもある。AI・ロボットの自己決定と行為者性を問題にしない立場はおそらく，法領域全体にわたる結果無価値論の復権・拡大を意味することになる。そして我々はもちろん，行為主体の内在的な傾向性を問題にする新派刑法学が国家による介入の早期化をもたらしたことを想起するべきだろう。[24] 主体の秘めた危険性の帰結が犯罪行為でありその結果として生じる損害であるなら，犯罪が実際に発生する前に介入し，損害抜きの危険除去が可能になる方が，当然ながらより好ましい。既遂から未遂へ，予備・陰謀へと処罰範囲は早期化・拡大されるだろうし，それが正しいということになるはずだ。人格の有無にかかわらず損害の分配を主要な問題と

考える場合においても同様に，危険が現実化してからその損害を分配するより
は未然防止（prevention）へ，さらには危険の存在を予想させるに過ぎないリス
クの段階で介入しそれを根こそぎに除去しようとする事前配慮（precaution）へ
と進行することになるのではないだろうか。[25]

　人々が責任を担い得る人格であることを前提とした自由な社会から，あらか
じめ計画され統制された範囲において各主体がふるまいつつも，損害の発生が
あらかじめそのリスクから除去されることによって実現されるであろう幸福な
社会へ。AI・ロボットという他者の登場を通じて展望されるのは，我々の社会
のそのような構造的変化なのである。

---

24)　もちろんそれで何が悪いのかと考える立場もあり得る。功利主義からそのような見解を擁護する
　ものとして，安藤馨「法と危険と責任と」安藤馨＝大屋雄裕『法哲学と法哲学の対話』（有斐閣，
　2017 年）143-167 頁。また，リバタリアニズムの観点から行為の客観的・社会的な価値は決定不
　能であるとし，刑罰からも規範的非難の性格を消去して他者に与えた損害に対する純粋損害賠償に
　一元化すべきだとする見解として，Randy E. Barnett, *The Structure of Liberty: Justice and the
　Rule of Law*, Clarendon Press, 1998（嶋津格＝森村進〔監訳〕『自由の構造——正義・法の支配』
　〔木鐸社，2000 年〕）。後者の場合も，主体の意思や決断という人格的要素は責任にとって不要なも
　のになる。

25)　リスクへの対処としての未然防止・事前配慮と法の関係については，参照，中山竜一「リスクと
　法」橘木俊詔＝長谷部恭男＝今田高俊＝益永茂樹〔編〕『リスク学入門 1 リスク学とは何か』（岩波書
　店，2007 年）87-116 頁。

COLUMN ◉⎢⎢⎢⎢⎢⎢⎢◉⎢⎢⎢⎢⎢⎢⎢◉⎢⎢⎢⎢⎢⎢◉⎢⎢⎢⎢⎢⎢⎢◉⎢⎢⎢⎢⎢⎢⎢◉⎢⎢⎢⎢⎢⎢⎢◉

サイボーグをめぐる問題

　ヨーロッパにおける議論ではしばしば，ロボット・AI と並んでサイボーグ——我々の肉体の機械的な改造・拡張——が問題となる。例えばサイバーパンク小説で描かれるように，眼球の代わりに埋め込まれたカメラの映像に AI が処理した赤外線画像やそこに現れた人物の情報が重ねて表示されるようなケースを考えると，それをもとに行なわれた判断のどこまでが自己決定かという問題が生じるだろう。あるいは我々の神経系を直接接続して大型ロボットを操作するとすれば，どこまでが自分でありどこからが拡張された自分あるいはロボットなのかという問題が生じるだろう。その意味で確かにサイボーグと本章で論じたロボット・AI には大きく重なる領域があるし，義足を着用したランナーが健常者より速く走ることが現実にできるようになっていることを考えれば，SF 的問題として遠い将来に片付けてしまうことも許されないように思われる。

　だがその一方，ロボット・AI が我々人類ではないもの，我々の領域を脅かし得る他者の問題であるのに対して，サイボーグはあくまでも我々の内側から現れる問題であることに注意する必要があるだろう。眼鏡を用いて視力を補正することに社会的な問題を感じる人はほとんどいないだろうし，それは眼内レンズの埋め込みや角膜の形状に対する物理的操作の場合もあまり変わらないのではないか。義手・義足の場合を考えてもわかるように，それぞれの個人が抱える困難を機械や技術の力で補正すること・正常に近付けること（ノーマライゼーション）に抵抗を覚える人は多くない。だとすればサイボーグ技術であっても，それが例えば障害者に一般的な生活を提供するために実現されるようなものであれば（例えばカメラ映像を視覚情報に変換して視覚障害者の脳に送り込む），そこにあるのはせいぜい医療に関するリスクの自己決定（インフォームド・コンセント）の問題であり，一般的な医療倫理の課題に還元されてしまうということになるのではないだろうか。

　もちろん問題は，サイボーグ技術がノーマライゼーションのためのものなのか，一般的な人間を超えた異常な能力を利用者に与えようとするものなのか（エンハンスメント）が簡単には切り離せないという点にある。健常者より速く走れる義足は，あるいは「普通の人」には見えない赤外線画像が見えてしまう視覚障害者支援システムは，どちらなのだろうか。

だがここで，ノーマライゼーションは差し支えないがエンハンスメントはむしろロボット・AIの問題に並ぶもの，我々の他者を作り出す技術であって同様に警戒されなくてはならないと主張するならば，その判断基準としての「普通の人」「正常な人間」に強い規範的価値を与えることになるだろう。そのことはただちに，十分にノーマライズされることのできない存在，例えば重度心身障害者を普通でない人間・異常な人間と位置付け，我々の社会から排除することを意味するのではないだろうか。

　サイボーグはこのように，単にあらたに到来する他者の問題ではなく，我々自身が我々をどのように理解するか，どこまでの人間（homo sapiens）を我々の一員として認めるかという問題と深く関わっている。

参 考 文 献

大屋雄裕『自由か，さもなくば幸福か？──21世紀の〈あり得べき社会〉を問う（筑摩選書）』（筑摩書房，2014年）

成原慧『表現の自由とアーキテクチャ──情報社会における自由と規制の再構成』（勁草書房，2016年）

松尾陽〔編著〕『アーキテクチャと法──法学のアーキテクチュアルな転回？』（弘文堂，2017年）

CHAPTER 4

ロボット・AIは人間の尊厳を奪うか？

山本　龍彦

はじめに

　ロボット・AIは，一人ひとりに配慮した社会，究極の個人配慮型社会を実現するかもしれない。例えば予防医療は，ビッグデータを踏まえAIが一人ひとりの遺伝的特性や生活環境を予測することによって，一般的なそれからより個別的なそれへと変貌を遂げている。やや比喩的にいえば（AIやロボットの発展を「文系」の議論に落とし込む際にはしばしば「比喩」が必要となるのだが），AIはその人にぴったり合った健康管理を行ってくれるというわけである。教育の分野でも，AIはビッグデータ解析からドロップアウトしそうな学生を先回りして見つけ出し，大学当局が当該学生に対して事前的で個別的な対応を行うことを可能にする。ジョージア州立大学の試みでは，こうしたプログラムによって人種的マイノリティの卒業率が飛躍的に向上したと報告されている[1]。融資，与信，保険の分野でも，AIが個人の行動記録を事細かに分析することによって，

これまでの一般的・画一的な基準では審査に通らなかった者が救済されるという。例えば，信用履歴がなく，これまではクレジットカードの審査に落ちていた者でも，スマートフォンを通じて誰にどれぐらいの頻度で連絡をとっているかといった普段の何気ない行動記録から信用力を予測評価してもらい，結果的にカードの審査に通ることもありうる[2]。さらに近年は，消費者の過去の購買履歴，ウェブ閲覧履歴，検索履歴などから，AI が当該消費者の趣味嗜好を予測（プロファイリング）し，事業者がこの結果に見合った個別化（personalized）広告を送るということも一般化している。こうした個別化広告は，当該消費者にとって必要のない情報をフィルタリングによって排除し，必要な情報のみを選別して提供できる点で，消費者各人の自己決定を支援するものともいえそうである。

　また，本人が行いそうな決定を「先回り」して予測するという AI の力[3]は，法の解釈運用もより個別的なものに変えると指摘されている。周知のように，相続分について被相続人が何ら意思を表明していなかった場合，相続人は民法の定める割合に従って遺産を相続することになる。つまり，遺言をしていない場合，被相続人の生前の意思（思い）にかかわらず，その遺産は法律上の一般的な規定に従って分割されるのである。こうした任意規定の運用は，被相続人その人の人生に対する配慮と尊重を欠くようにも思われる。その唯一無二の人生が呆気なく一般化されてしまうからである。他方，AI が，その人に関する膨大な過去データから，その人であればなしたであろう相続分指定を「予測」すれば，仮に生前に遺言をすることができなかったとしても，当該被相続人の人生を反映した遺産相続が可能になるかもしれない[4]。つまり，ビッグデータに基づく AI の予測は，法律上の任意規定を不要にしうる。

---

1)　Executive Office of the President, Big Data: A Report on Algorithmic Systems, Opportunity, and Civil Rights 17(May 2016)（『ビッグデータ：アルゴリズミックシステム，機会，市民権に関する報告書』）．

2)　家族など特定の相手に規則正しく連絡をとる者，1 日の行動パターンに規則性がある者，交流先が 58 以上ある者などは，返済率が高く，優良な借り手になることがわかっている。Shivani Siroya, A Smart Loan for People with No Credit History, TED(Apr. 2016)，at https://www.ted.com/talks/shivani_siroya_a_smart_loan_for_people_with_no_credit_history_yet.

3)　宍戸常寿「通信の秘密に関する覚書」高橋和之古稀記念『現代立憲主義の諸相（下）』（有斐閣，2013 年）487 頁以下参照。

4)　See e.g., Ariel Porat & Lior Jacob Strahilevitz, Personalizing Default Rules and Disclosure with Big Data, 112 Mich. L. Rev. 8 (2014).

ロボット・AI は人間の尊厳を奪うか？

CHAPTER
4

このような AI による「自己決定」の予測とロボット技術が融合すれば，藤子・F・不二雄の『パーマン』に登場するコピーロボットのように，ロボットが「自己決定」を「代行」してくれるようになるかもしれない。我々が，この代行によって生じた余暇を自己実現のために充てるとすれば，我々は，より一層自分らしい人生を送ることができるようになるともいえそうである。

　以上のように，AI・ロボットは，「個人」に向けたきめ細かなサービスを可能にすることで，究極の個人配慮型社会を創出するようにも思われる。本章の問題関心に引き寄せて言えば，AI・ロボットは，「すべて国民は，個人として(as individuals) 尊重される」(傍点筆者) と規定する日本国憲法 13 条の理念——個人の尊重原理——を実現するようにみえるのである。個人の尊重原理が日本国憲法の価値秩序の頂点に立つ「根本規範 (basic norms)」と解されていることからすれば，[5] それらは，憲法そのものと親和的な技術であるとさえいえるだろう。

　本章は，このようなある種の「楽観主義」に懐疑的な視点を与えることを目的とする。それは，憲法，とりわけ個人の尊重原理へのリスクを洗い出し，これと正面から向き合ってはじめて，AI・ロボットの利活用のあり方を正しく議論することが可能になると考えるからである。以下ではまず，日本国憲法の「根本規範」たる個人の尊重原理とは何かについて若干の考察を加えておく。

個人の尊重原理とは何か

　個人の尊重原理（憲法 13 条）とは何か。

　それは，おそらく憲法学において最も難解な問いのひとつであろう。個人の尊重は，ドイツの基本法が規定するような「人間の尊厳」と同じなのか，異な

---

5)　芦部信喜〔高橋和之補訂〕『憲法〔第 6 版〕』（岩波書店，2015 年）12 頁。

るのか[6]。あるいはそれは，「個人の尊厳」（憲法 24 条 2 項）と同じなのか，異なるのか[7]。このような問いは，いまだ確定的な答えのない「なぞなぞ」であり続けている[8]。しかし筆者は，この原理を段階的に理解することで，これらの多様な見解を統合できるのではないかと考えている。すなわち，個人の尊重原理を，①人間の尊厳，②狭義の個人の尊重（集団からの解放），③個人の尊厳（個人の自律），④多様性・個別性の尊重の 4 層によって構成される複層的な原理と考えることで，従来主張されてきた諸見解を適切に包摂できるのではないかと考えているのである。

　以下，各層について簡単な説明を加えておきたい[9]。

　まず，第 1 層は，個人は人間として尊重されなければならないという考え方である（「人間の尊厳」に関わる層）。いわば類的な尊厳にあたる層であり，人の生命の不可侵性がその主な内容を構成する。以下の各層の基盤を構成する層である。

　第 2 層は，個人は人格的存在として平等に尊重されなければならないという考え方である（「狭義の個人の尊重」に関わる層）。これは，近代における身分制の否定と直接に結び付いたもので，個人は身分のような集団的で固定的な属性によってあらかじめ自らの生き方を規定されないという解放的かつ消極的な側面を有する。比喩的にいえば，個人がその人生を描くために用意されたキャンバスは，あらかじめ下書きがされていたり，色が塗られたりしたものであってはならず，純粋無垢な白色でなければならないということである。歴史的に，身分制の時代にあっては，個人は身分ごとにあらかじめ下書きがなされ，色が塗られたキャンバスを渡されていた。個人は，そこで描かれた方向に沿って自己の人生を歩まざるをえなかったのである。そこで近代憲法は，人がすべて等

---

6)　例えば，玉蟲由樹『人間の尊厳保障の法理──人間の尊厳条項の規範的意義と動態』（尚学社，2013 年）参照。

7)　例えば，蟻川恒正『尊厳と身分──憲法的思惟と「日本」という問題』（岩波書店，2016 年）参照。

8)　「人権」概念について同様の指摘を行うものに，駒村圭吾「人権は何でないか」井上達夫〔編〕『人権論の再構築』（法律文化社，2010 年）3 頁以下参照。

9)　以下の記述は，山本龍彦「個人化される環境──『超個人主義』の逆説？」松尾陽〔編〕『アーキテクチャと法──法学のアーキテクチュアルな転回？』（弘文堂，2017 年）77 頁以下，同「AI と『個人の尊重』」福田雅樹＝林秀弥＝成原慧〔編著〕『AI がつなげる社会──AI ネットワーク時代の法・政策』（弘文堂，2017 年）320 頁以下と重複するところが多い。

しく白いキャンバスをもつことを重要視したのである。人をすべて，あらゆる細胞に分化する可能性をもった ES 細胞のようなものとして扱わなければならないとする考え方であると捉えてもよいだろう。

第3層は，個人は人格的自律の存在として尊重されなければならないという考え方である（「個人の尊厳」に関わる層）。これは，個人が自律の能力をもつことを前提に，誰からも命じられることなく，主体的に自己の人生をデザインしていくことを認めさせるという積極的な側面を有する。先の比喩を使えば，第2層の（狭義の）個人の尊重原理によって脱色化された白いキャンバスに絵を描くのは，あくまでも自分自身だということである。逆にいえば，せっかく白いキャンバスを渡されたのに，誰かに絵を描いてもらうようなことをしてはならないという責任原理も含まれている。

第4層は，個人が自律的・主体的に決定・選択した結果を尊重しなければならないという考え方である（「多様性・個別性の尊重」に関わる層）。やはり先述の比喩を使えば，白いキャンバスに描かれた絵がそれぞれ違うことを最大限尊重しなければならないということである。第1層がいわば人間としての平等性・均一性の尊重，第2層および第3層が人格的主体としての平等性の尊重を表しているのに対して，この第4層は，それらの結果として生じる多様性の尊重を表している。

以上のように，憲法上の個人の尊重原理は，①人間の尊厳→②狭義の個人の尊重（集団からの解放）→③個人の尊厳（自律）→④多様性の尊重という4層から成り立っていると考えられる。

本章は，AI・ロボットが，このような個人の尊重原理にどのような影響を与えるのかを考察するものである。

なお，AI・ロボット技術を国家が使用する場合，憲法上の個人の尊重原理の問題がダイレクトに現れることは言を俟たない。他方，それらの技術を，民間企業を含む私人が使用する場合，直接には国家権力を規律するはずの憲法の原理が重要な意味をもちうるのかが問題になりうる。しかし，こと個人の尊重原理については，「憲法上の基本原理としてすべての法秩序に対して妥当する原則規範としての意味を担って」おり，「基本的には国政に関するものであるが，民法2条（改正前の1条ノ2）を通じて解釈準則として私法秩序をも支配すべきもの」（傍点筆者）と理解されている[10]。このような通説的見解を踏まえる限

り，個人の尊重原理は，我が国の法秩序全体を貫く基本原理として私人をも——国家と同じレベルではないにしても——拘束するものであると考えられる。

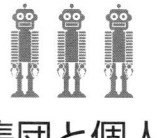

集団と個人
個人の尊重原理・第2層をめぐる考察

1 アルゴリズム上のバイアス

　先述のように，AI は，個人が行うであろう行動・決定や個人の信用力等を「先回り」して予測できる能力を，その力や魅力の源泉としている。しかし，この予測の方法（アルゴリズム）や，予測結果の使われ方によっては，Ⅱで述べた個人の尊重原理の第2層（狭義の個人の尊重原理）と鋭く矛盾する可能性がある。

　両者の矛盾として第一に想定されるのは，AI による予測のプロセスにエラーやバイアスが組み込まれるような場合である。例えば，① AI がビッグデータを処理するとき，本来は考慮すべきではない「うわべだけの相関関係（spurious correlation）」を読み取ってしまうことがある。ビッグデータ上，スイミング・プールで溺れた人の毎年の数と，俳優ニコラス・ケイジの出演作品の毎年の数は歴史的に相関しているが，これは「たまたま」であって，アルゴリズム上は無視されなければならない。しかし，こうした「うわべだけの相関関係」がアルゴリズムに組み込まれ，予測評価の基礎に使われてしまうことがある[11]。また，②あるコミュニティが，解析の母数となるデータセットに過少に代表（underrepresent）されることがある。例えば，アメリカのボストン市は，道路状況の調査のため，市民のスマートフォンから得られる GPS データを利用し

---

10)　佐藤幸治『日本国憲法論』（成文堂，2011 年）175 頁。

11)　FTC Report, Big Data: A Tool for Inclusion or Exclusion? 9 n. 44 (January 2016)（『ビッグデータ：包摂の道具か排除の道具か？』）.

たが，その途中で，これだと高所得者の居住エリアに道路補修サービスが集中してしまうことが判明したという。低所得者のなかにはスマートフォンを所持していない者が多く，低所得者の居住エリアからのデータが解析母数に過少に代表されてしまったためである[12]。これは，過少代表によるエラーの典型例であるといえる。さらに，③現実社会にすでに存在しているバイアスをAIがアルゴリズムに取り込んでしまい，かかるバイアスを再生産することがある。例えば，現在の従業員データを使って，「良い従業員」を予測するアルゴリズムを構築した際，現在職場に存在しているバイアスをアルゴリズムがそのまま承継してしまうことになる。実際，イギリスの聖ジョージ病院は，人種的マイノリティと女性に対して不利のあった従前の入学試験データに基づいて「良い医学生」を発見するアルゴリズムを構築したために，この選考によって同様のバイアスを再生産することになったという[13]。

このように，アルゴリズムにエラーやバイアスが混入した場合，単純に予測精度が落ちるために，結果的にAIが個人の利益に反するような決定を行う可能性が生ずる。特に，上記②や③のような問題は，マイノリティに対して差別的なインパクトをもたらす。②で述べたように，AIが適切な予測評価を行うには，その母数となるデータセットに各コミュニティからのデータ（“声”）が均等に——「公正かつ効果的に」——代表されていなければならない[14]。比喩的に言えば，「一票の重み」に違いが出れば，AIの「意思決定」は必然的に歪むのである。この点で，デジタル・デバイスの所持率や，SNSの使用率の低い貧困層やマイノリティのデータ（“声”）が解析母数に適切に反映されず（過少代表），結果的に彼らに不利な予測評価がなされる可能性は十分に考えられる。そうなると，こうした集団に属する者は，個人の努力や能力と関わりのない集団属性によって不利益を受けることになろう。これが，個人の尊重原理の第2層（集団からの解放）に反する側面があることは多言を要しない。

人種差別が重要な社会問題であり続けているアメリカでは，ビッグデータに

---

12) *Id.* at 27.

13) *Id.*

14) 「公正かつ効果的な代表」という言葉は議員定数不均衡訴訟に関する最大判昭和51・4・14民集30巻3号223頁から示唆を得た。

基づく AI の予測評価がマイノリティに差別的なインパクトを与える可能性に強い関心が寄せられている。なかでも，連邦取引委員会（Federal Trade Commission, FTC）がオバマ政権下の 2016 年 1 月に公表した『ビッグデータ：包摂の道具か排除の道具か？』というタイトルの報告書[15]は，上述のようなアルゴリズム上のバイアスがマイノリティの社会的排除を惹起しうることを懸念し，アルゴリズム予測の利用者は，以下に掲げる 4 つの事項を考慮すべきであると述べている。すなわち，(i) 利用するデータセットがあらゆるコミュニティを適切に代表したものになっているか（特定のコミュニティからの情報を特に欠いているということはないか），(ii) 隠れたるバイアス（hidden biases）が特定の人々に意図せざるインパクトを及ぼしているということはないか，(iii) うわべだけの相関関係（上記①）がアルゴリズムに組み込まれていないか（医療，与信，雇用などの重要な決定〔important decisions〕にアルゴリズムが用いられる場合には，アルゴリズムの適切さに対する人間のチェックが確保されているか），(iv) その利用にあたって公正さが考慮されているか，の 4 事項である。[16]

　日本でも，総務省設置の AI ネットワーク社会推進会議が 2017 年 7 月に公表した『国際的な議論のための AI 開発ガイドライン案』において，AI を用いたプロファイリングによる差別などの問題を念頭に置いて，「開発者は，採用する技術の特性に照らし可能な範囲で，AI システムの学習データに含まれる偏見などに起因して不当な差別が生じないよう所要の措置を講ずるよう努めることが望ましい」と述べている。[17]

2　セグメントに基づく確率的な判断
——個人主義とセグメント主義との相剋

(1)　セグメント主義の拡張

　AI による予測と個人の尊重原理との矛盾として第二に想定されるのは，集

---

15)　FTC, *supra* note 11. 他にも，大統領府が 2016 年 5 月に公表した『ビッグデータ：アルゴリズミックシステム，機会，市民権に関する報告書』が重要である。前掲 注1)参照。

16)　*See* FTC, *supra* note 11 , at 25-32.

17)　AI ネットワーク社会推進会議『国際的な議論のための AI 開発ガイドライン案』（2017 年 7 月）11 頁。http://www.soumu.go.jp/main_content/000499625.pdf.

団属性に基づくAIの確率的な評価が最終的なものとして自動的に受容されるような場面である。上記1のように，アルゴリズムにエラーやバイアスが混入している場合はもとより，そうでない場合でも，AIが，評価対象となる個人を100％正しく把握できるわけではない。AIの予測評価は，どこまでいっても集団属性に基づく確率的な判断に過ぎないからである。

　例えば，AIがビッグデータ（購買履歴等）を解析した結果，Ⓐ40代前半で，Ⓑ独身で，Ⓒ仕事をもつ，Ⓓ男性は，コンビニエンスストアで週に3000円から5000円の買い物をする傾向を有していることがわかったとしよう。それにより，確かに，【Ⓐ40代前半で，Ⓑ独身で，Ⓒ仕事をもつ，Ⓓ男性】という「セグメント」（共通の属性を持った集団）に属する者は，そのような一般的傾向を有しているとはいえる。しかし，このセグメントに属する者にも，実際にはいろいろな者がいるはずである（それは，「日本人」なる集団のなかにもいろいろな「個人」がいるのと同様である）。例えば，上記セグメントに属する者にも，過去にコンビニで万引き犯に間違えられたという特異な経験をもち，それがトラウマとなってその後コンビニに立ち寄らなくなった者もいるかもしれない。また，同じ属性Ⓑ（独身）をもっている者のなかにも，厳密には，お付き合いしている女性がいる者もいれば，そうでない者もおり，前者にも，どのような年齢層の女性と付き合っているかでその傾向に違いが出てくる可能性がある。「セグメント」に基づく予測評価とは，このような個人間の具体的な差異を削ぎ落としたものであり，決して「個人」その人に着目したものではないのである。無論，インプットするデータを増やせば，セグメントはより細分化され，個人間の具体的な差異をさらに斟酌できるようになるが，それでも，現実に存在する──かけがえのない──個人は，どこまでいっても属性の集合としての「セグメント」には還元されないように思われる[18]

　もし，セグメントに基づくAIの確率的な評価のみで個人の能力や信用力が判断されるとなると，【属性Ⓐ，Ⓑ，Ⓒ，Ⓓ……を共通してもつ集団】の一般的傾向によって，当該個人の能力等が概括的・抽象的に判断されることになる。

---

[18]　この文章は，人間の固有名には，確定記述（諸性質の記述）に還元できない「余剰」がある，というクリプキ（Saul A. Kripke）の反記述説をベースにしている。ソール・A・クリプキ（八木沢敬＝野家啓一〔訳〕）『名指しと必然性』（産業図書，1985年）参照。この見解によれば，個人とは記述し尽せない存在である。

これが，身分や職業のような集団属性によって個人の能力等を概括的・抽象的に判断し，その生き方を事前的に規定していた前近代的評価手法と類似した側面があることは明らかであろう。こう考える限り，AIによる予測評価は，その方法次第では，前近代を否定して個人一人ひとりの事情を——いわば時間とコストをかけて——具体的に考慮することを要請するに至った近代憲法の原則規範，すなわち個人の尊重原理と矛盾することになるだろう（ここでの集団主義は，身分や人種のような包括的な集団を基準にしているわけではない。そこでは，複数の属性の組み合わせによって画される無数の微細な「集団（セグメント）」を基準にしている。その意味では，「新集団主義」ないし「セグメント主義」と呼ぶのが適切かもしれない。しかし，ポイントは，伝統的な集団主義と同様，集団属性によって個人を概括的に評価する点にある）。

(2)　個人の尊重原理の制度的実現

　いま筆者は，「その方法次第では」という留保を付けた。その理由は，2つある。

　ひとつは，AIによる予測評価を，個人の能力等に関する最終的な評価とするのではなく，（人間の）意思決定権者がAIによる予測評価を批判的に吟味する機会や，被評価者がかかる予測評価に異議を唱える機会などを手続上組み込めば，集団属性に基づいて個人が概括的に評価されることは防ぎうる，ということである（むしろ，このような手続が確保されることで，人間固有のバイアスを克服した，より公正な評価がなされるかもしれない）。実際，2018年5月に施行されるEUの一般データ保護規則（General Data Protection Regulation, GDPR）は，その22条1項で，被評価者である個人に対し，AIによる予測評価のような自動処理のみに基づいて，本人に法的効果を与える，あるいはそれと同程度本人に重要な影響を与える決定を下されない権利を認めた。したがって，EUにおいて個人は，雇用や与信等の場面で，AIによる予測評価のみでその合否等を判断されない。GDPRは，本人による明示的な同意がある場合など，事業者が例外的に自動処理のみで特定の決定を行うことを認めているが[19]，その場合でも，事業者は，被評価者である個人の権利・自由を保護するために適切な手段を講じなければならず，少なくとも「人間の介在を得る権利（right to obtain human intervention）」，自らの見解を表明する権利，決定を争う権利（right to contest

ロボット・AIは人間の尊厳を奪うか？

CHAPTER
4

the decision）を保障しなければならないと定めている（22条3項）。このような
EU のスキームは，個人がセグメントに基づいて自動的に「仕分け」されてい
くことを個人の尊重原理に反するものとみなし，最終的には人間が，被評価者
一人ひとりと向き合い，彼らが発する肉声に耳を傾けることを法律上要求した
ものと考えることができる。

　また，アメリカにおいても，判例法によって，AI の予測評価のみに基づい
て重要な決定を下されない権利が承認されつつある。アメリカでは，ウィスコ
ンシン州を含むいくつかの州で，裁判官の量刑判断においてアルゴリズムを用
いた再犯リスクの予測評価が行われている。[20] 2016 年，ウィスコンシン州最高
裁判所は，量刑判断にアルゴリズムによる予測評価を利用することの合憲性に
関して重要な憲法判断を行った。[21] この State v. Loomis 事件は，同州の採用す
る予測評価システム（「COMPAS」と呼ばれる）[22] に基づき 6 年間の懲役および 5
年間の拡大保護観察を言い渡された黒人の被告人が，正確性が担保されず，検
証可能性もない同システムにより再犯リスクを予測評価されたことで，憲法の
保障する適正手続の権利（due process rights）が侵害されたなどと主張したも
のであった。そこでは，取引の秘密などを理由にアルゴリズムがブラックボッ
クス化しているため，そのような予測評価がなされた「理由」が説明されない
こと，かかる評価は同様の属性をもつ者が再犯を行う一般的な可能性を予測す

---

19) ただし GDPR は，①データ主体と管理者間が契約を締結し，これを履行するために必要な場合，
②EU または加盟国の法によって承認されている場合，③主体の明示的な同意（*explicit* consent）
に基づく場合には，プロファイリングのみに基づく重要決定もなされうるとしている（22条2項）。
詳細は，山本龍彦「ビッグデータ社会とプロファイリング」論究ジュリスト 18 号（2016 年）34
頁以下参照。

20) 裁判官の量刑判断においてアルゴリズムを用いた再犯リスクの予測評価が行われている州として，
ウィスコンシンのほか，アリゾナ，コロラド，デラウェア，ケンタッキー，ルイジアナ，オクラホマ，
ヴァージニア，ワシントンがある。*See e.g.*, Julia Angwin et al., *Machine Bias*, ProPublica(May
23, 2016), at https://www.propublica.org/article/machine-bias-risk-assessments-in-
criminal-sentencing.

21) State v. Loomis, 881 N. W. 2d 749(Wis. 2016). *See Recent Cases*, 130 Harv. L. Rev.
1530(2017).

22) ウィスコンシン州では，ノースポイント社が開発した COMPAS (Correctional Offender
Management Profiling for Alternative Sanctions：代替的制裁のための矯正的犯罪者管理プロ
ファイリング）が用いられている。COMPAS は，犯罪歴，雇用状況，教育レベル，家族の犯罪歴，
信条を含む 130 以上の情報から，再犯リスクを 10 段階で評価する。

るもので，当該被告人が再犯を行う具体的な可能性を予測するものではないこと，同システムは，黒人の再犯リスクを白人の2倍に見積もるといった人種差別的傾向をもつことなどが問題にされた[23]。州最高裁は，この事件で，量刑判断の際に裁判官がアルゴリズムに基づく予測評価を利用することを合憲と判断したのであるが，重要なのはその利用に以下のような「条件」を付したことである。

　第1に，COMPASによる予測評価は，裁判官により最終的なものとして考慮されてはならず，あくまでも裁判官の判断の一材料としなければならない，ということである。

　第2に，憲法上の適正手続の観点から，裁判官に対し以下の点が書面にて警告されなければならない，ということである。①COMPASの知的財産的性格から，そのアルゴリズムにおいて諸要素がどのように考慮され，予測評価がどのように導かれるのかに関する詳細な情報は開示されないこと，②予測評価の有効性について，ウィスコンシン州の人口構成のみを前提とした調査はいまだ完了していないこと，③いくつかの研究調査では，再犯リスクが高いとして，人種的マイノリティが不当に分類されることについて懸念が表明されていること，などである。これらは，COMPASの予測評価が不完全なものであることを裁判官に警告することで，裁判官に対し，その予測評価に懐疑的視点をもち，被告人自身が語る物語に冷静に耳を傾けることを要求するものといえる。

　以上のように見ると，アメリカでも，EUのGDPRが保障したものと同様の権利が，憲法上の適正手続を根拠に判例法上承認されつつあると考えられる。すなわち，集団属性に基づくAIの確率的な評価のみで人生において重要な決定を下されない権利である。こうした欧米の潮流は，AIの予測評価を個人の尊重原理と調和的に実施するための1つの「方法」を示しており，きわめて興味深いものである。が，Loomis判決に対するハーバード・ロー・レビューの匿名評釈が指摘するように，たとえ形式上，AIの予測評価を最終的なものにしてはならないと唱えたところで，人間の意思決定権者が，実際にこの評価を

---

23)　Danielle Citron, *Fairness of Risk Scores in Criminal Sentencing*, Forbes(July 13, 2016), at https://www.forbes.com/sites/daniellecitron/2016/07/13/unfairness-of-risk-scores-in-criminal-sentencing/#30b2c6ad4ad2.

批判的に吟味することは難しいだろう。[24] シトロン（Danielle Citron）も，人間はコンピューターによる自動化された判断を過信し，その判断をつい鵜呑みにしてしまうという「自動化バイアス（automation bias）」を抱えていると述べ，同様の困難性を指摘している。[25]

　そうなると，上述の権利を実質的に保障するためには，①人間の意思決定権者に対する啓発・教育と，②アルゴリズムの透明性の確保が欠かせないように思われる。①については，Loomis 判決が要求するような「書面での警告」では不十分だろう。アルゴリズムにもエラーやバイアスが混入しうること（1参照），その予測評価はセグメントに基づく確率的な評価に過ぎないことなどについて，人間の最終的な意思決定権者に十分に告知しておく必要がある。②については，人間の最終的な意思決定権者が AI の予測評価を批判的に吟味し，被評価者に対し決定理由を説明できるようにするため，そして，被評価者の側も，AI の予測評価に対し実質的な反論を加えられるようにするため，アルゴリズムのロジックの重要部分が開示されている必要があろう。被評価者が最終的な決定に不満を抱いても，アルゴリズムのロジックがまったくわからなければ，それに対して有効な反論を加えることができず，泣き寝入りするしかなくなる。また，アルゴリズムの完全ブラックボックス化は，何が低い評価の原因となったのかを被評価者に伝えないために，彼らから再挑戦の実質的機会を奪うことになる。それは，一旦 AI により「不適正」の烙印が押された者を，理由も知らせぬまま，社会的に排除し続けることにもつながる。マイヤー＝ショーンベルガー（Viktor Mayer-Schönberger）のいう「確率という名の牢獄」[26]，筆者のいう「バーチャル・スラム」[27] に放り込むことになるのである。この点で，GDPR が，事業者が AI の予測評価に依拠した決定を行う場合，「公正と透明性を確保するため」，かかる予測評価の「ロジックに関する意味のある情報」等の告知を事業者側に求めていることが注目されよう（13 条 2 項(f)）。[28]

　もう 1 つ，AI の予測評価が，「その方法次第では」，個人の尊重原理と矛盾

---

24)　*See Recent Cases*, *supra* note 21, at 1534-1536.

25)　Citron, *supra* note 23.

26)　ビクター・マイヤー＝ショーンベルガー＆ケネス・クキエ（斎藤栄一郎〔訳〕）『ビッグデータの正体──情報の産業革命が世界のすべてを変える』（講談社，2013 年）242 頁参照。

27)　山本龍彦「AI のリスクに対応急げ」日本経済新聞朝刊 2017 年 4 月 26 日 29 面。

しないと考える理由がある。それは，先にも触れたように，データのインプットを増やし，セグメントをより細かくしていけば，100％ではないにしても，かなり正確に個々人の実態に接近できるということである。【Ⓐ 40 代前半で，Ⓑ独身で，Ⓒ仕事をもつ，Ⓓ男性】というセグメントに加えて，Ⓔ〇〇地区に住んでいて，Ⓕ年収約△△円で，Ⓖ猫を飼っていて，Ⓗ×× 大学卒で，Ⓘジャズ音楽を好む，という属性を考慮すれば，セグメントがかなり微細化し，より「個人」の実態に近付くことになる。このセグメントから得られた予測評価は，被評価者を「個人として (as individuals)」と尊重しているともいえそうである。個人の多様な要素を総合的に考慮することで，バイアスに満ちた人間のアナログ的な評価よりも正確かつ公正な結果をもたらすかもしれない。

この方向性は，AI による予測評価に伴う集団主義的要素を一定程度抑制する点で確かに個人 friendly なものと言えるが，「プライバシー・ゼロ状態」を帰結しうる点で，個人の尊重原理との矛盾を解消する方法としては限界があるように思われる。以下の❸とも関連するが，ここには，AI 社会における重要な隘路が存在している。つまり，データのインプットを増やして予測精度を上げれば，集団主義的要素は減じられるが，今度は我々のプライバシーが失われる，という問題である。単純に言えば，「私“個人”のことをもっと知ってもらうには，私のことをもっと見てもらわなければならない」。つまり，より個人に配慮してもらうには，プライバシーを明け渡さなければならないのである。例えば，個人の能力と相関するという理由で，個人が発する声のトーンや挙

28）ここで，「ロジックに関する意味のある情報」とは何かが問題となる。実は，アルゴリズムをすべて開示することは，有用でないばかりか有害でもある。まず，そのすべてを開示しても技術的素人にはその意味が理解できないだろう。そして，仮に意味が理解できたとしても，今度は，被評価者がアルゴリズムを弄ぶような行動をとる可能性がある（その場合，予測精度は落ちる）。例えば，テロリストを予測評価するためのアルゴリズムが公開されれば，真のテロリストはこのアルゴリズムの裏をかくような行動をとるだろう。さらに，アルゴリズムの公開は知的財産保護との観点でも問題になりうる。*See* Joshua A. Kroll et al., *Accountable Algorithms*, 165 U. PA. L. REV. 633(2017). この点，イギリスの情報コミッショナーオフィスのペーパーは，「ロジックに関する意味のある情報」とは「アルゴリズムや機械学習がいかに運用されているかに関する詳細な技術的記述」ではなく，「プロファイルを構築するために利用されるデータの種類」，「データの源泉（出所）」，「なぜそのデータが適切であるとみなされているか」などの情報を意味すると述べている。INFORMATION COMMISSIONER'S OFFICE, FEEDBACK REQUEST: PROFILING AND AUTOMATED DECISION-MAKING 15(2017), at https://ico.org.uk/media/about-the-ico/consultations/2013894/ico-feedback-request-profiling-and-automated-decision-making.pdf.

ロボット・AI は人間の尊厳を奪うか？

動・仕草のような無意識的な行動までもが収集され，予測評価の基礎とされることが考えられよう。この場合，個人が自らの「意思」で選択・修正できないような事項（無意識的行動）に基づきその能力を評価され，不利益を受けることにもなる。これは，個人の尊重原理の第3層（自律の尊重。あるいは自己決定原理ないし責任主義）をも掘り崩すことになるだろう（IV参照）。この点で，プライバシー保護の観点から，AIが見るべきではない——予測評価の基礎にすべきではない——属性情報を定義しておく必要があると思われるが，そうなると，やはりセグメントはある程度粗くならざるをえず，集団主義的要素が再び強くなってしまう。このことは，「個人」の正確な把握（予測精度の向上）とプライバシーとが緊張関係に立つこと，そして，両者のバランスをどうとるのかが重要な法政策的課題になることを端的に示しているように思われる。

　以上，ここでは，AIの予測評価が，セグメントなる「集団」の一般的傾向によって個人を概括的・短絡的に評価する点で，個人の尊重原理（第2層）と矛盾する側面があることを示し，その矛盾を回避する方法とその課題を明らかにした。

３　「過去」の拘束

　個人の尊重原理（第2層）と矛盾・抵触しうる場面として第3に想定されるのは，いま簡単に触れたように，予測精度の向上が至上命題化することで，AIへのデータ供給が無制限に行われるようになる場合である。上述のように，AIの予測精度とデータ量とは比例関係にあり，データ量が増えればより予測精度は上がり，データ量が減れば予測精度は下がる。したがって，予測精度の向上が重要視されるようなAI社会においては，個人に関するできるだけ多くのデータを収集・保存し，予測評価の基礎にするといった方向——プライバシー・ゼロ状態に向かう流れ——が「自然」となる。しかし，この「自然」的傾向は，個人の尊重原理との関係で以下のような問題を抱えている。

　まずは，徴（スティグマ）に関する問題である。個人尊重原理は，徴からの解放をも保障していると考えられる。かつて，何らかのルールや戒律を破り，一度徴を刻印された者——ホーソーンの小説『緋文字（The Scarlet Letter）』では，姦通の罪を犯したヘスター・プリンは姦婦（Adulteress）を示す「A」という文字を縫い

込んだ衣服を一生着せられた——は，いくらその罪を悔い改め，人生をやり直そうと考えても，その徴の故にこれを妨げられた。憲法上の個人の尊重原理は，このような後天的に刻印された徴に個人が一生苛まれ，個人の「再生」能力にかかわらず，更生する機会を個人から奪うことを禁止しているように思われる。例えば，有罪判決を受け服役した者が，その事実を隠して別の地に移り住み（沖縄から東京へ），結婚して家庭を持ち，バスの運転手として新たな人生を送っていたところ，あるノンフィクション作品により実名でこの前科——徴——を公表・暴露された事件[29]で，最高裁は，かかる公表行為のプライバシー侵害性を認めた。最高裁は，この判決のなかで，一度犯罪を行った者も，「有罪判決を受けた後あるいは服役を終えた後においては，一市民として社会に復帰することが期待されるのであるから，その者は，前科等にかかわる事実の公表によって，新しく形成している社会生活の平穏を害されその更生を妨げられない利益を有する」と述べ，憲法13条の個人の尊重原理に黙示的に依拠して，[30]徴を隠し，人生をやり直す自由を認めたのである。本判決の調査官解説も，「犯罪者が更生に向けて真摯な努力を続けているときに，前科の公開が更生に支障を与えることは見やすい道理であるから，抽象論としていえば，そのプライバシー性を具有あるいは回復する時期はともかく，前科を公表されない利益を法的に保護する必要があることに異論はない」[31]と指摘している。

AI社会の「自然」的傾向は，このような判例法理と矛盾しうる。データ量とAIによる予測評価の精度とは比例関係にあるため，AIは，被評価者の過去を「忘れる」ことなくいつまでも記憶し，評価事項と相関する限りでそれを利用し続ける可能性が高いからである。したがって，徴は，当該個人の身体ではなく，当該個人のデータ・ファイル上に刻印され（データ・スティグマ），当該個人の更生を妨げ続けることになる。AI社会では，過去の汚点でも，それが評価事項と相関する限り利用し続けることが「自然」となるが，それが，徴を隠し，人生をやり直すことをきわめて困難にさせるのである。この点で，個

---

29) 最判平成6・2・8民集48巻2号149頁（ノンフィクション作品『逆転』事件）。
30) 同判決の調査官解説は，「前科の秘匿については，いわゆる『プライバシーの権利』の一つとして，その法的保護の根拠を憲法13条の規定する『幸福追求権』に求める見解が一般的〔である〕」と指摘している。滝澤孝臣「判解」最高裁判所判例解説民事篇平成6年度127-128頁。
31) 滝澤・前掲注30）132頁。

94
ロボット・AIは人間の尊厳を奪うか？

CHAPTER
4

人の尊重原理を根拠に，一定の「過去」について AI に忘れさせる権利（消去権）を認めることが重要となろう（この点で，GDPR17 条が，消去権〔right to erasure〕を保障していることが注目される）。

　また，AI 社会の「自然」的傾向は，個人が，自らの意思によって選択・修正できない要素によって区分され，その能力等を評価されるという事態をも生じさせる。例えば，遺伝情報や，家族・血縁者のライフスタイル等に関する情報は，確かに個人の能力や健康状態を正確に測るうえで重要な情報となるかもしれないが，その使用を無制限に認めれば，本人にはどうすることもできない事情——「生まれ」——によって不利益を受けることも出てくるだろう。最近，わが国の最高裁は，嫡出か否かという子の地位に基づいて遺産相続分を区別していた民法の規定について，「子を個人として尊重し，その権利を保障すべき」（傍点筆者）という観点から，「〔子が〕自ら選択ないし修正する余地のない事柄〔非嫡出子たる地位〕を理由としてその子に不利益を及ぼすことは許され〔ない〕」とし，同規定を違憲とした。[32]　この理は，AI による予測評価における遺伝情報等の使用にもあてはまるだろう。被評価者を「個人として」尊重するには，たとえ評価事項との相関が認められるとしても，本人に選択の余地のない遺伝情報や親の情報を利用することは原則として禁止されるべきである。

　以上見てきたように，AI は，その取扱いに注意しなければ，個人が，自らが責任を負わないような属性によって，あるいはたった一度の過ちによって，その生き方を大きく制限されるような固定的な社会をもたらしかねない。それが，憲法のいう個人の尊重原理（第 2 層）と矛盾しうることは多言を要しないだろう。

---

32)　最大決平成 25・9・4 民集 67 巻 6 号 1320 頁。

個人の自律

個人の尊重原理・第3層を巡る考察

1 不条理な没落

Ⅱで述べたとおり，個人尊重原理の第3層は，個人が自律的・主体的に自らの人生を創造・設計できる能力に関わる。AIの予測評価は，この能力に対しても否定的な影響を及ぼしうる。

この事態は，AIの「思考過程」，すなわちアルゴリズムがブラックボックス化するような場合に特に生じる。我々は，自らの描いた人生を歩むうえで，常に自己調整を行っている。何かに失敗すれば，その原因を突き止め，これを改善しようと努める。そして，改善できるにもかかわらずこれを怠ったというところに「責任」が発生し，非難可能性が生じることになる。しかし，仮にアルゴリズムが完全にブラックボックス化してしまえば，我々はAIの評価の「理由」——どのような情報がどのように衡量されて，そのような評価となったのか——がわからず，自己調整する機会を失う。人間の意思決定権者に説明を求めたとしても，その解答（透明性）に限界があることはⅢ**2**(2)で述べたとおりである。

例えば，融資判断の際に使われるAIの信用力評価に，"特定の相手にどれぐらいの頻度で連絡しているか"という通信履歴が秘密裡に使われていたとしよう。[33] このとき，このような定期的な連絡をしないA氏は，知らぬ間に信用力スコアを下げられることになる。AIは，ビッグデータから，我々の想像を超えるような思いもよらぬ相関関係を無数に発見・抽出し，それらを予測評価の基礎にするだろうから，このような何気ない人間の無意識的で自然な行為がAIの予測評価と結び付き，結果として融資を拒否されるということは十分に考えられる。この場合，「自己調整」によって自ら主体的に信用力を上げる

---

[33]　このような通信履歴が信用力や返済率と相関することについては，前掲注 2) 参照。

ことができず，本人にとっては訳のわからぬまま，同様のアルゴリズムを利用するあらゆる領域で排除されるということも起こりえよう。要するに，AI社会では，個人に関する評価軸が複雑化し，かつブラックボックス化することで，本人が自らの評価をコントロールしながら，自律的・主体的に人生の目的を叶えていくことがきわめて難しくなる可能性があるのである。これは，個人の尊重原理の第3層を危険に晒す。

　この点で，AIの「思考過程」を可能な限りホワイトボックス化し，意思決定に関するアカウンタビリティを確保していくことが求められよう。[34] EUのGDPRが透明性を要請していること（Ⅲ2(2)），アメリカの連邦取引委員会（FTC）が，企業が与信，雇用，保険，ハウジングなどの適格性（eligibility）審査にAIの予測評価プログラムを使用する際には，公正信用報告法（Fair Credit Reporting Act, FCRA）の適用を受け，被評価者に対し告知や異議申立ての機会を与えなければならない可能性があることを摘示していることは，[35] このようなホワイトボックス化の試みの一環として，あるいは，不条理な世界を抑止し，自律的で主体的な生き方を保障するための試みの一環として理解できよう。

2　他者的「家族」としての接近

　AIの予測評価と個人の尊重原理の第2層が抵触しうる場面として，第2に，AIの「思考過程」に本人の利益と相反する目的が組み込まれているようなケースを挙げることができる。例えば，AI家電や家事支援ロボットを想定してみてほしい。それらは，我々の生活パターンや行動パターンを学習して，我々一人ひとりの「自己決定」を支援してくれるかもしれない。しかし，例えばAmazonやGoogleのAI搭載スピーカー（スマートスピーカー）は，ユーザーにとって便利な道具であるとともに，事業者のマーケティングのための道具にもなりうるものである。ここでは，家庭内に侵入したAIが私生活の一挙手一投

---

34)　例えば，憲法上，予測評価の基礎にすべきでないデータが，アルゴリズム上適切に排除されているのかを継続的に検証するようなシステムも必要となる。See e.g., Kroll et al., supra note 28, at 682.

35)　FTC, supra note 11, at 16.

足を記録することによって，プライバシー上の問題が生じるだけではない（もちろん，家のなかの行動が常時監視されることにより，DV や児童虐待などの抑止につながるかもしれない）。 むしろ重要なのは，こうした家庭内 AI が，本人のために行動するのではなく，第三者の利益のために——本人ではなく，第三者のエージェントとして——行動している可能性があるということである。例えば，歯ブラシの買い替えを勧めてきた家庭内 AI が，本人の決定を純粋に先回りして発話しているのか，メーカーの利益のために発話しているのか，俄かには判別し難い。後者のような利益相反的なケースの発生を抑止する法制度を設けなければ，家庭内 AI は，「他者的な家族」，あるいは「家族の顔をした他者」として，本人の自己決定を強力に誘導しはじめることも考えられる。これが，個人の自律的・主体的な生き方にとって障害になりうることはいうまでもない。この点で，家庭内 AI が収集した情報のフロー（第三者提供のあり方を含むネットワーク相関図）やアルゴリズムの透明性，さらには自己情報に対する本人のコントロールを支援するアーキテキチャの組み込みなどが必要不可欠となろう。

𝟛 コピーロボットへの接近

　AI の予測評価と個人の尊重原理の第 2 層が抵触しうる場面として，第 3 に，AI の予測評価に，被評価者である我々自身が引き寄せられるというケースを挙げることができる。比喩的に言えば，「私」が，コピーロボットの方に似ていくという場面である。実際，オハイオ州立大学の研究チームは，個人の趣味嗜好を予測（プロファイリング）して送られる個別化広告が，個人の「自意識（self-perception）」自体に重大な影響を与えることを例証している[36]。この実験によれば，被験者となった大学生は，自分のオンライン上の行動の結果として送られてくる個別化広告を——それが本当に自分の性向とマッチしているかどうかにかかわらず——「自己の反映（reflection of the self）」として認識する傾向

---

36) Rebecca Walker Reczek et al., *Targeted Ads Don't Just Make You More Likely to Buy: They Can Change How You Think About Yourself*, HARVARD BUSINESS REVIEW (April 4, 2016), at https://hbr.org/2016/04/targeted-ads-dont-just-make-you-more-likely-to-buy-they-can-change-how-you-think-about-yourself.

CHAPTER
4

があるという。個別化広告が示す特性を，「もともと自分がもっていた特性」であると認識してしまうというのである。実験によれば，例えば，被験者のために「個別化」された広告として，環境保護的なメッセージを含む広告を受け取った被験者は，自分自身を環境保護に熱心な人間であったと評価づけし，その後，環境にやさしい商品を購入する傾向，環境保護に向けた慈善活動に募金する傾向が高まったと報告されている。

このことは，AI の予測評価によって個人の意思決定が容易に操作・誘導されうることを意味している。上述のように，仮に AI が，ユーザー個人の利益と相反する（第三者の）利益を実現しようとの目的を隠し持っていた場合，個人が他者のために決定させられることが増え，きわめて他律的な人生を歩まされることにもなるだろう。[37] さらに，第三者による操作・誘導がなかったとしても，AI の予測評価は自律的個人像に対して重要な影響を与える。上記実験結果によれば，我々は AI の予測評価の結果（プロファイリング結果）を「自己の反映」と捉える傾向をもつとされるが，Ⅲで述べたように，AI の予測評価は，本来，共通した属性をもつ集団（セグメント）の一般的傾向を示しているに過ぎない。そうなると，AI 社会では，我々の個人的なアイデンティティが，ある特定の「集団」の一般的傾向によって逆規定されるようになる可能性がある。いいかえれば，AI 社会では，個人が AI の予測評価を「使用」するのではなく，個人そのものが AI によって構築され，その選択をコントロールされる可能性がある。

もちろん，個人が自律的な存在であるという命題は，これまでも「虚構」でありえた。[38] したがって，より正確にいえば，AI という象徴的存在が出現する社会は，「個人は自律的な存在である」という命題を，虚構として維持することさえも難しくするということだろう。個人が自律的存在であるという虚構を，すなわち近代憲法の「約束事」を，AI 社会においても維持するためには，AI の不完全性を保存し，これを人々に広く知らしめることが重要となろう。AI

---

37) 山本龍彦「ビッグデータ社会における『自己決定』の変容」NBL1089 号（2017 年）29 頁以下参照。

38) この点は，樋口陽一の一連の論攷を参照されたい。例えば，樋口陽一『権力・個人・憲法学——フランス憲法研究』（学陽書房，1989 年）。

が100％個人を把握するものではない——それは「自己の反映」ではない——ということが徹底して知られることにより，我々は，AIの予測評価から解放され，「自分らしく生きる」ことが可能になるように思われる。おそらく，その重要な手段が，プライバシーの権利である。AIの不完全性は，AIへのデータ供給の不完全性によって実現され，このデータ供給の不完全性は，我々のプライバシー権の行使によって実現される。人間がAIに対抗するほとんど唯一の手段は，AIへのデータ供給を遮断する力をもったプライバシーの権利[39]である。これによって，AIの不完全が確保され，人々にも周知される。このことでAIがその象徴的地位ないし特権的地位から追われてはじめて，我々がその主体性を獲得できるように思われるのである。その意味で，AI社会が近代憲法の原理と調和的に実現されるか否かは，プライバシー権の行使を実質的に可能にするための制度的環境が整備されるかどうかにかかっているといえるだろう。

おわりに

　以上見てきたように，AIの社会的な実装が憲法上の根源的価値——それは近代法の前提的価値といいかえることができるかもしれないが——に及ぼす影響はきわめて大きいといわざるをえない。しかし，それにもかかわらず，日本におけるAIネットワーク化を巡る議論は，本稿で紹介したEUやアメリカの議論様式と比較したとき，そのような価値を素通りしたかたちで行われることが多いように思われる。例えば，日本の議論においても，AIネットワーク化による人間像や個人像の変化が語られることがあるが，それが，日本国憲法が"fix"しているはずの人間像・個人像を飛び越えて行われることが少なくない。

---

39)　AIネットワーク社会におけるプライバシー権の機能については，山本龍彦「プライバシーの権利」宍戸常寿＝林智更〔編〕『総点検 日本国憲法の70年』（岩波書店，2018年）参照。

周知のように，憲法とは価値中立的な法文書ではなく，個人の尊重原理をはじめとした実体的価値原理を含む法文書である。したがってそれは，人間像や個人像に関する法政策的議論に「天井」を設けるものでもある。もし，憲法の設けた「天井」を超えて，AI 社会において人間はどうあるべきか，個人はどうあるべきかを語るならば，それは，憲法改正や憲法革命を視野に入れた議論であるとみなさざるをえない。もちろん，憲法の価値原理は抽象的なものであり，「天井」も解釈的営為に開かれている。しかし，憲法の設けた「天井」との関連が意識されずに，経済合理性や技術革新ベースで議論が進めば，「われら国民」の主権的決断を経ることなく，一部の利害関係者によって我々の憲法が「変えられる」ことにもなるだろう。

参 考 文 献　　　　　　　　　　　　　　　　　　　　　　　　　CHAPTER 4

小泉良幸『個人として尊重――「われら国民」のゆくえ』（勁草書房，2016 年）

山本龍彦『おそろしいビッグデータ――超類型化 AI 社会のリスク』（朝日新聞出版，2017 年）

ルチアーノ・フロリディ〔著〕，春木良且ほか〔監訳〕『第四の革命――情報圏（インフォスフィア）が現実をつくりかえる』（新曜社，2017 年）

キャス・サンスティーン〔著〕，伊達尚美〔訳〕『選択しないという選択――ビッグデータで変わる「自由」のかたち』（勁草書房，2017 年）

ロボット・AI の行政規制

横田 明美

はじめに

　人工知能が搭載された機器の支援を受けながら，ロボットと共に暮らす──20世紀後半まではサイエンス・フィクションの世界でしか想定できなかった暮らしに，わたしたちは少しずつ近付いている。翻訳ソフトを駆使しながら観光客を案内する観光案内システム，重労働である介護をアシストするパワード・スーツ，リアルタイムでどこを走っているかがわかるバス運行システム。これらはすでに実用化されている。それでは，それらの機器が人工知能を搭載し，学習するようになったら何が変わるだろうか？　それらの機器同士が連携し，いわば「先回り」して調整した上で人々にサービスを提供してくれるようになったら，どれだけ便利になるだろうか？

　ロボットやAIが入り込んだ暮らしは，多様な可能性と危険を秘めている。これまでとはまったく異なる世界なのか？　いいや，冷静に考えてみよう。総

務省の統計によれば，2010年にスマートフォンを保有していた世帯はわずか9.7％である。それが2015年には72.0％に達している[1]。この6年間を実体験として暮らしてきた読者からすれば，自ら利用するかどうかはさておいて，スマートフォンが徐々に人々の行動様式を変えていったことに思い至るだろう。スマートフォンの登場によって格段に便利になり，解決された問題も多い。他方，新しい問題が登場したり，これまではあまり問題視されてこなかった課題にスポットライトが当たったこともある。

　本章では，人工知能およびロボットを利用した製品・サービスが社会に登場し，普及していく過程でどのような課題が生じるのかを，特に消費者安全に関する行政規制の観点から考察したい。消費者の安全に対する危険を含む，社会に発生するさまざまな危険に対しては，法制度上，当事者間の民事責任，国家刑罰権の行使による刑事責任，そして行政規制による行政上の責任の3種類を組み合わせた対応が行われている。わたしたちの安全を脅かすような危険が発生した場合に，行政がこれに対応できるようにするとともに，危険が顕在化する前からの予防的・事前介入が可能なように，種々の行政規制が敷かれている。例えば，交通事故発生時の運転者の責任を考えていただければ，想定しやすいだろう。事故発生によって被害者に生じた損害を賠償しなければならないし（民事責任），人を死傷させたりすれば刑法（自動車運転致傷行為処罰法）上の刑事罰，ひき逃げ等の道路交通法上の重大な義務（報告義務・救護義務等）に違反すれば同法の刑事罰を問われる（刑事責任）。それだけではなく，運転免許の停止や取消しにもつながる（行政上の責任）。このような状況が，ロボット・AI技術の普及によってすぐに変更されるわけではないだろう。例えば，自動車について道路運送車両法が保安基準を定めたり，道路交通法が免許制度を定める等，AIが登場する前から危険があると認識されているものにはたいてい，AIの存在を前提としない形での行政規制がすでに存在しているのである。

　また，対応すべき影響を考えるにあたって留意しなければならないのは，社会の変革には正と負の両方の影響があるということである。新しい技術が登場するときには決まって，これまで存在していた危険を除去し，社会問題を解決

---

1)　総務省「平成28年版情報通信白書」図表5-2-1-1（http://www.soumu.go.jp/johotsusintokei /whitepaper/ja/h28/html/nc252110.html）。

104
ロボット・AIの行政規制

CHAPTER
5

し，利便性を向上させ，今まで存在しなかった新たな価値を生み出すという正の影響が考えられる。他方，これまでは（規模が小さいなどの理由で）あまり問題になってこなかった危険が多方面に拡散したり，これまで社会が用いてきた危険対処方法が新たな利用法に適応できなかったり，今まで存在しなかった新たな危険ないし問題が生じるという負の影響が考えられる。

さらに，変革の中途段階での混乱も予想される。ある分野において用いられてきたやり方が大きく変わることによって，旧来の方法に適応してきた人々が新たな方法に対応できなかったり，新たな方法が過渡的な，発展途上にある段階であり，十分な対応能力を有していないために期待される機能を果たせないということも考えられる。

本章は，ロボット・AI が普及した社会に至るまでの過程に，どのような課題が生じるか，それらに行政規制という方法はどのように対応可能かを検討する。これによって，ロボット・AI が普及した社会における行政規制のあり方のイメージが得られるだろう。[2]

そのためにまず，社会の安全確保において行政規制と民事法・刑事法上のルールとがどのような関係にあるのかを概観する。

次に，近未来のロボット・AI の利用シーンとして想定されている2つの場面——①サービス・ロボット等の生活に溶け込むロボット・AI と②自動運転車における適切な行政規制の検討に寄与するため，①日常生活に溶け込む製品の安全性および②道路交通とその安全性という2つの領域における現行法制度を概観し，新技術の導入との関係でどのような指摘があるのか，またどのような議論を経て規制枠組みが変更されてきたのかの具体例をみていく。

目下のところ，ロボット・AI がどのように発展し，社会に溶け込む製品・サービスになるのかを，詳細に予測することは困難である。そこで，本章ではサービス・ロボットそのものや自動運転車そのものに関する行政規制のあり方の検討自体は行わない。ただ，現行制度およびそこに至る経緯を踏まえ，ロボット・AI の普及した社会において，行政規制について検討すべき課題にはどのようなものがあるかを考察することは，今後サービス・ロボットそのものや自動運転車そのものに関する行政規制のあり方を考える上で参考になるだろう。

すなわち，これまでの法制度の枠組みとロボット・AI が活用されるときに

有する特質とがどのように関係するのかを考察したり，これまでも局所的には存在していたが，あまり大きな問題にはなっていなかった「古くて新しい問題」について，検討の方向性を示したりすることを通じて，具体的なロボット・AIに対する行政規制のあり方を考える際に応用可能な基礎理論の提示を意図している。

　本章は「ロボットは（行政規制の手法によって）規制されなければならない」という意図をもつものではない。むしろ，これまでさまざまな手法で確保されてきた安全のための規律密度が，ロボット・AIの普及によって不用意に低下することのないよう，これまでのあり方を振り返ることで将来への示唆を得ようとする思考実験である。

---

2)　本章のタイトルは「ロボット・AIの行政規制」であり，行政機関がAIを活用して行政活動を行う側面（いわば，「ロボット・AIを用いた行政規制」）については検討の対象外としている。具体的には，AIによる意思決定過程の補助・代替（違反箇所の疑い等を指摘することで監督業務を補助したり，申請に対する審査基準等を組み込んだプログラムなど）や，道路の陥没等についての危険度の判定プログラム，法制執務における補助プログラム，行政相談でのチャットボット活用等などが考えられる。

　これらの業務支援や自動化が進んでいく過程においては，これまでの行政法学が取り扱ってきた法の一般原則（平等原則，比例原則，信頼保護原理など）や行政手続（理由付記制度等），裁量審査のあり方など，大幅な見直しが必要になると見込まれるが，その際には行政による情報の取得・活用のあり方そのものが問われてくるだろう。

　官民データ保護活用推進基本法のもとで推進されつつあるオープンデータ化とそれに対応するための行政事務のデジタル化は，データ利活用の側面だけでなく，行政過程における円滑なAI導入の観点からも注目されるべきである。

　行政分野におけるAI技術の導入については，行政情報システム研究所「人工知能技術の行政における活用に関する調査研究」報告書（2016年6月10日，http://www.iais.or.jp/ja/membersinfo/airesearch/）を参照。

　ロボット・AIを用いた行政規制・法執行に関する先行文献としては次のものがある。法の自動執行（automated law enforcement）がもたらす諸課題について，Ryan Calo, A. Michael Froomkin and Ian Kerr (eds.), *Robot Law* (2016) の第4章を参照。行政の意思決定過程と法執行に関する先駆的業績として，Johannes Scharf, *Künstliche Intelligenz und Recht – Von der Wissensrepräsentation zur automatisierten Entscheidungsfindung* (2015). また，業務支援や自動化された行政決定に伴う行政手続と個人の権利利益保護について，EU一般データ保護規則の制定とドイツ国内法の改正（連邦データ保護法，行政手続法，租税通則法）との関係で論じたものとして，Mario Martini/David Nink, *Wenn Maschinen entscheiden... — vollautomatisierte Verwaltungsverfahren und der Persönlichkeitsschutz*, NVwZ-Extra 10/2017, S.1-14.

　なお，行政が規制・監督においてロボット・AIを用いたときに個人情報保護・プライバシー，そして個人の尊重との関係が深刻な問題となる。この点については本書第4章参照。

安全確保における法制度と行政規制

　それでは，行政規制に安全との関係でどのような役割を担っているだろうか。ここでは，行政法学にあまり親しみのない方々にもわかりやすく概要をつかんでいただくために，道路運送に関する議論と消費者安全法制についても触れながら，法学入門・消費者法入門のレベルで，行政規制と安全確保の全体像を確認しておこう。

┃ 民事法・刑事法との関係 ── 予防司法としての行政規制

　「予防司法としての行政法」の役割が説かれることがある。これは，民事法・刑事法による事後的な損害賠償や刑罰では解決できない紛争が存在することを指している。[3]

　どのような事業活動でも，どのような商品選択でも，それぞれ市民には活動の自由，選択の自由がある。しかし，社会に危険をもたらし得る活動であれば，それに対し行政が先行して規制をかけ，社会の危険を合理的な範囲に抑えることが必要な場合がある。

　市場による取引関係のルールを規律するのは民事法の領域である。取引関係を規律するルールである契約法の領域では，例えば，売買の目的物に不具合があれば，買主が売買契約の解除ができるかであるとか，売主が損害賠償責任を負うかが問題になる。また，契約締結時の意思表示に問題があれば（例えば錯誤や詐欺など），契約を解消することができる。また，契約関係にない場合であっても，不法行為法による救済方法が考えられる。例えば民法709条の規定する要件を満たす場合には，不法行為を働いた側に損害賠償義務が生じる。

　また，刑事法による対応もあり得る。特に安全性の欠如により人身に被害が

---

3)　以下の記述につき，原田大樹『現代実定法入門』（弘文堂，2017年）218-220頁を参考にした。

出た場合には，傷害罪（刑法 204 条）や業務上過失致死傷罪（刑法 211 条）が適用される可能性があるからである。

　もっとも，これらの民事法・刑事法のルールは，事故等が発生した後の事後的対応が中心となる。そこで，行政規制は民事法・刑事法と対比するかたちで，事前に紛争を予防する役割があり，この点を指して「予防司法」と呼ばれることがある。

　それでは，行政はどのような手法により，紛争の未然防止を図るのだろうか。行政法が社会に危険を及ぼし得る活動に対して頻繁に活用する仕組みとして，これを法で一律に禁止し，その活動を行おうと考えている者が安全確保のための一定要件を満たしているかを行政が認定し，認定した者に対してだけ禁止を個別的に解除するという法的仕組みがある。この行政の認定のことを許可という。多くの場合，無許可で禁止された活動をしていれば，そのことを処罰対象として刑罰等を与えることができる仕組みになっている。許可制の存在を前提に，行政はさまざまな手段を用いることができる。まず，許可のための要件として，守るべき安全基準や，試験を課すことがある。これにより，一定の安全性を社会的に確保することができる。また，許可を受けた者が，許可を受けた後に基準を満たさなかったり，危険な活動を行えば，行政は許可を取り消すこともできる。場合によっては，改善命令などを出すこともある。これらの対応は民事法・刑事法のルールとは異なり，実際の被害が発生する前からの対応を可能とする仕組みである。それゆえ，「予防司法」といわれるのである。

　もっとも，行政は事後的な対応も行う。大きな事故が発生すれば，被害者の救済はもちろん必要になるが，今後同種の事故が発生しないようにしなければならない。そこで，行政は調査権限を活用したり，事故を起こした事業者へ報告を求めたり，場合によっては事業停止命令や商品回収命令などを行うこともある。

2　安全のための行政規制

　これらの行政権限は，市民の権利・自由を制約する側面をもつ。そのため，法律の根拠がなければならない。安全確保のための行政規制を概観するとき，気をつけなければいけないのは，行政規制を根拠付ける法律はそれぞれ目的と

対象とが異なり，現実空間ではそれらが組み合わさっていろいろな規律があることである。

道路交通を例に考えてみよう。[4] 道路上の交通ルールは道路交通法で定められており，自動車の運転という危険な行為については，運転者という<u>人に着目した許可制</u>がある（いわゆる自動車運転免許）。この制度により，自動車を公道で運転したいのであれば，試験に合格し，行政から免許という名の許可が与えられるまで待たなければならない。無免許運転は道路交通法上処罰される犯罪とされている。

タクシーやバス，トラック運送など，道路上には人や荷物を運ぶことを事業として行っている事業者により運行されている車も多数存在する。これらの事業者は，<u>事業に着目した規制</u>を受けている（道路運送法）。<u>事業に着目した規制</u>はいろいろな分野にあり，保険業法，宅地建物取引業法など，「○○業法」という名称が多いため，<u>業法</u>と呼ばれる。これらの業法には，取引秩序や利用者の安全を確保するために種々の許可制や，禁止事項がある。

<u>危険な物に着目した規制</u>もある。自動車についていえば，道路運送車両法が，自動車がきちんと検査を受けているかどうかを証明する仕組みを用意している（いわゆる車検制度）。また，製造や販売，輸入について安全審査の枠組みを確保する仕組みをもっているものもある（食品について食品衛生法，医薬品等について医薬品医療機器等法など）。これらは業法としての側面も合わせ有している。

そして，それらの危険な物が用いられる<u>場</u>についての規制がある。公共空間にある道路については，道路法によって道路管理者を選任して道路の維持管理をさせることになっている。事業者による施設等の管理によってこの機能を担うこともある。鉄道事業者については業法である鉄道事業法の中に維持管理義務が定められている。

---

4) 交通全般を横断する安全確保に関する法制度の説明として，野口貴公美＝幸田雅治〔編著〕『安全・安心の行政法学――「いざ」というとき「何が」できるか？』（ぎょうせい，2009年）221-260頁〔野口貴公美〕。特に243頁以下の図表5-3の分類では，本文で紹介した分類（人・事業・物・場）に加えて，運行中の乗物内の安全確保，事故対応その他の安全確保という観点も指摘している。

3 消費者法制における民事法・刑事法・行政法の組み合わせ

　本章では行政規制の中でも特に消費者法制を念頭に置いて検討する。そこで，以下，消費者法制，特に消費者法制における民事法・刑事法・行政法の組み合わせについて概観したい。

　「消費者と事業者との間の情報の質及び量並びに交渉力等の格差」（消費者基本法1条）を重視する消費者法制においては，これまでみてきたような民事法・刑事法と行政法の組み合わせによる対応が顕著にみられる。消費者被害は勧誘分野・表示分野・安全分野に大別される。勧誘分野は取引内容が適切に説明されないことによる被害，表示分野は商品に付けられた品質や産地についての情報が誤っていたり，紛らわしい表現であることに由来する被害，そして安全分野は食品や製品，施設設備，サービスが安全性を欠いていたり，想定されるべき誤使用に対応していないために生じる事故などによる被害である。

　消費者法制の特色は，事業者と消費者の情報格差・交渉力格差に注目し，その修正を試みる点である。そこで，民事法のルールを修正する特別法が制定されている。代表例が消費者契約法と製造物責任法である。消費者契約法は事業者と消費者の間で交わされる契約について，不適切な勧誘行為により消費者が誤認・困惑した場合について消費者の取消権を定めたり，消費者の利益を不当に害する取引条項を無効としたりして，民事上の効力を変更する。また，これらの権利利益を守るため，適格消費者団体に不当な勧誘行為や不当条項の使用の差止めを求める消費者団体訴訟を認める仕組みも用意している。製造物責任法は，製造物の欠陥により人の生命，身体または財産に係る被害が生じた場合における製造業者等の損害賠償責任についての特則であり，欠陥を「製造物の特性，その通常予見される使用形態，その製造業者等が当該製造物を引き渡した時期その他の当該製造物に係る事情を考慮して，当該製造物が通常有すべき安全性を欠いていること」（同法2条2項）と定義して，民法上の不法行為法に基づく損害賠償責任（民法709条）において原則とされる過失要件を修正し，客観的な製品の欠陥さえあれば，無過失責任を課している。[5]

5）　なお，開発危険の抗弁等の免責事由につき同法4条参照。

また，行政上の責任についても，これまでとは異なる観点での進展をみせている。業法や物についての危険に着目した規制がその事業分野等を所管する行政官庁に分担管理されていることから物やサービスという危険因子に着目した縦割りの規制になりやすいという反省から，消費者の安全確保という観点での横割りの仕組みの整備が進められ，消費者庁が設置されるとともに消費者安全法が制定（2009 年）された。[6]消費者安全法は，消費生活における安全確保の基本理念を定め，消費者庁の他の大臣への措置要求や事業者に対する勧告・命令等の権限（他の法律の規定による措置がない場合）を定めるほか，消費生活相談についての体制整備，事故に関する情報集約や情報提供，そして事故の原因解明のために消費者安全調査委員会を設置するなど，分野を横断した行政活動がなされる体制を整備した。

これまでの検討をまとめると，安全確保のための法制度を概観するためには，次の点に留意しなければならない。①民事法・刑事法・行政法の組み合わせを理解すること，②行政規制にも何に着目した規制であるかによって種々のものがあること，そして③業法による規制に加えて，消費者と事業者の情報格差・交渉力格差に着目した消費者法制の観点からなされる規制もあるということである。

既存の法システムと新技術への対応

それでは，サービス・ロボットと自動運転車という未来のロボット・AI 製品に対する行政規制の検討に資するため，現在の法制度がどのような枠組みとなっているのかをみていこう。ここでは，それらの法制度においてすでに発生しつつある問題も視野に入れて，それらの法制度が新技術とどのように向き

---

6) 中田邦博＝鹿野菜穂子〔編〕『基本講義 消費者法〔第2版〕』（日本評論社，2016 年）266-267頁〔黒木理恵〕。

合ってきたのか，あるいはどのような問題を抱えているのかも検討する。

1 日常生活に溶け込む製品の安全性
── 有体物とソフトウェア，ネットワーク

　AIが搭載された機器やロボットは，その性質上，電気製品としてのモノの側面をもち，制御や判断のためのソフトウェアとが組み合わされた製品である。また，それらの能力を拡張したり，他の機器との調整を図るために，ネットワークに接続される製品が多くなると推測される。モノとソフトウェア，そしてネットワーク接続について，これまでどのように対応されてきたのだろうか。

(1) 電気製品・消費生活用製品の安全規制

　日常生活に溶け込む製品でも，怪我や事故につながる製品がある。また，一般家庭や商店などで使われる製品のうち，比較的安全性が高い電化製品であっても，過去には粗悪品の流通による火災事故等が発生するなど，危険を秘めている。そこで，一般用電気工作物については電気用品安全法が，一般消費者の生活の用に供される製品の中で，生命身体に対する危害を及ぼすおそれがあると認められる製品[7]については消費生活用製品安全法が制定されている[8]。

　これらの製品の安全性確保については，民間事業者の自主的活動による安全確保と公正な競争も重要である。そこで，電気用品安全法は，事業者自らが講じる安全確保措置の内容を適切に表示させ，消費者が購入する際の判断に資するような枠組みをとっている。

　同法はその目的規定（1条）において「電気用品の製造，販売等を規制するとともに，電気用品の安全性の確保につき民間事業者の自主的な活動を促進することにより，電気用品による危険及び障害の発生を防止することを目的とする」と定め，製造・輸入段階での届出義務，製品の技術基準の適合義務，販売

---

[7]　同法は，危害を及ぼすおそれが多いと認められる製品（特定製品）と経年劣化等により重大な危害を及ぼすおそれが多い製品（特定保守製品）を対象としている。前者の例として圧力がまや乗車用ヘルメットなど，後者の例としてビルトイン電気食洗機などが政令で指定されている。

[8]　福岡真之介〔編著〕・桑田寛史＝料屋恵美〔著〕『IoT・AIの法律と戦略』（商事法務，2017年）266頁以下〔料屋恵美〕。

段階での表示義務などを中心に構成されている。届出制は，事業を始める前に行政に情報を提供してから開始すればよいという点で許可制よりも事業者の自由を侵害しない法的仕組みになっている。そして，届出を行った製品を製造・輸入販売する場合には，国の定める技術基準に適合させなければならない（8条1項）。そして，製品が適合していることについては，事業者自らが国の定めた基準に従って検査を行う（8条2項）。そして，検査済みの製品は技術基準に適合していることを示すPSEマークを表示して販売する（10条1項）。PSEマークが付いていない製品の販売・陳列は禁止されている（27条1項）。

　無表示品や（表示はされていても）技術基準に適合しない製品を販売すれば，経済産業大臣による報告徴収（45条1項）・立入検査（46条1項）が行われたり，措置命令（改善命令〔11条1項〕，危険等防止命令〔42条の5第1項〕など）の対象となることもある。また，事故発生時にも，これらの監督権限が行使される。これらの命令等への違反に対しては罰則によって担保がなされている（57条以下）。

　消費生活用製品安全法も同様の枠組みをもっている。特に危害を及ぼすおそれが多いと認められる製品を特定製品として指定した上で，それらには特別な規律を置いている。特定製品の製造輸入業の届出制（6条1項），技術基準への適合義務（11条1項）と自主検査（2項），PSCマークの表示（13条）と無表示製品の販売禁止（4条1項）が定められている。過去に悪質な業者により大きな問題が生じた製品は特別特定製品に指定されており，登録検査機関による適合性検査を必要とするなど，規制が強化されている（12条1項）。

　また，経年劣化の危険性がある特定保守製品については定期点検を確保するための仕組みが追加された。届出（32条の2）の他，点検期間等を表示し（32条の4），引渡時に経年劣化の危険性と定期点検の必要性について説明をしなければならない。また，事業者は長期の保守点検のための体制を整える義務もある（32条の19）。

　以上は特に危害を及ぼすおそれが多い製品についての規律であるが，消費生活用製品安全法は，消費生活用製品すべてについて重大製品事故に関する情報報告・公表制度を定めている。死亡，重症，後遺障害，火災発生等がある重大製品事故については，事業者は事故発生を知った日から10日以内に国に対して報告する義務を負う（35条）。それをうけて内閣総理大臣は公表を行い（36

条)，必要な措置を行うことになる（体制整備命令につき，37条）。

(2) モノとソフトウェアとの結合・ネットワーク化に伴う行政上の規律変更

　これらの規制は，これまでの製品事故に伴う歴史を踏まえて作られた枠組みである。とはいえ，新技術の関係で問題が生じないわけではない。IoT（インターネット・オブ・シングス：モノのインターネット）の登場時にも，電気製品の安全確保との関係で，国の安全基準が問題となった。[9] 上記のとおり，電気製品の安全については，電気用品安全法が規制している。2013年以前の考え方では，電気用品に関する火災や感電等の事故防止の観点から，原則として電気用品のオン・オフは器体スイッチを原則とし，遠隔操作については機器が見える範囲での赤外線等を使うコントローラーでしか認められていなかった。しかし，スマートフォンによる遠隔操作などの需要が高まっていること，さまざまな場所に設置された膨大な数のルーターなどについての省エネや保守管理の観点から，通信装置を遠隔操作可能な電気用品（配線器具）と接続し，それらを介して負荷機器（ルーターや照明器具など）を遠隔操作によりオン・オフすることの需要が高まってきた。

　2013年に「電気用品の技術上の基準を定める省令」は「性能規定」化された（必要な安全性能のみを省令に記載し，具体的な材料，数値，試験方法などの規定を通達等に委ねる方式）。その上で，2014年に解釈通達を改正して，配線器具についても遠隔操作が許容されるようになった。しかしこの時点の評価方法では，負荷機器が特定される場合に限定して運用されることになった。エンドユーザーである一般使用者が接続する場合はどのような負荷機器が設置されるかが不明であり，負荷の想定が難しいためにリスク評価ができないとして，遠隔操作を禁止したのである。極端なことをいえば，たこ足配線を行ったり，電気ストーブを接続したりする利用者がいないとも限らないわけであり，慎重な判断が行われたといえよう。

　その後も遠隔操作解禁に向けた需要は高まったため，経済産業省は民間の自

---

9)　福岡〔編著〕・前掲注8) 274頁〔料屋恵美〕。なお，これらの経緯について，経済産業省「電気用品安全法 トピックス」（http://www.meti.go.jp/policy/consumer/seian/denan/topics.html#t8) 参照。

主団体に追加の検討依頼を行った。その報告書[10]では，外国での事故事例やリスク低減策についての検討を行い，遠隔操作可能な機器には通信障害のリスクがあるため連続運転可能な負荷機器のみ接続するよう促したり，火災・感電・傷害の原因となりうる負荷機器（電気ストーブ等）は接続しない旨などの警告文の表示や初期設定を遠隔操作不可とすることなどのリスク低減策が提案された。それを受けて，2016 年 3 月からは技術基準の運用を改め，警告表示等を付けることを条件として，コンセント等の配線器具にも遠隔操作の対象を拡大することとした[11]。

　このように，技術の進展に伴い，それに対応した規制内容の変更が随時求められることになる。また，消費者側に対し，警告表示の遵守というかたちでの安全確保を求めている点も注目したい。

⑶　モノとソフトウェアとの結合・ネットワーク化についての民事責任における懸念

　IoT の進展により，民事責任に関するルールとの関係も問題となる。上述のとおり，製造物責任法は，製造物の欠陥により人の生命，身体または財産に係る被害が生じた場合における製造業者等の損害賠償責任について定めることによって，消費者被害の救済を促進する。しかし，かねて指摘されているように，同法は対象となる「製造物」を「製造又は加工された動産」（2 条 1 項）と定義しているため，ソフトウェアそれ自体は対象外となる。また，ソフトウェアや通信サービスについては，モノの販売とは異なる価値観があり，異なる法体系が適用されてきたことが問題とされている[12]。

---

10)　一般社団法人日本電気協会・電気用品調査委員会「『解釈別表第四に係わる遠隔操作』に関する報告書の追加検討報告書」（平成 28 年 3 月 28 日）（http://www.eam-rc.jp/pdf/result/remote_control_4_2.pdf）。

11)　この変更は技術基準（省令）や解釈通達そのものの文言の修正ではなく，電気用品調査委員会報告書を参照して，解釈通達が要求している水準に適合しているか否かを評価するための評価方法の見直し，という形で行われた。参照，経済産業省製品安全課「遠隔操作可能な配線器具の範囲拡大について」（平成 28 年 3 月）（http://www.meti.go.jp/policy/consumer/seian/denan/file/99_etc/20160330_remote_control_of_wiring_devices.pdf）。

12)　なお，赤坂亮太「『情報の製造物責任』に関する考察」情報ネットワーク・ローレビュー 14 号（2016 年）129 頁参照。

インターネットの世界においては，製造物責任法が適用されず，多くの約款でサービス提供側の責任を制限するため，消費者の自己責任になることが多い。品質保証はベストエフォート型でなされることが多く，その場合は，完全な動作を保証していない。故障についての考え方も，ソフトウェアのバグや通信障害が生じることは前提となっている。むしろ，セキュリティリスクも考えると，アップデートによる対応が利用者側に求められる。そして，データのやりとりが多く生じ，当事者が多数になるだけでなく，個人に関するデータが大量に収集されるリスクもある。[13]

これらは，モノの世界だけでは生じにくい問題であるか，生じていてもあまり大きな問題とはなってこなかった。インターネットの世界に慣れている人であれば，このような問題に対して親和性があるものの，モノの世界だけに慣れている人にとっては見慣れない問題といえるだろう。しかし，IoT の進展に伴い，これらの問題がモノの世界でも重要な問題となっていく。これらの特質をこれまでのモノの世界の論理で規律していくのか，それとも新たな枠組みを提示するのかが課題となる。

なお，これらの議論は主に民事規制を念頭になされているものの，民事規制も行政規制も法制度が有している前提は共通しているため，すでに IoT について，民事責任との関係で指摘されている事柄は，行政規制との関係でも問題になる。

2　道路交通をめぐる法制度

運転者の移動の自由確保と，性質上有する危険性からして，正の影響も負の影響も多大である道路交通には，多様な法的仕組みと複数の主体とが混在する。以下では，現行の道路交通安全に関する法制度の特徴を概観し，新技術に対する法政策上の対応をみていくことにしたい。

---

[13] 湯淺墾道「AI に関する法律問題」夏井高人＝岡村久道＝掛川雅仁〔編〕『Ｑ＆Ａ インターネットの法務と税務』（新日本法規出版，加除式）1184 ノ 46 から 1884 ノ 49 頁。

(1) 「運転者」「自動車の使用者」を中心とする法的仕組み

　道路交通に関する仕組みは，すでにみたように，運転者という<u>人</u>に着目した<u>許可制</u>（道路交通法），タクシーやバス，トラック運送など<u>事業</u>に着目した<u>規制</u>（道路運送法・貨物自動車運送事業法），車両という<u>危険な物</u>に着目した<u>規制</u>（道路運送車両法），<u>場</u>についての<u>規制</u>（道路法）が混在している。また，近年，過労運転による事故の発生等も受けて，運行管理に関する規制や，事故対策等の規制も注目されている。これらの特徴につき確認してみよう。

　まず，運転者に対する規制を設ける道路交通法の運転免許制度は，許可制の枠組みを中心として，更新制度，罰則制度，運転者の義務規定，講習などを課すことにより，運転者の選別を行い，教育・資質向上を確保している。交通事故に関する運転者の損害賠償義務と保険制度（民事責任），道路交通法・自動車運転致傷行為処罰法の刑事罰（刑事責任）と相まって，運転者に責任を集中させている。これは，「運転者の操作」によって稼働する現在の自動車の構造を反映しているだけでなく，道路交通における移動の自由の確保との関係も指摘できる。すなわち，運転者はどのように移動するかは自由であり，その手段として自動車の運転が用いられているという関係にある。その責任もまた，運転手に帰属するというわけである。このような制度設計になっている背景には，道路交通のもう一つの特色がある。それは，運転者は相互に「自由」なのであるから，多数の相互に未知の主体が危険を及ぼし得る関係にある。また，すぐそばには歩行者など，他の主体も混在している。そうすると，すべての自動車運転者が公平な自由をもち，かつ責任を負い得る主体であることを確保できなければ，社会における道路交通の信頼性がゆらぐことになる[14]。このことを背景に，道路交通法の運転者に関する規律は「事業」性を前提にしていない[15]。

　これは，「物」に着目した安全性確保，車両の安全性確保についてもあてはまる。道路運送車両法は，自動車の登録制に加えて，保安基準に適合するよう

---

[14]　公益財団法人国際交通安全学会〔編著〕『交通・安全学』（2015 年）118-119 頁［斎藤誠＝城山英明＝今井猛嘉＝荻野徹］参照。

[15]　これらの特徴は鉄道交通と比べてみるとわかりやすい。鉄道については鉄道営業法と鉄道事業法において，事業を営むこと自体の許可制と，事業者の自己管理・自己責任によって安全性を確保している。そのため，運転する者，乗物，鉄道軌道，運行安全確保のすべての側面において，事業者規制を通じて安全が確保されている。野口＝幸田〔編著〕・前掲注 4）234-248 頁［野口］。

維持する義務を自動車の使用者に課し，定期的に法定の点検を受けた自動車に対し自動車検査証・保安基準適合証を発行する仕組みを，自家用・事業用両方に置いている。これらを車両上に表示させることによって，外部からみて検査済みの状況を確認できる仕組みを確保し，検査証のない車両の運行を禁止する。そうすることにより，道路空間における安全への信頼を確保している。

　道路運送に関する事業者規制は，これらの規制に加えて道路運送事業の運営を適正かつ合理的なものとするための規制を課すことで，輸送の安全を確保し，利用者の利益の保護を目指す。事業についての許可制を中心として，運賃に関する約款規制など，取引秩序に関する規制も含まれる。特に運行管理・運行の安全確保の観点から，走行距離の制限や運行管理者を置くことなど，運行のマネジメントに関する規律もある。[16] 事故発生を防ぐために，許可制や大臣による措置命令等が用いられている。

　なお，事故発生時の規律については，航空・鉄道・船舶交通については運輸安全委員会が国土交通省の外局として設置され，独自の行政調査権限をもって事故原因の解明にあたることになっているが，同委員会は道路をその対象とはしていない。

　そして，道路交通の「場」である道路そのものについては，道路法に基づいて，道路の種類に応じて道路管理者が決められている。ここでいう道路管理者として想定されているのは，国（国土交通大臣）のほか，都道府県や市町村である。また，高速道路については道路整備特別措置法に基づき，独立行政法人日本高速道路保有・債務返済機構や各高速道路株式会社による道路管理者の権限の代行が行われている。道路において瑕疵があった場合，国，都道府県，市町村等の行政主体については，国家賠償法2条1項が問題となり得る。[17] 国家賠償法2条1項にいう営造物の設置または管理の瑕疵は，「営造物が通常有すべき安全性を欠いていること」をいい，「当該営造物の使用に関連して事故が発生し，被害が生じた場合において，当該営造物の設置又は管理に瑕疵があった

---

16)　高速ツアーバス運転手の過労運転を原因とする重大事故発生などを想起されたい。

17)　株式会社に対する請求は民法717条が問題となるはずであるが，国家賠償法2条と民法717条の両者を区別せずに論じてよいかどうかについての問題には立ち入らない。参照，潮見佳男「道路インフラ側の瑕疵と道路管理者の損害賠償責任」山下友信〔編〕『高度道路交通システム（ITS）と法』（有斐閣，2005年）142頁。

とみられるかどうかは，その事故当時における当該営造物の構造，用法，場所的環境，利用状況等諸般の事情を総合考慮して具体的個別的に判断すべきである」とされる。[18]

　道路交通をめぐる法的規制は，運転者・自動車の利用者を中心としつつも，運送事業者，整備事業者，道路管理者など，多数のアクターが想定されている。

(2)　新技術の導入──「歩行者」と扱われた電動車いす

　「自動車の運転者」「自動車の利用者」を選別し責任を集中させる道路交通法の考え方が前提にしているのは，運転者が運転操作を的確になし得ることと，歩行者等とは区別した道路を走る，という考え方である。後者に関して，新技術との緊張関係が生じたのが，電動車いすである。電動車いすは，単独では歩行が困難な人が，歩行者と同じ生活空間で暮らすための装置である。その意味は，モーターで駆動する車いすと生身の人間とが同一空間で混在するということであり，このような状況下でいかに安全を確保するかが問題となる。そこで，現行の道路交通法は，電動車いすについては速度制限（時速6kmを超えないこと）や形状（大きさの制限，鋭利な突出部がないこと等）について一定の規格を定めた上で，「歩行者」として扱うことを選択した[19]（道路交通法2条3項1号，道路交通法施行規則1条の4）。ここで注目したいのは，車体の大きさや速度制限だけでなく，「自動車又は原動機付自転車と外観を通じて明確に識別することができること」（道路交通法施行規則1条の4第1項2号ニ）を求めているとおり，他の者からどのように見えるかを規律していることである。これは，歩行者との混在を前提に考えてみると，一定以上のスピードが出ないことを周囲からも容易に確認でき，また，運転者が高齢者や障害者であるということが明確にわかるという点で，大変重要な規律である。

　なお，この観点から電動車いすに関する安全性確保は，上記の道路運送法，道路運送車両法の枠組みとは切り離されている。そのため，JIS（日本工業規格）

---

18)　最判平成22・3・2判時2076号44頁，さらに最判昭和53・7・4民集32巻5号809頁。そのため，ここでは，当該対象物が置かれていた客観的状況に加えて，行政の主観的事情も含めて検討されていることが多いため，注意義務違反に接近していると指摘される。

19)　公益財団法人国際交通安全学会〔編著〕・前掲注14）116–118頁 [斎藤＝城山＝今井＝荻野]。

による安全確保が行われている。JIS とは，工業標準化法に基づき経済産業省に設置された日本工業標準調査会が策定する国家規格のことである。国により登録された民間の第三者認証機関（登録認証機関）から，JIS への適合性の認証を受けた認証製造業者は，JIS マークを付けて販売等をすることができ，消費者に対して自らの製品の安全性をアピールすることができる。登録認証機関に対しては，定期的な更新手続が課せられるほか，立入検査等が行われる。[20] JIS制度は直接販売の禁止や許可制に結び付いた枠組みではなく，従うかどうかはあくまで製造事業者の判断となるが，社会全体の安全性確保の仕組みとして用いられている。

電動車いすについても定められているところ，ハンドル形電動車いすを使用中の死亡・重傷事故が多数発生した。[21] そこで，ハンドル形電動車いすについての JIS T9208 が 2016 年に改正され，使用者の意図しない操作を防ぐ等のリスクマネジメント関連規定が追加された。[22]

ロボット・AI の普及による社会の変化

それでは，ここからはロボット・AI が普及した社会における安全について，大まかな予測を交えながら，検討を加えていくことにしたい。まず確認しておきたいことは，「はじめに」で述べたように，新技術が社会にもたらす影響には正と負の両方があること，そして移行に伴う課題があるという点である。以下では，AI が普及した社会においてどのような変化が生じるのかを，①もともと存在はしていたが新技術の導入により拡大する「古くて新しい問題」と，

---

20) JIS 制度の詳細につき参照，日本工業標準調査会ウェブサイト（https://www.jisc.go.jp/newjis/cap_index.html）。

21) 消費者安全法 23 条 1 項に基づき，消費者安全調査委員会が事故等原因報告書を作成した（参照，http://www.caa.go.jp/csic/action/pdf/9_houkoku_gaiyou.pdf）。

22) 経済産業省「日本工業規格（JIS 規格）を制定・改正しました（平成 28 年 5 月分）」（平成 28 年 5 月 20 日）（http://www.meti.go.jp/press/2016/05/20160520005/20160520005.html）。特に，同・資料 3「ハンドル形電動車椅子の JIS 改正―ハンドル形電動車椅子の安全性の向上を目指して―」（http://www.meti.go.jp/press/2016/05/20160520005/20160520005-3.pdf）。

②これまで生じていた課題に類似のものがない「まったく新しい課題」，③移行期に伴う問題という3つの観点から考えていこう。

1 モノとソフトウェア・ネットワークとの融合

AIもソフトウェアの一種であり，AIの搭載された機器がネットワークに接続することも想定されている利用法である。そこで，上記のIoTの普及に伴う影響に関する議論は，ロボット・AIの普及の場面でもあてはまる。

まず，既存の規制および商慣行が構築した事業者・利用者の関係が，インターネットにおけるそれとは大きく異なるという点である。行政規制の文脈においては，従来の行政規制が前提としていなかった出荷後の改変・変更可能性の問題が特に重要である。すなわち，業法規制や事業者を名宛人とした消費者安全法制は，利用者保護の観点から，出荷時の状態がそのまま保たれることを前提としている。メンテナンスが必要な場合や死傷事故につながり得る瑕疵が発見された場合には，自主回収や回収命令等による規律を予定している。ところが，ソフトウェアについての慣行はそうはなっていない。むしろ，セキュリティアップデートにより安全を確保するのはユーザー側にも求められている。これは，ソフトウェア単体での問題は，即座に人身損害に結び付くものではないことも，背景にあるだろう。しかし，商慣行や法規制の考え方が大きく異なる両者が結び付くことにより，今後は「ネットワーク経由の瑕疵やサイバー攻撃による人身損害」の可能性を見据えて議論をしなければならない。これまでの消費者安全法制における細かな安全基準にも，組み込むための枠組みを検討しなければならない。

AIが組み込まれたIcT機器が普及することがもたらす変化は，あらゆるエリアに情報を収集する機器が存在し得ること，そしてそれらひとつひとつがセキュリティに関する脆弱性を抱えもつ状況の出現を意味している。IoTデバイスについては，消費財メーカーは相対的に（通常のコンピュータの）ソフトウェア・ハードウェア企業に比べてセキュリティに関して経験が不足していること，その小ささゆえにセキュリティ手法（暗号化やファームウェアの更新等）が十分に行えないこと，相互運用性に欠け，ステークホルダー間の連携が十分にとれていない現状があることがすでに指摘されている。IoTにおいて生じているこ

れらの課題は，AI の普及が進むにつれて加速度的に増大していくだろう。[23]

2 学習する AI，判断過程のブラックボックス化

それでは，AI 固有の性質との関係では，安全についてどのような変化があるだろうか。AI の特質の一つとして，プログラムがデータから学習して判断や推論を行うためのアルゴリズムを作成し，修正していくという機械学習がある。今後，AI が搭載された機器が一般家庭にも導入されると，それらの機器は，出荷時以降も学習し続けることが期待されている。

出荷後の利用場面におけるデータ収集と学習とが，いくつかの問題を引き起こし得る。まず，データ収集それ自体が，利用者のプライバシーに与える影響である。正確性や応用可能性を高めるために，AI は学習データとして大量の情報を収集し，加工し，分析することが想定される。その前提となっている「収集」過程におけるプライバシー侵害は，すでに現状の IoT 機器について指摘され，議論されている。[24] 次に，学習後のプログラムによって何らかの問題が生じた場合，誰が責任をとるのか，という問題がある。ユーザー側が入力した，あるいはユーザー側が支配する領域において AI 搭載機器が収集した情報に誤りや不適切さがあったために事故が起きた場合，それはロボット・AI の瑕疵といえるだろうか，それとも，ユーザー側の負担とすべきであろうか。最後に，AI が搭載された機器が出荷時には想定されていなかった動き方をした場合，その結果引き起こされた事故につき，その判断過程を検証する仕組みが必要となってこよう。

---

23) 板倉陽一郎「AI ネットワーク社会におけるセキュリティの諸相」福田雅樹＝林秀弥＝成原慧〔編著〕『AI がつなげる社会』（弘文堂，2017 年）254-255 頁では，これらの IoT デバイスの問題点を指摘したうえで，そのまま家庭用ロボットに引き継がれた仮想事例においては，単にセキュリティ被害をもたらし得るだけでなく，攻撃者に踏み台とされたデバイスの所有者や管理者がサイバー攻撃の加害者にもなり得ることを指摘している。

24) この問題を IoT の側面ではなく，AI の利活用における問題として個人情報保護法との関係を議論したものとして新保史生「AI の利用と個人情報保護制度における課題」福田＝林＝成原〔編著〕・前掲注 23）214-234 頁。

3 アクターの多層化，複層化

これらの特質は，すでに生じつつある社会構造の変化とも相まって，安全規制に関する当事者が，今後ますます多様・多層化されていくことを示唆する。

インターネットの発展とプラットフォーム事業者の拡大に伴い，個人売買によって製品を手に入れることが当たり前になりつつある。また，3Dプリンター等が普及していくことによって，インターネットを介してアイデアやデータを交換しつつ，個人レベルでのものづくりが可能になるともいわれている。また，すでにスマートフォンのアプリケーションについては，個人レベルでの開発とプラットフォーム事業者を介した販売が一般化しつつあり，大企業による製品と同様にアプリマーケットにおいて販売されている。

そのような変化を前提に考えると，今後日常生活の中に溶け込むロボット・AIには，極めて多数のアクターが関与することが考えられる。

AIの元となるプログラムの開発者。物質としての機器それ自体を設計・デザインする者。AIが学習するデータを提供する者。物質としての機器を作成する者。そうして生み出されたAIが搭載された機器を販売する者。ある場に，AIが搭載された機器を導入すると決定する者。AIが搭載された機器を利用して，結果としてAIが学習するデータを提供する者。そして，AIが搭載された機器を利用した事業等を行う者……といった具合である。

さらに，AIがネットワークに接続するのであれば，ネットワーク自体を管理する者，データを取り扱う者も想定されるだろう。

つまり，モノとプログラム，ネットワークという3層構造と，それぞれについての制作者，利用者。また，その機器を用いて行われる利用場面における規制があれば，その規制についての関係者といったように，複数の観点から事業者・利用者関係が生じ得る。そうすると，民事責任が複雑化するだけでなく，行政規制の観点からも，どのような者を名宛人として，どれだけの義務を課す枠組みとするのかが不安定になる。

また，仮に安全確保のために情報共有が有用だとしても，ここまで多数の当事者が関与するようになると，情報をやりとりすることによるデメリット，すなわちプライバシーや営業秘密の問題が避けられない。

もっとも，これらがまったく新しい問題であるかというと，そうともいい切

れない。一つ一つの変化や複雑さは，既に現在においても表出している。問題は，これらが組み合わさることによって，社会における安全確保の枠組みに大きな緊張を与えかねない，ということである。

Ⅴ

ロボットが普及する社会と行政規制

1 「ロボット・AI 法総論」と「ロボット・AI 法各論」

それでは，ロボット・AI が普及した社会における行政規制を考えていくには，どのような視点が必要であろうか。この点，政策や施策立案のあり方について，各行政領域におけるパッチワーク的な検討ではなく，ロボットや AI の利用促進に向けた方針や政策（戦略）の統一化を図りつつ，画一化しない多様かつ柔軟な議論のため多元的かつ多面的な検討が重要であるとの新保教授の指摘がある[25]。たしかに，現在示されている法改正の工程表[26]は，現行法の枠組みにおける規制緩和の提示が中心であり，ロボット・AI の普及が社会を大幅に変えてゆくとの問題意識からすれば，やや時代遅れのようにも映る。しかし，筆者の問題関心からいえば，分野横断型の「ロボット・AI 法総論」と，個別分野における対応を論じる「ロボット・AI 法各論」は，将来的課題を考えていくための車の両輪であると考えられる。

「ロボット・AI 法総論」はロボットや AI を開発活用する際に分野を問わず議論されるべき課題を取り扱う局面であり，そこでは，新保教授の指摘するとおり，社会実装に向けた包括的かつ体系的な課題整理[27]が必要となる。その課

---

25) 新保史生「ロボット法をめぐる法領域別課題の鳥瞰」情報法制研究 1 号（2017 年）64 頁以下，特に 67-68 頁。

26) ロボット革命実現会議「ロボット新戦略」(2015 年 1 月 23 日) は，アクションプラン分野横断的事項 6 として，「ロボット規制改革の実行」を掲げており，そこでは，電波法，医薬品医療機器等法，介護保険制度，道路交通法・道路運送車両法，航空法等，公共インフラの維持・保守関係法令・高圧ガス保安法を見直しの対象項目として掲げている。

題は本書にも現れているように，第3章の判断に関する議論や，プロファイリング規制，あるいは安全なシステムを享受する利益が法的価値としてどこまで承認されるかという問題が含まれる。これらは，分野ごとの濃淡はありつつも，すべての分野において問題になり得る点を検討するという意味で，トップダウン型の発想といえるだろう。

　他方，分野ごとの規制枠組みは，いわば「ロボット・AI法各論」といえる。すべての分野にロボット・AIの変化の波が来るならそれぞれの分野でどう対応すべきかを考える必要がある。各論においては，これまでの安全確保の枠組みを前提とした漸進的対応と，所与の規制等の抜本的改変とが選択肢となり得る。その適否や実効性は，それぞれの分野の技術的特性，利益衡量のもとで議論されることになる。これはロボット・AIがもたらす変化に詳しい専門家だけでは対応できず，また当該各論分野をこれまで担っていた人だけでも対応しきれない問題である。その双方にまたがる議論をする必要があり，その際にはロボット・AI法総論の参照が必要である。いわば，各分野の現場やこれまでの法執行のあり方を個別に見直していくボトムアップ型の議論である。

　「ロボット・AI法各論」は，すでに重点項目として議論が進みつつある交通システムや小型無人航空機（ドローン），介護関連分野など，すべての分野で平等に進行するのではなく，技術と社会的合意の折り合いがついた分野から進展することが予想される。これらの分野で先行的に生じた問題点や解決のための知見を，適切に「ロボット・AI法総論」にフィードバックし，これから「ロボット・AI法各論」に向き合わなければならない他の分野にどのように応用していくのか。ロボット・AIが普及した社会における行政規制を議論するためには，どのレベルでの議論をどこで行うのか，そしてどのようなステークホルダーを巻き込んで議論をしていくのかを意識する必要がある。

27）　新保・前掲注25）68頁では，現行法の枠組みにおける規制緩和以上の戦略を提示するためのアイデアとして，ワシントン大学のRyan Caloの提唱する「連邦ロボット委員会」構想に触れている。ロボット・AI法総論に関する検討が行政各部のすべてに及び得ることを考えれば，ロボット・AIを導入することにより生じる諸課題について専門的に対応する組織の必要性があり得る。もっとも，各論分野での検討との統合をいかに行うかについてはさまざまな可能性がある上，また行政組織の設置が国家の重点課題の設定という大綱的決定ともみ得ること（参照，大橋洋一『行政法Ⅰ〔第3版〕』〔有斐閣，2016年〕393頁）を考えれば，ロボット法政策に特化した行政機関を置くべきか否かは，今後の課題となるだろう。

2 「AI 開発ガイドライン」案への意見募集をめぐって

　もっとも，総論と各論の相互交流は，思わぬ混乱を引き起こしかねないことに留意する必要がある。総論レベルの議論と各論レベルとの議論とが混在し，AI の脅威論ばかりが先行してしまうことによる混乱は，今後予想されるところである。総務省情報通信政策研究所により 2016 年末に行われた「AI 開発ガイドライン」（仮称）の策定に向けて整理した論点に関する意見募集[28]をめぐる反応は，総論と各論の交錯という観点からも興味深いものであった。

　ここで議論の俎上に上った「AI 開発ガイドライン」とは，総務省情報通信政策研究所の AI ネットワーク化検討会議およびその後継組織である AI ネットワーク社会推進会議において検討が続けられているものであり，AI の研究開発についてのガイドラインを国際社会に提案し，国際的な標準形成が目指されている。2016 年末，これまでの議論につき整理された論点についての意見募集（パブリックコメント）が行われた。分野共通ガイドラインと分野別ガイドラインがあり得るとした上で，同意見募集段階では，分野共通ガイドラインの内容として，9 つの「原則」（透明性，制御可能性，安全保護，プライバシー保護，倫理，利用者支援，アカウンタビリティ，連携〔案・仮称〕）が提示された。

　この意見募集に対しては，定義の不明確さや内容に関する意見が多数寄せられたほか，「総務省による規制枠組構築が意図されているのではないか，いわば規制法が作られるのではないか」という懸念が一部報道でみられた。種々の指摘はその後の検討過程において議論され，一部反映された[29]が，ここではその中身には立ち入らず，後者の「規制法に対する懸念」についてのみ取り上げたい。上述のとおり，この「AI 開発ガイドライン」案は国際的議論に供するためのたたき台として提示されたものであり，すぐさま個別の法制度における行政規制に結び付くものでもないと説明されていることからも，端的にいって

---

28)　http://www.soumu.go.jp/menu_news/s-news/01iicp01_02000054.html

29)　その後，AI ネットワーク社会推進会議「報告書 2017——AI ネットワーク化に関する国際的な議論の推進に向けて」（2017 年 7 月 28 日）の別紙 1 として，「国際的な議論のための AI 開発ガイドライン案」が公表された。経緯と同報告書に示された AI 開発原則の詳細について，成原慧「AI の研究開発に関する原則・指針」福田＝林＝成原〔編著〕・前掲注 23）87 頁以下。

これらの懸念は誤解に基づくものであろう。しかしその誤解が生じた理由を分析することは、今後の議論に資すると考えられる。

　筆者は、総論的かつ理念レベルを想定した議論であったにもかかわらず、まだ議論が完結していないがために、あたかも「開発者に対する禁止と許可、あるいは認証」の仕組みを想定するような、個別法における規律と同レベルのものと捉えられてしまった[30]からではないか、と考えている。9つの「原則」には、開発段階の対策だけでは実現し得ないもの、その遵守を厳密に求めようとすれば研究開発を阻害しかねないと考えられる内容も含まれている。真正面からすべての AI システム開発にこれらの諸価値を導入しようと考える主体が研究プロジェクトの評価側にいた場合、制度設計の段階において、具体的な許認可等との結合を回避するなどの留意を付したとしても、それだけでは、研究阻害や萎縮のおそれは払拭できない。

　他方、実際にどのような形で利用者を支援したり、生命・身体の安全への危害を防止するかについては、AI および AI が搭載された機器、そして AI が組み込まれたネットワークそれ自体の設計だけでなく、具体的な利用場面に応じた、その利用者やその空間に存在する物、サービス提供のあり方などの検討が不可欠となる。これらは、「開発」そのものを捉えた制度設計というよりは、本章の前半で述べたような、安全確保のために個別法と民事ルールの組み合わせによって確保された、多層的な制度設計が必要となる。そこにおいては、「開発」段階を規律するのではなく、実際にサービスとして提供される場面を捉えることが想定できるだろう。もっとも、利用者も AI が搭載された機器を改変することを考慮すれば、一律に開発者・利用者が峻別できないこと、また「開発」と「利活用」の場面を峻別することも難しいことが想定される。

　もとより「意見募集」段階の案においても、今回の対象範囲が分野共通レベルにとどまること、分野別ガイドラインは個別の利用場面に応じたステークホ

30）また、「ガイドライン」という用語が通例、多様な法的位置付けを与えられており、法律運用のための解釈を示したり、民間事業者への要望を示したり、広く非拘束的な規範の通称として用いられていることも背景にあるだろう。ガイドラインが示される場面においては、背景に許認可や事業者の義務規定などの法的規制があることが多く、それらの規定と相まって現場のマニュアル等に反映され、法的規律の実効性が確保されている。これらのイメージのため、「開発ガイドライン」という語が開発自体への直接規制を想起させてしまったのではないか。

ルダーによって議論されることが望ましいことを示しているのであるから，上記のような反応は，「意見募集」内容の誤解に基づくものとはいえるが，このような反応があったことからは，より丁寧にロボット法総論とロボット法各論の違いを説明していく必要性があることがうかがわれる。また，利用者側に対しても，利活用の際に留意すべき事項を示す「利活用ガイドライン」構想も議論されはじめており，これは開発ガイドラインとあわせてロボット・AIが広く利活用される社会におけるロボット・AI法総論のあり方を規定する両輪となることが期待される。[31]

❸ 総論と各論の相補的見直しと行政の役割

　総論分野を論じる場合でも，具体的な利用場面からの検討は不可欠である。ただ，技術的に不可能あるいは経済合理性のない対応策を求めることは実際には難しい。他方で，ロボット・AIの普及がもたらす変化（上述Ⅳ）は，分野を問わず，あらゆる場面での法的規律のあり方を変えてしまいかねない影響力をもっている。これまで有効であった施策の実効性が失われたり，法制度の前提となってきた情報格差や責任配分のあり方が流動的になる可能性もある。本章がⅢで検討したように，現行の規制は，規制の組み合わせを考える際，それぞれの分野における利用者・事業者の責任と義務を考えるにあたって一定の前提をおいている。運転者の移動の自由を前提に設計された道路交通法の枠組みは，運転者の責任主体性をかなり重くみている枠組みである。また，消費者保護法制の作り出したスキームは，危険な製品の流通を直接規制する枠組みだけでなく，複数の手法を組み合わせている。「接続してはならない機器の注意喚起を行う」など，ソフトな手法を提供者側に求めることで，全体としての安全性を一定の水準で確保しつつ，利活用を阻害しない方策も生み出されている。[32]

　先行的に開発および利活用に向けた制度構築が進む分野と，やや遅れて利活

---

31)　意見募集段階のAI開発ガイドラインについて，利活用ガイドラインの可能性も含め多面的に論じたものとして，実積寿也＝鳥海不二夫＝宍戸常寿「〔座談会〕情報法制の可能性について——AIをめぐる動向を中心に」情報法制研究1号（2017年）109頁以下。また，報告書2017・前掲注29）においても，将来的課題として，利活用ガイドラインの検討が示されている。

用が進む分野の間で，技術的・倫理的・社会的・法的仕組みの前提が大きく異なる可能性もある。先行的に開発が行われる分野において用いられた実証実験や，地域的限定を付した規制緩和の枠組みも，相互に参照されたうえで，他の分野における検討のたたき台となるような，相補的な発展がなされることを期待したい。

　社会全体が変動していく過程において，その見直しを行うために種々のステークホルダーとの調整を行い，国際的競争力を確保しつつも規律の国際的協調を目指す役割は，国家規律による実効性確保が減退してもなお，行政に期待される役割といえるだろう。

＊本章は日本学術振興会（JSPS）科研費 15K16916（2015 年度若手研究（B）「集合的利益・拡散的利益を巡る法制度設計——消費者・環境・情報法制の架橋」）の助成を受けた研究成果の一部である。This work was supported by JSPS KAKENHI Grant Number 25885016（Grant-in-Aid for Young Scientists (B)）.

32)　安易な規制推進論や過剰反応に流されないためには，これまでの法制度が多様なアプローチで不確実性を取り扱おうとしてきたことに留意する必要がある。本章では安全規制の観点から消費者法制を参照領域としたが，その観点から，ロボット・AI の開発と利活用に伴うリスクへの対処方針を検討するための素材として，従前から不確実性について取り扱ってきた環境法学における順応的リスク管理論を参照することも検討されるべきである。横田明美「AI・ロボット社会の進展に伴うリスクに対する環境法政策の応用可能性」環境法研究 7 号 71-88 頁では，そのような関心から食品容器包装における化学物質規制を素材として，公的規制と自主規制の関係，事業者間での情報共有のあり方について紹介した（本号は「順応的リスク制御の新展開」と題する特集であり，他の論考も合わせて参照されたい）。筆者は，環境法学におけるリスクのとらえ方は，「ロボット・AI 法総論」の検討においてはもちろんのこと，「ロボット・AI 法各論」の検討においても参照可能性があると考えている。

Ⅴ　ロボットが普及する社会と行政規制

CHAPTER 5

参考文献

本文中に掲げたもののほか，

福田雅樹＝林秀弥＝成原慧〔編著〕『AIがつなげる社会』（弘文堂，2017年）所収の諸論文および座談会。特に本章との関係が深いものとしては次の通り。

福田雅樹「『AIネットワーク化』およびその意ガバナンス」（同書2-44頁）

板倉陽一郎＝江間有沙＝クロサカタツヤ＝中西崇文＝成原慧〔座談会〕AIネットワーク化がもたらす影響とリスク――シナリオ分析の意義」（同書45-77頁）

横田明美「AI社会における行政規制・行政による AIの活用に向けて」ビジネス法務 2018年2月号80-81頁

なお，本章脱稿後，藤田友敬〔編〕『自動運転と法』（有斐閣，2018年）に接した。特に下記は本章との関わりが強いので参照されたい。

緒方延泰＝嶋寺基「自動運転をめぐる規制上の問題」（同書101-126頁）

CHAPTER 6

AI と契約

木村　真生子

は じ め に

　民法上，契約は人でなければ締結をすることができない。自然人であれ法人
であれ，人でなければ契約から生じる権利を行使し義務を果たすことができな
いからである。しかし技術の飛躍的な進歩によって，人同士の契約の間に人の
働きをする機械が割って入り，人の代わりに契約を交わす現象がみられてきた。
例えば，現代の金融市場での取引のほとんどはアルゴリズム取引と呼ばれるコ
ンピューターの自動取引によって行われている。個人投資家の中にも，自動売
買ソフトを使って株式を売買したり，ロボ・アドバイザーを利用して資産運用
を行ったりする者が増え始めた。

　アルゴリズムでは問題や作業を行うための処理を，一段階ずつ完全で精密な
命令列によって記述するため，人があえて調整を行う必要がない。そうすると，
アルゴリズムを利用した取引は，コンピュータープログラム同士が人の関与な

しに交信を繰り返す現象にすぎないようにもみえる。にもかかわらず，コンピューター通信によって行われるこのような取引は，現実には「契約」としてコンピューター利用者を法的に拘束する。しかし，欧米においてもまたわが国でも，契約の成立には申込みと承諾の意思表示が合致することが少なくとも必要である。そうだとすると，意思をもたないコンピューターが電子データを取り交わす現象は，どのように考えれば契約の成立があるといえるのだろうか。たしかに，民法典は合意によらない契約の成立を認めているが（民法527条），コンピューター端末による契約が社会的に重要な意義をもっている今日では，明示の意思表示なしに契約の成立が認められることができると考えられるかどうかについてはよく考えてみる必要がある。[1]

　一方で，近年の証券市場では，コンピューターによって相場操縦のような不公正な取引が行われていることが指摘され始めている。仮にこのような取引がコンピューター利用者の意思とは無関係に行われたとしても，コンピューター利用者は契約から生じる義務を負担しなければならないだろうか。さらに進んで，高度なレベルの知性と相互接続性を備えたAIが，あたかも人のように自立的に取引を行う場合，AIに法人格を与え，代理人として契約責任を負わせるようなことも考えられるのだろうか。

　本章では，機械化や自動化が進む取引社会において，機械が契約の主体となれるのか，なれない場合でも，代理人のように，主体と分離した存在と位置付けて行為すると考えることができるのか，それとも従来の民法の枠内で人と機械，機械同士の相互作用を「契約」として捉えるべきなのかを探求する。より具体的には，コンピューター，ひいてはAIを介した契約の要素となる申込みと承諾をいかに認定すべきか，契約の成立をどのような論拠によって基礎づけるべきかを明らかにする。まず以下のⅡで，コンピューターによる自動取引の現状をみていくことにしよう。

---

1)　大村敦志『新基本民法5　契約編』（有斐閣，2016年）32頁。

アルゴリズム取引と現代的な契約

1 アルゴリズム取引——契約の自動化の進展

　外国為替取引市場やデリバティブ取引市場など，現在の金融市場で行われる取引はその多くがアルゴリズム取引であるといわれている。人知の及ばないスピードで注文の発注とキャンセルを繰り返す HFT（High Frequency Trading）による超高速取引もその一種である。金融証券市場におけるアルゴリズム取引とは，市場の動向に応じて，コンピューターシステムが売買注文のタイミングや価格・数量などを決め，人手を介さずに行う自動的な売買をさす。

　コンピュータープログラムによる自動取引は，1967 年にアメリカで Instinet が考案したシステムに始まる。当時のシステムは，機関投資家がニューヨーク証券取引所のスペシャリストと呼ばれるエージェント（取引所の会員業者）を介さずに，大量取引を発注できる組織的なネットワークとして存在していたにすぎなかった。しかし人手を介さない自動取引への需要は徐々に拡大し，伝統的な取引所に代わり，電子取引システムによるデータのやり取りを通じて仮想の注文板が形成され，主要な取引銘柄が一つのプラットフォームで売買できる「サイバー取引所」なるものも形成されてきている。[2]

2 自動化された取引から生ずる問題

　アルゴリズム取引は市場に流動性を供給し，価格発見機能を高める点で取引コストを上回る利便性がある。しかし利点ばかりではない。例えば，突然システムトラブルが生じ，その原因が究明されないまま価格の乱高下が起こると，市場に与える影響は予測がつかないほどの拡がりをみせる。アメリカでは，

---

[2]　(D. M. Gallagher, *More over Tickertape, Here Comes the Cyber-Exchange: The Rise of Internet-Based Securities Trading Systems*, 47-3 Catholic University Law Review 1009 (1998), at 1043-4, note 207)

2010 年 5 月，システムトラブルが一因となってフラッシュクラッシュと呼ばれる株価の瞬間暴落が起き，市場に脅威を与えた。また，2012 年 8 月には，マーケット・メーカーのナイト・キャピタル・グループが，アルゴリズム取引のトラブルで経営危機に陥るほどの損失を出している[3]。

さらに，コンピューター・アルゴリズムから出された指示に基づいて，わが国の「見せ玉」に相当するレイヤリング（layering）やスプーフィング（spoofing）のような相場操縦行為も行われているという。2013 年 7 月，FCA（英国金融行為規制機構）は，米国の投資家マイケル・コーシャ氏による欧州エネルギー商品先物市場での取引が，HFT によるレイヤリングであったと判断し，相場操縦の罪で 90 万米ドル余りの民事制裁金を課した。また，CFTC（米国商品先物取引委員会）は，同氏とその運用会社パンサー・エナジー・トレーディングに対し，2011 年に 2 か月以上にわたりスプーフィングを行ったとして，280 万ドルの民事制裁金等を課した上で，商品先物取引を行うことを 1 年間禁じた。CFTC はその後も HFT による不公正取引を監視し続けている[4]。

❸ 規制当局の対応

HFT 戦略をとるアルゴリズム取引がもたらす弊害を除くために，アメリカでは 2010 年頃から，FINRA（米国金融取引業規制機構）や SEC（米国証券取引委員会）が市場アクセスの方法や取引ルールを変更することなどを通じて，さまざまな対応を行ってきた[5]。また，2011 年 10 月には，IOSCO（証券監督者国際機構）が「技術革新が市場の健全性・効率性に及ぼす影響により生じる規制上の課題」に関する最終報告を行い，HFT のような最新の技術的変化が金融シス

---

3) 吉川真裕「ナイト・キャピタルのアルゴ暴走——超高速コンピューター取引のリスク」証研レポート 1674 号（2012 年）14 頁以下。

4) その他の摘発事例については，金融先物取引業協会「米欧の相場操縦等規制制度と摘発事例」会報 99 号（2013 年）61 頁以下などを参照。なお，監視の精度を上げるため，イギリスのように，規制者側も AI を利用して高速アルゴリズム取引に対峙する RegTech の促進を検討する国もある。

5) 清水葉子「HFT，PTS，ダークプールの諸外国における動向——欧米での証券市場間の競争や技術革新に関する考察」金融庁金融研究センターディスカッションペーパー DP2013-2（2013 年）30 頁以下。

テムにもたらすリスクを軽減するため，取引管理メカニズムの導入や市場阻害行為への適切な措置を図ることなどの5つの提言を行った。

これを受けて，2012年，CFTCは商品取引所法を改正し，ドッド゠フランク・ウォール街改革・消費者保護法（ドッド・フランク法）753条（改正後商品取引所法6条c(1)およびCFTC規則166.3）において，CFTCが相場操縦や詐欺的行為にかかる強力な訴追権限をもつことなどを規定した[6]。また，EUにおいても，域内の金融商品や市場に関する規範を定めた金融商品市場指令（MiFID：Market in Financial Instrument Directive〔2004/39/EC〕）を2014年に改訂し，投資会社によるアルゴリズム取引を規制当局が把握できるように，さまざまなルールを課すことを決めた[7]。わが国においても，2017年5月に成立した「金融商品取引法の一部を改正する法律」において，アルゴリズム高速取引を行う投資者に対して登録制が導入され（金融商品取引法66条の50～66条の54.），規制当局はこのような高速取引行為者（同2条41項・42項）に対して報告徴取や立入検査などの監督権限を有することとされた（同66条の60～66条の67）。また，金融商品取引所も取引の公正と投資者保護の観点から，高速取引行為者の調査等の必要な措置を講ずる権限を与えられている（同85条の5）。

「人」と「機械」の相互作用から契約は生まれるか

1 「人」と「機械」による取引と契約法の関係

行政規制や自主規制など，アルゴリズム取引の取扱いに関する種々のルール

---

6)　*See* Section 753 of the Dodd-Franck Wall Street Reform and Consumer Protection Act, amended section 6(c) (1) of the Commodity Exchange Act.
7)　*See* Markets in Financial Instruments (MiFID II) – Directive 2014/65/EU, Article 17. なお，MiFID IIにおけるアルゴリズム取引規制を解説したものとして，横山淳「MiFID IIのアルゴリズム（HFT）規制とわが国金融商品取引法へのインプリケーション（第7章）」証券経営研究会〔編〕『資本市場の変貌と証券ビジネス』（日本証券経済研究所，2015年）213頁以下を参照。

を定めることは，結果として市場の公正や公平が確保されることにつながっていくかもしれない。しかしコンピューター・アルゴリズムや AI が自動的に行う取引をそもそも契約としてどのように位置付けるべきかは，理論上必ずしも明らかではない。なぜならば，民法典には契約の成立に関する明文の規定がなく，「申込み」と「承諾」がどのように認定されるかは定かではないからである。つまり，申込みと承諾の意思表示の合致による合意の形成という伝統的な意思理論の下では，意思を有しないコンピューターが相互にデータを送受信することをもって，従来どおりの契約とみなせるかどうかを説明することはそれほど容易ではない。

　そこで，自動販売機などの単純な機械との取引から，複雑なインターネット取引に至るまで，技術革新の過程に応じて「人」と「機械」が交錯する取引が，これまでわが国の契約法上どのように理解されてきたのかについてみることにする。なお，上記でみたような証券市場におけるアルゴリズム取引は「多対多」の取引であるため，多数当事者契約の問題を考慮する必要があるが，本章では話を単純化するために，一対一の取引を念頭において検討を進める。

2　単純な機械と人との取引 —— 自動販売機による売買

(1)　学説の考え方

　自動販売機による商品等の販売は売買契約の一種である。したがって，契約（法律行為）が成立するためには意思表示の合致が不可欠である。しかし意思表示を行う主体が自動販売機であるとすると，意思の欠如した機械が行為者となるために，論理的には意思表示に瑕疵があることになり，契約は不成立となる。他方で，取引の安全を考慮すれば，自動販売機そのものに意思を観念すべきではないということになり，他の何らかの方法で契約の成立を観念することが必要になる。

　そこで，学説では，ドイツ法の理論を基礎として，自動販売機による売買を「事実的契約関係」の理論によって説明する試みが行われた。[8)]これは，意思を有しない機械が意思表示を行うという論理矛盾の解明に終始することなく，契約の当事者が契約の法的な拘束力を受けることが社会的な取引慣行として確立

していると考えることによって，実質的な解決を図るものである。しかし考えてみれば，自動販売機はもっぱら売主が経費を節減するために設置されたものである。にもかかわらず，偶然硬貨が手元になければ自動販売機を使うことができず，機械が故障して釣り銭が戻ってこないときは代金の取られ損になるなど，不利益が購入者に転嫁されることもある。このように，「事実的契約関係」の理論は取引の保護を重視するあまり，当事者の一方の利益を過度に保護している側面があり，バランスに欠ける。[9][10] このため，自動販売機による売買では，自動販売機を設置するという行為の中ですでに設置者の意思表示が行われているとする考え方が支持されるようになった。[11] この見解によれば，機械の設置者や売主は，買主に対して直接の意思表示を行わないものの，そこで表示された価格こそが設置者の意思を表し，黙示の意思表示が行われていると考えることができる。

(2) 判例の考え方

大阪地裁平成 15 年 7 月 30 日判決（金判 1181 号 36 頁）は，自動発券機の故障のために，勝馬投票券の購入を妨げられた原告（X）が契約の成立を争った事案である。本判決で裁判所は，契約締結主体はあくまでも設置者であり，設置者が自動発券機の作動を通じて意思表示を行っていることができるとする判断を下した。つまり，被告（Y）による勝馬投票券の自動発券機の設置は「申込みの誘引」であり，X がこれに現金と投票カードを投入した時点で，X による本件契約の申込みの意思表示があったと認められるとした。そして，自動発券機の画面上に「計算機に接続しています」という表示が現われた時点で，Y が

---

8)　河上正二「事実的契約関係論を機縁に——事実から契約は生まれるか」法学教室 164 号（1994年）47 頁。

9)　石田喜久夫「現代契約法の諸問題第 1 講　問題考察の視点——事実的契約関係論に即して」法学セミナー 290 号（1979 年）45 頁。

10)　自動販売機による取引を含め，電車やバスなどの交通機関の利用関係や，電気・ガス等の供給の法律関係を事実的契約関係論によって処理することについては，私的自治の原則との関係および無能力者制度との関係から，これを否定する見解が多い。森孝三「事実的契約関係」遠藤浩＝林良平＝水本浩〔監修〕『現代契約法大系 第 1 巻・現代契約の法理(1)』（有斐閣，1983 年）229 頁以下等を参照。

11)　松本恒雄「電子社会の契約法」谷口知平＝五十嵐清〔編〕『新版注釈民法(13) 債権 (4)〔補訂版〕』（有斐閣，2006 年）300 頁，302 頁，内田貴『民法 I 〔第 4 版〕』（東京大学出版会，2008 年）38 頁等。

購入者の購入の申込みに対して承諾の意思表示を行い，これによって，Y と X との間で勝馬投票券の購入契約が成立すると解するのが相当であるとした。また，実際に勝馬投票券が発券されたこと自体は契約の成立とは関係がないともされた。

　判決によれば，自動発券機の作動を通じて，Y による承諾の意思を示すような表示が X になされたことは，自動発券機の設置者たる売主による契約上の履行行為への着手にあたり，その時点ですでに契約が成立しているものと解さざるを得ないという。[12]

　こうした判決の考え方は，比較法的にみるとドイツ法の考え方に近いように思われる。[13] すなわち，自動販売機の設置者である売主が商品を装置の中に収めるときは，あらかじめ「商品の引渡し時には一定の価格を請求する」という意思が装置の中に蓄積される。そして申込者としての買主が硬貨の投入口に現われたときに初めて買主が「契約の相手方」として具体化し，蓄積されていた意思が装置の中から引き出されて買主に対する意思表示が行われると考えるのである。このように考えることで，意思と表示の同時性や表示の明瞭性が担保される。ただし，この論理は自動販売機の機械的処理が設置者の事前の指示内容に従うかぎりおいて妥当するだろう。

３　複雑な機械と人との取引
——クローズド・ネットワークでのコンピューター通信

　コンピューターによる技術革新に伴い産業の情報化が進むにつれ，企業間の取引ではコンピューター端末を利用してデータを送受信するだけでなく，コンピューターシステムに取引条件を取り込むことで，加速度的に取引を進めるコンピューター取引の時代へと徐々に移行していった。

---

12)　大阪地判平成 15・7・30 金判 1181 号 40–41 頁。
13)　*A. Cordes*, Form und Zugang von Willenserklärungen im Internet im deutschen und US-amerikanischen Recht, Münster (2001), S. 16ff.

(1) ネットワーク型継続的取引

コンピューターで継続的に取引を行う企業間をネットワークで結び，通信回線を介して取引データをコンピューター端末同士で交換する取引の代表例がEDI（電子データ交換）取引である。[14] EDI 取引では，企業間ネットワークを構築する最初の段階で，基本契約とデータ交換協定，個別契約の３つの契約が取り交わされることが一般的である。個別契約では，商品の数量や価格など，いわば変数部分について合意を行えばよく，本来の意味での「契約的合意」は基本契約において行われ，[15] 取引上の判断やリスクは当事者間で共有される。このため，プログラムのバグやデータの誤処理も意思表示の瑕疵の問題とは無関係とされ，誤処理による損害は保険の利用をもって塡補される。[16]

このように，ネットワーク型の取引では，契約締結時に「人」が介在しない機械による取引であっても基本契約を基礎にして取引が繰り返されるため，意思表示の背後にある人の意思を容易に観念することができる。また，基本契約が存在する取引では，契約を締結する最終段階で意思決定がなされると考えるのではなく，人の意思決定のタイミングが契約のプロセスの最初の段階に移されていると理論づけることもできる。これは，契約の成立は契約の重要な部分が合意されたところで成立するという考え方にも沿う。[17] したがって，ネットワーク型の取引関係を構築した後はもはや契約の有効性を検討する場面はなく，構築されたシステムの中を情報が流れるだけであり，法的には契約の履行過程の問題に過ぎないと捉えることもできる。[18]

(2) コンピューター取引の大衆化

ビジネスを効率化し顧客へ迅速なサービスを提供するために，コンピューターの大量高速処理ができる通信技術を組み合わせることで，事業者と消費者との間にも，機械と人の相互作用で完結する取引が普及してきた。コンピュー

---

14) 内田貴「情報化時代の継続的取引」星野英一先生古稀祝賀『日本民法学の形成と課題　下』（有斐閣，1996 年）727 頁。

15) 内田貴「電子商取引と民法」『債権法改正の課題と方向』別冊 NBL51 号（1998 年）310 頁。

16) 夏井高人『裁判実務とコンピューター──法と技術の調和をめざして』（日本評論社，1993 年）63 頁以下。

17) 中田裕康『契約法』99 頁以下（有斐閣，2017 年）。

18) 平田健治『電子取引と法』（大阪大学出版会，2001 年）53 頁を参照。

III 「人」と「機械」の相互作用から契約は生まれるか

ターシステムを利用した契約では，売買やサービス，物流，決済など，取引に
かかるすべての条件がコンピューターによりあらかじめシステム化されている。
これは，コンピューターシステムの決定や変更について権限をもつことのない
当事者があらかじめ決められた条件をそのまま受け入れなければならなくなる
ことを意味する。

　情報社会の基盤を作る契約はシステム契約と呼ばれ，契約の当事者は当該契
約に参加するかしないかだけを判断するしかない。銀行で ATM（現金自動預け
払い機）を利用して預金を預け入れたり払戻しを受けたり，外国通貨の購入を
申し込む場合などがまさにその一例である。例えば，顧客が預金を引き出す際，
顧客と銀行は通常の弁済の代替手段として ATM を利用する。このとき弁済と
いう行為における当事者の善意や過失は，弁済の時点だけではなく，顧客すな
わちシステム利用者に対するシステムの構築・運営者の付随義務違反ないしシ
ステム上のリスク分配の問題として捉えられなければならない。[19] システムの
構築・運営・利用の各段階で発生しうる事故リスクの負担者は，調査や予防，
リスクの分散を最も効率的に行うことができる者（最安価損害回避者）であるこ
とが望ましいからである。[20]

　しかし仮にリスクが顕在化した場合，法的にはどのような解決を図ることが
望ましいだろうか。これについては，まず，土地の工作物における「設置管理
の瑕疵」（民法 717 条）の問題として扱うことが考えらえる。[21] また，取引の仕組
みを「システム利用上のサービス」という「モノ」としての契約として捉え，[22]
商品売買における瑕疵担保責任の法理を当てはめた上で，システムの品質や性
能に関する担保責任として位置付けることも検討された。[23] これらの考え方は
いずれも本来備えるべきシステムの安全性に問題があったとすることから出発
している。

19）　このような考え方を支持するものとして吉田光碩「CD による無権限者への支払いと民法 478 条」
　　　判タ 704 号（1989 年）74-75 頁。
20）　岩原紳作『電子決済と法』（有斐閣，2003 年）160-162 頁，187-188 頁，同「資金移動取引
　　　の瑕疵と金融機関」国家学会〔編〕『国家学会百年記念 国家と市民 第 3 巻』（有斐閣，1987 年）
　　　223 頁等。
21）　河上正二「キャッシュ・ディスペンサーからの現金引出しと銀行の免責──現代契約法における
　　　『契約のしくみ』考」鈴木禄弥＝徳本伸一〔編〕幾代通先生献呈論集『財産法学の新展開』（有斐閣，
　　　1993 年）360 頁。

また，契約の締結やその履行行為をすべて引き受けた「履行補助者」にコンピューターシステムを見立てることで，履行補助者の善意・無過失を観念し，契約締結の有効性の問題を検討するということもあり得る。しかしコンピューターはプログラムの指令どおりに作動するだけの存在である。仮に過失が客観化することができるとしても，コンピューター自身について独立した「行為」や「判断」を観念することはできない。そもそも機械は意思能力を有する存在ではなく，機械について信頼や過失の有無を考えることには意味がない[24]。

⑶　ま と め

　EDI取引のようなクローズド・ネットワークで行われるマシンツーマシン（Machine to Machine）取引では，事前に契約当事者の権利義務が定められており，契約の成立から終了までの契約プロセスが，あたかも組織の中で業務プロセスを遂行するかのように展開される。一方で，ATMサービスのようなマンツーマシン（Man to Machine）取引では，事前に作られた契約の仕組みに人が加わるか否かを決定する余地だけが残される。このため，システム化された現代社会では，契約の成否を説明するために，合意原理を不可欠の構成原理として堅持できないのではないかとする指摘がある[25]。

　もっとも，このような契約が許容されているのは，クローズド・ネットワークでの取引の本質が継続的取引であるからである。また，契約書の作成や当事者間の交渉にかかるコストを削減するために機械処理が容認されているのも，当事者間に信頼関係があることによる。コンピューターシステム取引においては，自動販売機を介した単純な売買契約のように，事実の評価のみによって契

---

22)　伝統的法理の形骸化を批判する立場から，契約全体を一種の「商品」とみなす考え方はアメリカにも存在する。ただし，この理論が適用されるのは，相対取引でありかつ契約条件に関して複雑な交渉を要しない単純な取引が対象とされている。この理論枠組みのメリットは，当事者の意思表示の合致を前提とせずに契約を成立させることができることにある（J. J. A. Burke, *Contract as Commodity: A Notification Approach*, 24 Seton Hall Legislative Journal 285 (2000), at 294-303）。

23)　山下友信「銀行取引と免責約款の効力」石田・西原・髙木三先生還暦記念論文集刊行委員会〔編〕『石田喜久夫・西原道雄・髙木多喜男先生還暦記念論文集（下）金融法の課題と展望』（日本評論社，1990年）189頁。

24)　河上・前掲注 21) 358-359頁。

25)　山本敬三『民法講義 Ⅳ-1 契約』（有斐閣，2005年）42頁。

Ⅲ　「人」と「機械」の相互作用から契約は生まれるか

約の成立を考えることはもはや適切ではなく，システム取引が稼働する前段階でのシステム構築者およびシステム運営者の契約締結に向けた意思が重要なのである。一方で，自動販売機を介した取引に比べてより複雑さを増したコンピューター取引では，機械が人の作業や機能を分担する存在として，より大きな機能を発揮していることに注意をしなければならない。

　サイバネティクスの考え方に基づくと，このような現象は，人と機械が全体として一つの「人間機械系（man-machine system）」というシステムを構築し，情報の受容・解釈・発信という行為を成り立たせているものと解することもできる。[26] この情報と制御のモデルにおいて，人は「舵取り」[27]として主体的に情報を制御するが，コンピューターは記憶装置としての消極的な役割を果たすに過ぎない。コンピューターは一般の機械に比べて複雑で抽象的だが，再現性に基づく静的な存在であるという点においては一般の機械と変わらない。[28] このようにしてみると，人と機械の相互作用による取引においては，最安価損害回避者として，システム化を企図したシステムの構築者およびシステム運営者にかかる注意義務や責任がより厳格にみられなければならないことがわかる。

　この点，マンツーマシン取引から生じた債務不履行責任を，工作物責任や瑕疵担保責任の問題と解した上で，機械の背後にいる人に責任を負わせるべきだとしてきた学説の見解は説得的である。マシンツーマシン取引においては，コンピューター取引に関わる両当事者が，リスクや費用の分配についてあらかじめ合理的なルールを定めておくことが不可欠になる。[29]

4　オープン・ネットワークでのコンピューター取引

(1)　インターネットの登場で生まれた新たな問題

　クローズド・ネットワークで独自のシステムを利用して取引を行う場合とは異なり，オープン・ネットワーク，すなわちインターネット上での取引は，利

---

26)　杉田元宜『サイバネティックスとは何か』（法政大学出版局，1973 年）77 頁。
27)　サイバネティクスの語源はギリシャ語の「舵取り」であり，舵取りとして人間が主体的に絡むことを意味する。
28)　西垣通『ビッグデータと人工知能』（中央公論新社，2016 年）107-108 頁。
29)　内田・前掲注 14) 758 頁を参照。

用されるシステムが社会的なインフラとなっており，取引参加者も匿名である。また，取引は一般的に継続的な取引でないことが多く，当事者間に基本契約や合意が存在していることは稀だ。もっとも，電子(商)取引に関するわが国の支配的な見解によれば，電子(商)取引と従来の契約の間に決定的な差異はなく[30]，電子(商)取引の解釈にあたっては概ね既存の法理を適用し，意思表示の認定は柔軟に行えば足りるとされている。

しかし，インターネット上でコンピューターが意思表示を自動的に行う場合，少なくとも次のような問題への対応をあらかじめ検討しておく必要がある。第一は，コンピューターと向き合う人が誤操作をした場合，契約の成否はどのように考えられるべきかという問題である。第二は，機械側が誤作動した場合の契約の成否にかかる問題である。また，第三に，コンピューターが行う契約の有効性を導くために，コンピューター側の意思表示を理論上どのように考えるべきかという問題がある。

第一および第二の問題については，平成13年に「電子消費者契約及び電子承諾通知に関する民法の特例に関する法律」(平成29年民法改正後の名称は「電子消費者契約に関する民法の特例に関する法律」。以下，「電子消費者契約特例法」という) 等が制定されることで一応の解決をみた。すなわち，事業者が確認画面を設けなかった場合，誤操作によって契約を締結した消費者は，民法95条但書き (平成29年民法改正後は95条3項) にかかわらず，重過失があった場合も契約の無効を主張することができる (電子消費者契約特例法3条)。なぜならば，事業者 (コンピューター側) が消費者の意思の確認を求めるために適切な措置を構ずる義務を怠っている場合 (最終確認画面を設けていない場合など)，事業者が，申込者が錯誤に陥ることを意図していたとも考えられ，そのような場合，事業者を保護する必要がないからである。また，事業者は特定商取引法14条および同法施行規則16条により，行政法上の観点からこのような行為義務を遵守することが要求されている[31]。

---

30) 野村豊弘「民法の基本概念の変容と再構築・情報 情報——総論」ジュリスト1126号 (1998年) 177頁，電子取引法制に関する研究会 (実体法小委員会) 報告書 第4電子取引における民法上の問題点 (2000年)，平田健治「電子的手段による意思表示等」松本博之＝西谷敏＝守矢健一〔編〕『インターネット・情報社会と法：日独シンポジウム』(信山社，2002年) 309頁以下など。

一方で，第三の問題については，機械で自動処理される電子（商）取引におけ
る意思表示が，どのような根拠に基づいて認定され，契約の成立を導くのかに
ついては必ずしも明らかではない。おそらく，それは次のような理由による。
第一に，急速なインターネット取引の拡大により，電子（商）取引における意思
表示の瑕疵の問題を解決することが急務となり，その対応が優先されたことで
ある。その結果，行政規制や民法の特別法の制定等によって当面の問題が解決
され，電子（商）取引の成立について議論する意味が次第に薄れていき，電子
（商）取引に関して意思表示の要件を分析する必要性が失われていった。第二に，
わが国の民法が，ヨーロッパ法学に倣い過度に「体系」に執着し，心理学的な
分析に基づき意思表示の構造分析を行うことについて批判がある中で，[32]表示
意思[33]（意思表示により最終的に認められる法律効果に対応する「効果意思」〔真意〕を
外部に表示しようとするもので，表示行為と効果意思を媒介する）を意思表示の構成
要素とみなさないとする考え方が，わが国で支配的になっていたことが挙げら
れる。[34]またそもそも，わが国では契約の要素となる申込みと承諾の中身に立
ち入らずに，これらを確たるものとして意思表示の存在を措定し，その上で契
約の成立の問題を論じてきたという経緯がある。[35]

(2) 契約締結の自動化現象が投げかけた「意思理論」への問い

　ところが，コンピューター技術の進化は「意思理論」や「契約の成立」の問
題に対して原理的な再考を促しているようにみえる。なぜならば，コンピュー
ターの記憶装置が人の意思を蓄えることを可能にしたことで，表示行為の際に
人が直接関与をしなくなり，効果意思と表示（行為）を橋渡しする表示意識（表
示意思）が欠如するという事態を招いたからである。ドイツでは，表示意思が

---

31) インターネット通販では，主務大臣が事業者に対して，クリックボタンを設ける際に有料申込み
　となることを分かりやすく表示させ（特商法施行規則 16 条 1 項 1 号），申込者が申込み内容を容易
　に確認・訂正できる画面に変更すること（同項 2 号）を求めることができる。
32) 平井宜雄「前注（§§90 〜 98）Ⅵ 法律行為の構造」川島武宜〔編〕『注釈民法 (3) 総則 (3)』（有
　斐閣，1973 年）28 頁以下，内田・前掲注 11）46 頁など。
33) 山本・前掲注 25）120 頁を参照。
34) 我妻栄『新訂・民法総則』（岩波書店，1965 年）271−272 頁，平井・前掲注 32）30 頁，幾代
　通『民法総則〔第 2 版〕』（青林書院，1984 年）237 頁，四宮和夫＝能見善久『民法総則〔第 8 版〕』
　（弘文堂，2010 年）197 頁など。

なければ意思表示が無効となり，錯誤のルールが機能しなくなるおそれがあるとされたことから，[36]自動化された意思表示は原則として常に人に帰属させねばならないという規範を明確化する必要に迫られた。

　これに対してわが国では，意思表示の成立に表示意思が必要であるかどうかについては必ずしも意見の一致をみていない。[37]すなわち，表示意思を不要とする見解に立てば，機械により作出された表示は常に意思表示として成立するが，表示意思が必要だとする見方では，表意者の自己決定を重視するため，表示意思がなければ意思表示は成立しない。例えば，インターネット取引で，他人がプログラミングしたコンピューターに表意者が意思を蓄え，その蓄えから意思を表示として作出するように指示し，その後コンピューターが自動的に作動して表示を行う場合を考えてみよう。このとき，意思と表示の間には時間的なずれが生じている。そしてそのずれは，意識のずればかりでなく，帰責意識の希薄化を招くおそれがある。つまり，表示意思が不完全になっているのである。[38]これを錯誤の問題としてみた場合，表意者は表示をする前に実態を把握することができることから，表意者には過失があるため錯誤の主張は認められずに契約は成立してしまう。ところが，表示意思が必要だとする立場に立てば契約は不成立となる。

　また，電子(商)取引では，コンピューターの背後にある取引の成立に向けられた当事者の意思の存在を一応は認めることができるとしても，機械そのものに善意・悪意，過失のような主観的事情を考慮することができないため，民法の予定するリスク配分をそのまま適用することができないという問題もある。[39]

---

35) 河上正二「『契約の成立』をめぐって㈠——現代契約論への一考察」判タ655号（1988年）14 −15頁。

36) *C. Süßenberger*, Das Rechtsgeschäft im Internet (2000), S. 55.

37) 表示意思の必要性を唱える見解として，例えば，佐久間毅「意思表示の存在と表示意識」岡山大学法学会雑誌46巻3=4号（1997年）321頁以下，磯村保「意思表示」石田喜久夫〔編〕『現代民法講義1』（法律文化社，1985年）120頁以下がある。

38) 蓄えた意思の中から，意思を表示として作出する指示をあらかじめ出しているのであれば，表示意思があったと評価することもできるという考え方もある。なお，今日の学説は，一方の意思表示に不完全さがあれば，それで直ちに契約が無効になると考える傾向にある（大村敦志『新基本民法1 総則編』（有斐閣，2017年）63頁。

39) 松本・前掲注11）312−313頁。例えば，心裡留保や虚偽表示は，機械の側の悪意や過失が問題とはならないので，この点に関する民法の適用はないことになる。

いずれにせよ，インターネット上での取引のリスクを減少させるためには，ネット上でのコンピューターによる契約締結行動を人に正しく帰属させ，契約責任を負うべき者に対してその責任を引き受けさせることが重要になる。しかしインターネット取引では，実態的・客観的にはコンピューターが契約の「締結行為者」となっており，「契約名義人」および「利益帰属者」として背後に人間が存在する構図となっている。通常であれば，契約の「締結行為者」と「契約名義人」・「利益帰属者」が分離した場合，前者を代理人とし，後者を契約当事者としてみることができるが，「人」ではないコンピューターを「代理人」とみなして契約の成立を導くことができるかどうかについては検討を要する。そこで，以下では，コンピューターを介した取引に代理法理を適用することの是非を議論したアメリカとドイツの状況をみることにする。

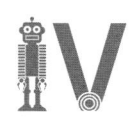

コンピューターは代理人となれるのか

アメリカとドイツの考え方

¶ アメリカ

(1) 代理法理の適用をめぐる議論

　アメリカでは，コンピューターを代理人として位置付けた裁判例（例えば，Automobile Insurance Co. v. Bockhorst）[40]があり，現在でも具体的な事案の解決のために，裁判所がコンピューターを代理人とみなす可能性はある。しかし現在の一般的な理解としては，コンピューターを代理人として構成することには以下に述べるような問題点があるとされ，アメリカ代理法第3次リステイトメ

---

[40]　State Farm Mutual Automobile Insurance Co. v. Bockhorst, 453 F. 2d 533 (10th Cir. 1972). State Farm 事件は，コンピューターにより誤ってなされた保険証書の復権処理の効果を自動車保険の販売会社が争った事案である。裁判所は，人が同様の決定を下すことが予想されるような状況で行われたコンピューターシステムによる決定は，本人を拘束することが可能な代理人の行為とみなせるとして，コンピューターが発行した保険証書の復権通知を有効であるとした。

ントの解説においても，コンピューターを代理人とは位置付けないという立場が鮮明にされている。[41]

第一に，コンピューターは人ではないため代理関係を想定できないこと，第二に，代理人は第三者との関係で契約上の義務を自ら負わなければならないが，コンピューターには事実上契約から生ずる義務を負担する能力がないこと，第三に，代理人に故意・過失がない場合でも代理人の不法行為責任は本人が負うため，その場合に本人の負担が過大になり過ぎることである。[42]

また，契約責任の帰属先がコンピューターの利用者（ユーザー）に限定されることにも批判がある。[43] コンピューターの誤作動の原因がプログラム・エラーによる場合もあれば，ウィルス感染による場合もあり，その場合には利害関係者全員で契約責任を負担することが適切な場合もあり得るからである。

そこでアメリカでは，コンピューター自身が主体的に契約の締結行為をする存在であると擬制した上で，契約の成立の問題と契約の効果帰属の問題を切り離し，立法によって問題を解決する方法を選択した。すなわち，成立した契約の権利義務関係を明確化するために，原則としてコンピュータープログラムの利用者に契約の効果が帰属することを前提として，契約はコンピューター（「電子エージェント：Electronic Agent」）のやり取り（相互作用：interaction）によって成立するとしたのである。このような契約締結の仕組みは，統一電子取引法（UETA），統一電子情報取引法（UCITA），統一商事法典（UCC）第2編の中で具体的に規定されている。それでは具体的にどのような規定が置かれているのかをみるために，以下でUETAを取り上げる。

(2) UETA──自動契約に関する規律

UETA は同意を基礎とする伝統的な契約締結の概念を基礎として，契約の形成に必要な意図は，機械をプログラミングしそれを利用するという行為から

---

41) *See* Restatement (Third) of Agency §1.04.
42) D. S. Kleinberger, *Agency and Partnership: Examples and Explanations*, Little Brown and Co., (1995), at 134-136.
43) The ETA Forum, Drafting Committee Meeting Report on February 19-21 (1999), §116.
アメリカ法における議論の詳細については，木村真生子「契約の自動化に関する一考察──インターネット上の『エージェント』」筑波大学博士学位審査請求論文（2006年）46頁以下を参照。

派生するという考え方から出発している。[44)]

　まず，UETA 2 条(6)項は，「電子エージェントは，その全部または一部について人間の関与なしにある行為をし，または電子記録もしくは電子的な機能に対して応答するために独自性を有するものとして使用されるコンピュータープログラムまたは電子的もしくはその他の自動化された手段を意味する」[45)]と定義する。本条のオフィシャル・コメントによれば，「電子エージェントは単なる機械であり，人と電子エージェントの関係は代理関係ではなく，道具と人の単純な関係でしかない」[46)]とされ，代理法を適用せずに，道具の使用に関する一般的なルールから実質的な帰属の根拠が導き出される。つまり，道具はそれ自身が独立した意思をもって行為をすることがないため，道具の利用者がその利用によってもたらされた結果について責任を負うことになる。ただし，電子エージェントの責任は道具としての機能，つまり，あらかじめプログラムされた技術的な制限の範囲で作動可能なものに限定される。

　一方で，UETA 9 条は，電子エージェントを介在させた取引に関する法律効果の帰属の問題を取り扱う。[47)] 同条 a 項は「電子形態による記録や電子署名はその行為を行った者に帰属する」とし，b 項において，その法的な効果は，原則として，その記録や署名が作り出されたときの個別的な状況によって判断されるとする。

　その上で，UETA 14 条は自動契約の成立とその契約の有効性を定めている。同条 1 項はマシンツーマシン取引について，「当事者が利用する電子エージェントのやり取りにより契約は形成されるが，その際，電子エージェントの作動やその作動の結果につき当事者が不知である場合または再確認を行わない場合でも契約は原則として形成される」[48)]と規定する。この規定があることにより，

---

44)　UCITA ではさらに進んで，コンピューターにより同意表明が起こり，締結された契約には法的拘束力が生じるとしている（National Conference of Commissioners on Uniform State Laws (NCCUSL), Uniform Computer Information Transactions Act (1999) , § 107, at 73)。ただし，UCITA を批准した州は現在でもバージニアとメリーランドの 2 州にとどまる。

45)　NCCUSL, Uniform Electronic Transactions Act (1999), § 2(6), at 5.

46)　*Id*, at 8-9. *See also* T. Allen and R. Widdison, *Can Computers Make Contracts?*, 9 Harvard Journal of Law & Technology 25 (1996), at 43-49.

47)　*See* NCCUSL, *supra* note (45), § 9, at 31-33.

48)　*See* Id, § 14, at 43.

少なくとも意思をもたないコンピューターによる契約の形成は無効であるとする主張が排斥される。なぜならば，必要な意図はコンピューターのプログラミングとその利用によって生じていると考えることができるからである。なお，同条2項では同様に，マンツーマシン取引（クリックスルー取引）の契約としての有効性を定めている。

2 ドイツ

(1) 代理法の適用をめぐる議論

　前述したように，コンピューターによる自動取引は，意思表示を行ったときに表示意思が欠落するという現象を生み出す。つまり，コンピューターによって自動的に表示がされる場合，コンピューターの利用者は，コンピューターが独自で表示をするようプログラミングしておきながらも，実際にはコンピューターが法的効力を伴う表示をしていることについて認識が不確かになっているという状況が生じうる。表示意思のない意思表示による契約（法律行為）は有効であるとはいえないため，ドイツでは，コンピューターを介在させた取引に対して代理に関する規定を類推適用し，契約の成立を導くことができないかどうかが激しく議論された。[49][50]

　例えば，コンピューターを代理人とみなすことを支持する学説からは，コンピューターが意思表示を作り出して表示をするという行為は客観的に認識可能であることやコンピューターのダイナミズム，プログラムとデータメモリを基礎にして発展する可能性などを理由に，コンピューターを「履行補助者」として位置付けることができるという立場が示された。

　これに対して，コンピューターを代理人とみなすことに異議を唱える学説からは，ドイツ民法典（BGB）に解釈上の問題が生じることが指摘された。例えば，BGB 164条の代理に関する規定は，代理人が自己の責任により自らの意

---

49)　インターネット上のコンピューター取引にかかるドイツ法の議論については，木村・前掲注43) 93頁以下を参照。

50)　Vgl. z.B. *R. Schmidt*, Rationalisierung und Privatrecht, AcP 166 (1966), S. 21, J. Mehrings, Vertragsabschluss im Internet, in Hoeren/Sieber, Handbuch Multimedia Recht, 2. Aufl. (2003), Rdnr. 111.

思で他人の名に基づいて意思表示を行うことを定めるが，コンピューターは意思をもたないために「履行補助者」になることができない[51]。コンピューターは独自の意思で表示を行うことができないという意味で，不完全な独立性しかもたないからである。また，コンピューターを代理人として扱えば，取引の安全のために定められた無権代理人の責任に関する BGB 179 条の規定が意味をなさなくなる。すなわち，同条は，代理人を利用する本人が追認（事後承諾）しない場合，無権代理人自らが責任を負わなければならないと定めるが，意思も資力もないコンピューターがそのような責任を負うことはできない。

結局，コンピューターを代理人として契約の成立を観念するという考え方はドイツにおいても支持されなかった。しかしドイツでは新たな意思表示概念を作り，それをインターネット上での意思表示に対応させるようになった。

(2) 「コンピューター表示（Computererklärung）」という考え方

コンピューターによる意思表示行為を解釈するにあたり，学説ではまず，自動販売機による意思表示に対する民法典の解釈を応用することが検討された。しかし自動販売機が「意思の蓄え」の中から単純に決定を下すのとは対照的に，コンピューターは，「意思の蓄え」を所与の条件として，そこからさまざまな事情を勘案し，自らの計算に基づいて決定を下していくところに違いがある。このため，自動販売機による取引とコンピューターによる取引は同視できないとされた[52]。

その後，インターネット上の意思表示は，表示が行われるときの人の関与の度合いによって２種類に分類されるようになった。「電子的に伝達される意思表示」と「コンピューター表示」である。「電子的に伝達される意思表示」は，意思表示の作出時に人の関与がある場合をいう。例えば，オンラインショップの注文画面で必要な事項を書き込み，商品の申込みを行う際の買主の行為はこの類型にあたる。人の関与があるということは，人の意思を比較的容易に表示に帰属させることができることを意味するため，伝統的な意思表示概念を柔軟

51) *M. Kuhn*, Rechtshandlungen mittels EDV und Telekommunikation: Zurechenbarkeit und Haftung (1991), S. 66.

52) *W. Susat/G. Stolzenburg*, Gedanken zur Automation, MDR (1957), S. 146ff.

に適用させることで，契約の成立を導くことができるのである。これに対して「コンピューター表示」は，意思表示の作出時に人の関与がなく，意思表示という行為がコンピュータープログラムによって全自動化されている場合をさす。例えば，オンラインショップでの商品の売主側の行為，つまりコンピューターが返す自動反応がそれである。

たしかに，当初，コンピューター表示についても，表示意思の欠如が契約の成立にどのような影響を与えるかという問題は存在していたが，コンピューターを擬人化せず，コンピューターを自立的な決定が下せない「道具」と位置付ける見方が支配的になると，コンピューターによる表示は，コンピューターを用いて意思表示を行うコンピューター利用者に帰属させるべきだという規範が形成されていくようになった。[53]

その後，表示を受領する側の信頼保護と取引の安全を重視する立場から，コンピューター表示を人に帰属させるための判断基準に「危険責任」の考え方を取り込もうとする有力な見解が現れた。[54]「危険責任」とは，危険を発生させるものを設置・支配または管理している利用者は，それによって生じる損害について責任を負うべきだとする考え方をいう。これをコンピューター表示に当てはめた場合，表意者が表示意思を欠くことは，「表示に対する自己の態度の客観的意味を認識していない」ことを意味するため，このような危険が表意者の領域に由来するものであるかどうかがまず判断される。[55]より具体的には，コンピュータープログラムの利用開始時における利用者の認識や注意義務の程度を客観的に観察して，危険支配性の程度を測ることになる。

以上でみてきたように，コンピューターを介した契約について，ドイツではコンピューターを契約の主体とも主体と分離した存在としても位置付けていない。意思表示に関する解釈を精緻化することで，コンピューターを道具として利用する人が行う通常の契約として理解されている。

---

53) *H. Köhler*, Problematik automatisierter Rechtsvorgänge, AcP 182 (1982), S. 132ff.

54) *A. Wiebe*, Die elektronische Willenserklärung : Kommunikationstheoretische und rechtsdogmatische Grundlagen des elektronischen Geschäftsverkehrs (2002) , S. 200ff.

55) *C-W. Canaris*, Die Vertrauenshaftung im deutschen Privatrechts (1971), S. 190.

❸ ま と め

　オープン・ネットワーク上でのコンピューターによる取引，すなわちインターネット取引では，事前の合意や当事者間の信頼関係を基礎にして，契約法上の問題を解決することがむずかしい。このため，自動販売機の取引のケースと同様に，契約の成立や契約責任の帰属先を検討する必要性が再び生じる。また，インターネット取引は自動販売機による取引よりも複雑な取引であり，隔地者間取引としての契約上のリスクがより高まる。そこで，契約の効果をコンピューターの利用者である人に帰属させるために，コンピューターを代理人と位置付ける見方が生まれてくる。

　しかし，アメリカでもドイツでも，結局はコンピューターを代理人とみなす考え方をとらなかった。契約から生じる責任の最終的な負担者を考えた場合，現在の法理論の下では，コンピューターを代理人とすれば，コンピューター自身に契約責任を負わせることになりかねないからである。それよりも，コンピューターを単純に「道具」として理解し，人が道具を扱う際の「人」と「道具」の一般的な関係性において効果帰属を考えることの方により合理性が見出せる。したがって，コンピューターによって契約が自動化され，契約締結時に人が直接関与をしていなくても，コンピューターが行う行為をすべて人の意図に結びつけ，道具を扱う人の意思を前提にして，自動化された契約の成立を観念すればいい。このような立場は，商取引における国際的な認識を示すUN-CITRAL（国際連合国際商取引法委員会）の立場とも一致している。[56]

　契約の効果の観点から契約の成立を考えるという着想はわが国の有力な見解の中にもみられる。[57] 上記でみてきた英独の議論は，コンピューターを介した契約の成立の理論的な根拠をわが国において検討する際に参考になるだろう。

---

56) *See* UNCITRAL, *United Nations Convention on the Use of Electronic Communications in International Contracts* (2007), Article 8.

Ⅴ AIの出現

1 AIをめぐる契約の動き

(1) インターネット上のAI

　現在のインターネットでは，データとプログラムを一体化させ，メモリ自体に自立性をもたせて作動する「ボット（bot）」と呼ばれるソフトウェアエージェントが相互に協調して通信する「エージェント通信」が行われている。[58] エージェント通信で利用されるコンピュータープログラム（以下，「AI」という）は，従来のコンピュータープログラムよりも一層高い能力が備えられていると考えられている。

　例えば，人工知能の研究の流れを汲んで発展した「インテリジェント・エージェント」は，自らの意思決定原理（行動のプランニング）と意思決定機構に基づいて作動する。インテリジェント・エージェントは環境を観測し，把握した状況の下で，強化学習により，目標を達成するためにとるべき自己の行動を決定していく。また，「モバイル・エージェント」は，通信ネットワークを利用してコンピューター間を移動し，ユーザーの代わりに自立的に処理を実行するソフトウェアである。ネットワーク上を実際に移動して，必要な処理を行いながら発信元のホストコンピューターに戻り，ユーザーに処理結果を渡す。モバイル・エージェントはユーザーとの通信ができない環境においても，移動先のホスト上で自立的に判断を下して処理を行うことができる。例えば，旅行計画を立てるために設計されたエージェントは，ホテルや交通機関などのコンピューター端末に移動して予約処理を行い，そのデータを持ち回って最終的にユーザーのところに戻る。

　このように，環境に応じて自在に変化するAIは知的機能を有した「認知

57）　中田・前掲注17) 101頁。

58）　以下のエージェント通信の記述は，服部文夫＝坂間保雄＝森原一郎『エージェント通信』（オーム社，1998 年）59 頁以下を参照した。

ツール（cognitive tool）」となり，従来の「道具」と同視できない性質を有しているとも評価されている。[59]

(2) スマートコントラクト——自動化された契約の新たな展開

IT（情報技術）の進展により，自動化された契約はさらなる進化を遂げている。仮想通貨の流通で注目を集める「スマートコントラクト（Smart Contract）」は，契約過程をプログラム化し，自動的に実行し，ネットワーク上に保存する仕組みである。より正確にいえば，スマートコントラクトは優れた改ざん耐性のあるブロックチェーン（ネットワーク内で発生したすべての取引を記録する台帳情報〔データベースの一部〕を共通化して，データ連携を図る仕組み）上で動くエージェント・プログラムであり，さまざまな業務処理を記述するコンピューター・プロトコル（コンピューター間の通信における通信手順ないし通信規約）である。[60] もっとも，このような自動契約の仕組みは全く新しいものではなく，音楽や映像などのデジタルコンテンツの流通において，著作権等の侵害を防止するために用いられているデジタル権利管理（DRM）の方法ですでに利用されている。[61]

スマートコントラクトは契約の締結にかかるさまざまなコストを縮減させている点では評価されるが，スマートコントラクトの開発者がどのような意図の下でプロトコルの詳細を決めているのかは，ユーザーにとって必ずしも明らかではない。仮にユーザーが不当な契約を締結させられていると考えられる場合，業規制をかけて情報開示を徹底させるという考え方もあるだろう。しかし，信義則や消費者契約法の規定等との関係から誰がどのようにしてスマートコントラクトの修正の決定を促すのか，あるいは促すべきなのかについては，中央の管理者がいないシステムであるがゆえに不透明な点も多い。

---

59) *See* e.g. E. A. R. Dahiyat, *Intelligent Agents and Liability: Is It a Doctrinal Problem or Merely a Problem of Explanation?*, 18 ARTIFICIAL INTELLIGENCE & LAW 103 (2010), at 111.

60) ブロックチェーンの仕組みについては，NTT DATA による以下のサイトを参照（http://www.nttdata.com/jp/ja/services/sp/blockchain/mechanism/）。

61) T. I. Kiviat, *Beyond Bitcoin: Issues in Regulating Blockchain Transactions*, 65 Duke Law Journal 569 (2015), at 605.

2 AIを介した契約の帰趨

これまでの議論を踏まえると，コンピューターを介した契約の帰趨は利用者にあると一応は考えられる。そうすると，契約の締結行為者と効果の帰属先が一致することを前提に，契約の成立を観念することはできそうである。しかし，AIが利用者のコントロールを離れて予測のつかない行動をとると仮定した場合，AIは利用者の意思を反映して作動しているとは評価しがたい。このような状況においてまで，AI利用者の黙示の意思を前提にして，契約の成立を認めることが適切であるのかどうかについては疑問がないとはいえない。

そこで，欧米の学説の中には，AIを介した契約の成立を再び代理法理により基礎付ける試みが現れ始めている。[62] また，AIに法人格を付与し，AIが主体として契約を締結するという立論により，契約の帰趨を明らかにし，契約の成立を導こうとする考え方も存在する。

(1) AIを代理人として契約の成立を導く方法

アメリカにおいて代理制度は「代理人を利用することによって本人が利益を得るための制度」だと考えられている。AIの利用者が契約の履行過程においてコストの削減を図り，人によるエラーを減少させる効果を期待することは，まさに代理制度の目的に適う。また，アメリカでは，代理関係は契約関係とは異なる信認関係（fiduciary relation）の一つとされている。[63] 代理人と第三者との交渉の効果は一定の範囲で本人に帰属し，その帰属の効果は契約によっても変更されない。代理関係の認定は当事者の意図ではなく，法的にみて代理とみなされる場合には代理の効果が及ぶという原則は，AIが自立的に行う契約の効果を人に帰属させるというメカニズムを説明するのに都合がよい。さらに，代理における「隠れた本人の法理（非顕名代理）」[64] は，AIが本人である利用者の存在を相手方（第三者）に表示しない場合でも，取引の効果を本人に帰属させ

---

62) *See* e.g. S. Chopra and L. F. White, A LEGAL THEORY FOR AUTONOMOUS ARTIFICIAL AGENTS (2011), at 43-61.

63) *See* Restatement (Third) of Agency §1.04.

64) *See* Restatement (Third) of Agency §6.03.

ることができるという点で第三者の利益保護にも資する。実際に，UETA と
は対照的に，UCITA ではすでに AI の利用拡大性を視野に入れ，その 215 条
(a)において，電子データの帰属は代理法理その他の法理によるものと規定して
いる。[65]

　このように，AI を代理人と位置付けて契約の成立を導く考え方は，AI の権
限を逸脱した作動の結果から，AI 利用者の責任を限定するための手立てにな
ると考えられていることによる。[66] しかし，AI 利用者の責任を限定することが
できたとしても，AI が第三者のためにどのように契約責任を負うのかについ
ては，学説ではあまり明らかにされていない。代理法の対内関係（AI と AI 利
用者との関係）と対外関係（AI と第三者との関係）は密接不可分の関係にあると
して，修正を加えてまで代理法理を適用することに否定的な見解も根強くある。
[67] AI による契約の帰趨が判然としない中で，伝統的な代理法の枠組みの下で，
擬人化した AI が代理人として契約を成立させるという考え方にはまだ多くか
らの支持が得られていない。

⑵　AI に法人格を与える方法

　AI に法人格を与えることで電子データの帰属と契約の成否の問題を同時に
解決できるとする考え方がある。このアプローチを採用することの利点は，コ
ンピューターという機械に法人格を与え，直接契約の当事者とすることで，機
械の同意表明や本人への記録の帰属の問題を複雑化しないところにある。

　アレンとウィディッソンは，AI に法人格を付与することのメリットとして，
次の 3 つの理由を挙げている。[68] 第一に，AI は法的な保護を受けるに値する事
実上の資格（moral entitlement）を有しており，第二に，社会的な実体としても
認識可能である。また第三に，当事者間の法律関係の処理においても優れてい

---

65) NCCUSL, *supra note* (44), §215 (a), at 136, 138-39.

66) I. R. Kerr, *Ensuring the Success of Contract Formation in Agent-Mediated Electronic Commerce*, 1 Electronic Commerce Research 183 (2001), at 196.

67) *See* e.g. A. J. Bellia, *Contracting with Electronic Agents*, 50 Emory Law Journal 1047 (2001), at 1059-65.

68) Allen and Widdison, *supra* note (46), at 35-43. *See* also L. E. Wein, *The Responsibility of Intelligent Artifacts: Toward an Automated Jurisprudence*, 6 Harvard Journal & Technology 103 (1992), at 114.

る。AI が登録されれば契約の相手方にとっても利益があり，AI の帰属先がわかれば，契約が締結される前に AI の身元を確認し，その資力を確認することができると指摘する。しかし AI に人的な責任を負わせることは，機械に無限責任を負わせることでもある。AI に対して訴訟が提起された場合，資産を有しない AI の賠償能力に問題が生じる。これに対して，費用負担の問題は，人が AI に対して保険を掛けることにより解決できるという主張も現れている。[69)70)]

　たしかに，会社や船舶など，人ではない対象物に法人格を与えて法的な問題を解決する方法はこれまでにも存在してきた。しかしいずれの場合でも，法人格を付与された対象物は意思決定を自ら行わない静的な存在である。その前提があるからこそ，背後にいる人は法的責任を負うことができるのである。そうだとすれば，自ら意思決定を行うとされる AI に法人格を与えることは，そもそも人が責任を負担できる前提を欠く。従来の法人格付与の考え方を AI にそのまま当てはめることには慎重でなければならないだろう。

(3)　どのように考えるべきか

　AI を介した契約の成立を代理法理や法人格の付与によって基礎づけようとする考え方の根底には，AI の知的機能の進化を背景にして，AI を従来のコンピューターとは異なる存在として位置付けようとする見方がある。この立場を支持する論者は，基本的に，AI をもはや人が制御できない「道具」であり，「道具」を超えた存在と位置付けている。[71)] とりわけ，AI がホストコンピューターから離れて自在に動き，取り巻く環境に応じて自らを複製させたり消滅させたりする機能は，AI 利用者の制御可能性を疑わせるからであろう。たしかに，現在金融の世界を始め，インターネット広告やマーケティングの世界などで

---

69)　L. B. Solum, *Legal Personhood for Artificial Intelligences*, 70 North Carolina Law Review 1231 (1992); S. Wettig and E. Zehendner, *The Electronic Agent: A Legal Personality under German Law?*, Workshop on the Law of Electronic Agents (LEA 2002) selected and revised papers (2003), at 109.

70)　AI に法人格を与える考えを支持するカルノー (Karnow) は，"Alef" という電子的な航空交通システムの自立性が引き起こす問題を手がかりとして，AI に法的な責任を負わせるために，AI の登録制と保険制度による補償システムの構築を提唱している（C. E. A. Karnow, FUTURE CODES: ESSAYS IN ADVANCED COMPUTER TECHNOLOGY AND THE LAW (1997), at 128）。

71)　Dahiyat, *supra* note (67), at 110-112.

AIは利用され始めており，我々が契約を取り交わすさまざまな場所で，AIの予測や指令の下に我々自身が動かされている状況が垣間見られている。また，AIが多数のコンピューターにより多種多様なデータ群を分散処理することから，その作動の不透明性の高さが，AIを制御不可能だとする見方を裏付けている可能性がある。

しかしAIがいかに進化したとしても，AIは人が設計するものであることに変わりはない。それを踏まえた上で，我々は次の2つのAIの本質的な問題を考慮に入れておく必要がある[72]第1に，コンピュータープログラムであれ，ビッグデータ分析であれ，機械は所詮事前の論理的処理や過去のデータによって規定されている存在であり，臨機応変な措置がとれないこと，第2に，AIは問題解決をすることができても目標を設定することはできず，特定の状況で何が大切かという価値観は人に委ねられているということである。つまり，問題は，複雑になった機械，すなわちAIの利用者や管理者がどのようにAIを利用し，AIをコントロールするのかということをあらかじめ認識しておかなければならないところにある。

AIは他律的な機械であり，またAIに独自の法的責任を負わせることができない以上，従来のクローズド・ネットワークやオープン・ネットワークでの契約の成立の考え方は，AIを介した契約においても踏襲することができる。そして，株の自動売買であれ，ロボ・アドバイザーを利用した金融取引であれ，AIが行う行為はすべて道具を扱う人の意図に結び付けることができ，AIを利用して契約を締結させようとする人の意思を前提に，契約の成立を観念することができるのではないだろうか。上記IIでみたHFTをめぐる昨今の欧米やわが国の規制において示されたような，アルゴリズム利用者を登録制とし，利用者の財産的基礎を確保する考え方も，基本的にはこのような考え方を基礎としているように思われる。

---

72) 以下の記述は西垣・前掲注 28) 146 頁以下を参照。

おわりに

　AIはその技術的な構造上「エージェント」と称されることがあり，法の世界における「エージェント」，つまり代理人と同じ機能を果たし得るかのように理解されやすい。しかし上記で検討してきたように，AIを介した自動契約であっても，機械を扱う人の意思を前提にして，意思表示を擬制することができるというべきであろう。そして，そのようにして成立した契約の内容に齟齬（そご）があった場合に，契約をどのように確定させるべきかは，次の段階，すなわち，契約の解釈の問題として取り扱われることになる。

　また，AIを介した契約について生じる債務不履行責任が問題となれば，工作物責任（民法717条）や契約不適合（民法562条以下）の問題と解した上で，機械の背後にいるAI管理者の注意義務の存否や程度が検討の対象となるであろうし，AIユーザーが消費者契約法にいう消費者に該当する場合には，AI管理者の事業者としての情報提供義務の問題が検討されることになろう。[73] さらに，予測を超えたAIの作動結果に対するAI利用者の責任は不法行為法上（民法709条以下）の問題として処理すべき問題になり得るが，これらの論点の詳細な検討は別稿に譲りたい。

参考文献

岩原紳作『電子決済と法』（有斐閣，2003年）

太田知行「契約の成立」長尾龍一＝田中成明〔編〕『現代法哲学3 実定法の基礎理論』（東京大学出版会，1983年）189頁以下

河上正二「『契約の成立』をめぐって(一)(二)——現代契約論への一考察」判例タイムズ655

---

[73]　同旨について，森下哲朗「FinTech時代の金融法のあり方に関する序説的検討」黒沼悦郎＝藤田友敬〔編〕江頭憲治郎先生古稀記念『企業法の進路』（有斐閣，2017年）818-819頁。

号 11 頁，同 657 号 14 頁（1988 年）

経済産業省「電子商取引及び情報財取引等に関する準則」（2017 年）

山城一真『契約締結過程における正当な信頼——契約形成論の研究』（有斐閣，2014 年）

ロボット・ＡＩと競争法

カルテルを中心に

市川 芳治

1 ある事例から

まず，ひとつの事例について考えてみることとする。これは実際に生じた事案に基づいたものである[1]。

Amazon 社は，マーケットプレイス（Marketplace）と呼ばれる，オークションによって値段を形成する電子商取引の場を提供している（中古品だけでなく，新品の商品も数多く取引されている）。事業者はさまざまな商品を販売することができ，価格，配送決定のすべてをコントロールできるものとなっている。

この場では，事業者らは，商業用として入手できるアルゴリズムベースの価格設定ソフトを用いることができるようになっている。同ソフトウェアは，マーケットプレイス上で，特定の商品について競合する事業者の価格情報を収集し，当該事業者によって設定された価格で販売する機能を備えている。

このような前提のもと，当事案の事業者らは，自らが取り扱う，マーケットプレイス上で販売される美術ポスターの価格設定について，各々，非競争的な超過利潤を得られる状況が維持されるよう自動調整するアルゴリズムを採用したソフトウェアを用い，実際に価格は高止まりする形で維持された。

このような事案について，競争法の観点からどのように捉えるかが，本節の問題意識である。

---

1) Plea Agreement, *United States of America v. David Topkins* [April 30, 2015] 等から筆者作成。

2 競争法の思考枠組みとロボット・AI

競争法（日本においては独占禁止法）において，いわゆる競争は，需要者からの選択を受けるという前提のもと，競合事業者の出方をみつつ行われる，事業者（"人"）の創意工夫や努力の結果が，価格等の競争変数に現れるという仕組みとして認識されてきた。これを前提として，一定の「行為」要件と，市場への影響をみる弊害要件（対市場効果要件とも呼ばれる）の両者，そしてその因果関係をもって，違法性の評価が行われるのが一般的となっている。

例えば，先の事案も該当する，いわゆるカルテルである「競争停止」においては，行為要件では，当該事業者間の「意思の連絡」が要求され，弊害要件では，反競争性，すなわち，「市場支配的状態の形成・維持・強化」が求められる。

ロボット・AIの発展は，この「常識」に問い直しを迫る可能性があるとされる。競合事業者が何らかのコミュニケーションをして価格固定等を行うのではなく，一定のアルゴリズムをもったプログラムによって，当該事業者らの共通認識なく自律的に，外形的にカルテルと同等に評価できる状況に至った場合，競争法としてどのように捉えればよいのか，ということである。[2]

どのような形であれ，「競い合い」であるからには，「意思」＝"人為性"が存在するものであり，これまでの競争法で十分対応できるとする主張も根強い。実際に，先の事案では，当該事業者らは，価格の固定・維持について事前に合意し，手段としてソフトウェアを用い，その遵守のためのモニタリング等も行っていたことから，明確に"人"の役割が確認でき，「意思の連絡」が推定できるものとなっていた。

また，市場に生じた弊害（結果）のみで違法性を問うことを行うならば，競い合いの結果偶然生じ得る状況をも問題とすることになってしまうもので，ロボット・AIを活用したイノベーティブな競争の結果，最適効率の解に到達した状況であり，問題はないと評価すべき，という主張も説得的である。

---

2) 一般経済紙等でもこのような議論が記事となるに至っている。Policing the digital cartels, *Financial Times*, January 9, 2017,「デジタルカルテルの挑戦状　AIが価格調整，法的責任は」日本経済新聞（2017年4月2日朝刊）。

3 競争当局等の問題関心

近時，このような事案・議論が進む状況下，世界の競争当局等が思考実験を一歩進める傾向にある。

OECDでは，このようなソフトウェアを各々の事業者が自律的に判断して用いる事態となれば，コンピュータが自律的なコントロールを行う環境において，コミュニケーション等の"人為性"を見いだせないがゆえに，競争当局が捕捉不能な状況が生じることも想定されるとした[3]。

EUの競争当局である欧州委員会では，分野別調査と呼ばれる実態調査を行い，電子商取引分野では，同種のアルゴリズムを活用したソフトウェアの利用がすでに相当程度拡大していることを確認している[4]。米国の連邦取引委員会（FTC）の委員は，ソフトウェアが自律的に行動様式を形作ることができる機械学習の時代は「興味深いフロンティアであるのは間違いない」との評価を示すに至っている[5]。

4 基本への立ち返り

実は，"人為性"をめぐるこのような議論は，競争法においては，古典的なものでもある。

反トラスト法と総称される米国の競争法において著名なPosner判事が提起したように，行為要件については，コミュニケーション等による立証ではなく，市場効果に基づいての立証を採用すべきではないか，事業者それぞれの意思決定だが結果として行為が揃う「意識的並行行為」も，カルテルと等価に扱うべきではないか，という"人為性"から離れた，帰結主義的なアプローチも主張

---

3) 「エンフォースメント・ギャップ」とも指摘されている（OECD, Competition enforcement in oligopolistic markets: Issues Paper by the Secretariat, DAF/COMP(2015)2, p.5.）。

4) European Commission, Preliminary Report on the E-commerce Sector Inquiry, September 15, 2016, para.123以下。

5) Interview with Terrell McSweeny, Commissioner, Federal Trade Commission, *the antitrust source*, August 2016.

されていた。[6]

　結果として行為が斉一化する適法の「意識的並行行為」と，違法となる「黙示の合意」との区分はかねて競争法の世界で多角的な議論が行われており，現在では，この存在の立証にあたっては，共通の了解を作り出す，強化する行為＝"人為性"が必要とされているところである。

　これは，誰が責任を負うべきなのか，誰に責任を負わせられるのかという，法の根本議論にも関わるものであって，AI・ロボットの発展を通じて各法領域でみられる事象と同じであり，本書各章での検討の知見が生きてくるものと思われる。

5　エンフォースメント

　では実際に，競争上の問題が生じているとした場合に，どのように対処できるのか，という実務面の検討も進められている。これまで競争当局は，"人為性"をいかに探知するか，これを状況証拠からどのように認定できるか，という点を中心に手段を獲得，深化させてきた。

　これに対し，"人為性"ではなく，市場に生じた弊害（結果）を軸に違法性を判断し，措置を行う必要が生じることを前提に，さまざまな手段の検討が行われている。[7]

　英国競争法がその特徴として保持している，市場に弊害が生じていることをもって，直接市場構造に対して検査・措置をとることができる仕組み（Market Investigation）に注目が寄せられているほか，価格固定等を目的としてコンピュータのコードを書いたのか，ソフトウェアを利用したのか等，「行為」よりも，「目的」「意図」に着目して執行することも検討対象とされている（EU域内の競争法では，「効果」〔effect〕だけでなく「目的」〔object〕単独でもって違法性

---

6)　Richard A. Posner, Oligopoly and the Antitrust Laws: A Suggested Approach, *Stanford Law Review* (21)(1968), p.1562.

7)　例えば，Innovation Economics Conference for Antitrust Lawyers, King's College London, February 3, 2017.

164
ロボット・AIと競争法

を問うこともできる条文になっている〔TFEU101条1項〕)。

　実際の法整備等は，今後の技術発展，事案次第となるであろうが，米FTC
が，テクノロジー面での知見吸収を強化する組織改正等を行い，来るべき時代
に備えようとしているほか，欧州委員会は，パーソナルデータ保護における
「プライバシー・バイ・デザイン」(privacy by design) に倣い，競争法の観点よ
り一歩進めた規律として，アルゴリズムの「コンプライアンス・バイ・デザイ
ン」(compliance by design) にも言及しているところである[8]。

6　終わりにかえて

　思考実験の必要性は，さらに広がっている。

　近時，ロボット・AIの活用により，競合事業者の動きに精緻に反応する形
で競争が進み（市場の透明性の向上），消費者により低廉な価格提示が行われ，
市場の効率性の改善が進んでいることは，ホテル予約・「タクシー」配車等の
各種需給マッチングサイト等の事業の拡大をみても，間違いないものと思われ
る。

　純経済学的には，競争は究極的に超過利潤のない均衡に導かれるものであり，
このモデルに対応した形で，競争法は「競い合い」のプロセスを確保している
のであるから，好ましい帰結と考えられる。

　他方，ここに先の事案のようなソフトウェアが介在した場合にも，市場の透
明性の向上が逆に作用し，需要者からみると，なぜか価格の変動は（ほぼ）同
時に生じ，同種の財・サービスには，（ほぼ）同額が提示され続けることになる。

　結果として価格が一定水準に収斂するこの状況は，供給者側が競争変数を自
由に左右し，超過利潤の確保を行えている状況と同じであり，消費者厚生の観
点から競争法を捉える際は特に，市場への弊害が生じ，競争の機能が損なわれ
ていることになる。経済モデルの検討に基づき，価格アルゴリズムは「黙示の
合意」の効果的なツールとなり得る，と指摘されるゆえんでもある[9]。

---

8)　Margrethe Vestager, Algorithms and competition, Bundeskartellamt 18th Conference on Competition, Berlin, 16 March 2017.

この差異をどのように評価・判断していくのか。この検討においては，単純な価格競争の視点のみではなく，質などのいわゆる非価格的な競争変数，消費者の選択肢の確保，競合事業者の参入障壁への配慮等，競争法が究極的に目的としてきた幅広い視野に基づくことが必要だと考えられる。

　日本でも現在，公正取引委員会等の当局において，ロボット・AI と競争政策の関係の議論が進められている。[10] 本書の各章を読まれる際，競争法にも関心をもっていただければ幸甚である。

参 考 文 献

Ariel Ezrachi and Maurice E. Stucke, Virtual Competition — The Promise and Perils of the Algorithm-Driven Economy, Harvard University Press, 2016

OECD, Algorithms and Collusion: Competition Policy in the Digital Age, September 14, 2017

市川芳治「人工知能（AI）時代の競争法に関する一試論（上・下）」国際商事法務 Vol.45 No.1, 2（2017 年）

山田弘「人工知能のカルテルは罪になるか？」**庄司克宏**〔編〕『インターネットの自由と不自由』（法律文化社，2017 年）139 頁

---

9)　Terrell McSweeny, Algorithms and Coordinated Effects, University of Oxford Center for Competition Law and Policy, Oxford, UK, May 22, 2017（なお，一定の需要者群に対して行われ，経済学的には市場の効率性向上につながる「価格差別」について，アルゴリズムによって個々の需要者に対して究極の形態で行えること＝個々に同額で固定され続けること，の影響についての問題意識も示されている）。

10)　最新の成果として，公正取引委員会・競争政策研究センター「データと競争政策に関する検討会報告書」2017 年 6 月 6 日（ただし，本節で扱った「デジタル・カルテル」「意思の連絡」等の扱いについては，今後の課題とされた）。他方，実務家による検討として，池田毅「デジタルカルテルと競争法── AI・アルゴリズム・IoT は独禁法理論に変容をもたらすか」ジュリスト 1508 号（2017 年）55 頁。

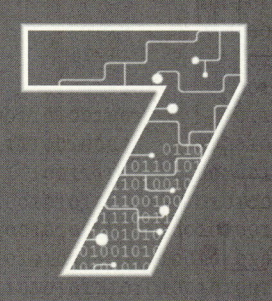

自動運転車と民事責任 *

後藤　元

は じ め に

1 自動運転技術の発展

　自動運転技術の開発は，この数年間で大きく進展した。[1]一般に市販されている車両の中にも，前方の車両との距離を測定して自車の速度を自動的に調整するアダプティブ・クルーズ・コントロール機能と車線の中央を走行するようにハンドル操作を自動的に行うレーン・キープ・アシスト機能とを搭載したものがあり，高速道路等の一定条件下ではドライバーがハンドルとアクセル・ブ

＊本章は，その多くを株式会社東京海上研究所が主催する「保険制度・商品研究会」における自動運転車に関する議論に負っている。本章の内容について，より詳しくは，同研究会の成果である藤田友敬〔編〕『自動運転と法』（有斐閣，2018 年）を参照されたい。なお，本章は（公財）損害保険事業総合研究所による研究助成の成果の一部である。

レーキから手足を離した状態での走行も事実上可能となっている。また，ハンドルとアクセル・ブレーキが存在しない完全自動運転車の実験も，国内外の各所で進められている。

　これらの自動運転技術には，ヒューマンエラーによる交通事故の減少，円滑な運転による交通渋滞の緩和と環境負荷の軽減，高齢者等や過疎地域における移動手段の確保といった様々な社会的便益が期待されており[2]，その普及の実現に向けて政府レベルにおける検討も各国で進められている[3]。

　もっとも，自動運転技術が普及したとしても，交通事故が一切なくなるわけではない。完全自動運転車が実用に至ったとしても，自動運転システムのエラーにより事故が発生する可能性は常に存在する。また，完全自動運転のレベルに至っていない自動運転車については，ドライバーが自動運転システムの作動状況を監視し，一定の場合には自動運転システムから車両の操作を引き継がなければならないことがあるが，そのような監視や引き継ぎに際しての注意不足による事故も考えられる。2016 年 5 月にフロリダ州の高速道路において発生した，「オートパイロットモード」で走行中のテスラモーターズのモデル S が前方を通過中のトラックの側面に衝突し，モデル S のドライバーが死亡し

1)　詳しくは，池田裕輔「自動運転技術等の現況」ジュリスト 1501 号（2017 年）16 頁，河合英直「自動運転技術の動向について」NBL1099 号（2017 年）15 頁，杉浦孝明「自動運転技術の現況」藤田友敬〔編〕『自動運転と法』（有斐閣，2018 年）を参照。
　　なお，市街地等の複雑な環境においても完全自動運転を実現するためには道路状況等に関する大量の情報を分析する人工知能の活用が不可欠であると考えられているものの，これまでに開発されている自動運転システムの多くは，画像認識などの一部を除いて，人工知能ではなく従来型のソフトウェアによって制御されている（高度情報通信ネットワーク社会推進戦略本部・官民データ活用推進戦略会議「官民 ITS 構想・ロードマップ 2017 ～多様な高度自動運転システムの社会実装に向けて～」（2017 年 5 月 30 日，available at http://www.kantei.go.jp/jp/singi/it2/kettei/pdf/20170530/roadmap.pdf）48-49 頁）。本章の表題に「ロボット・AI」という言葉が含まれていないのは，このように人工知能を活用した完全自動運転に至らない段階においても，民事責任のあり方について検討すべき問題点が多く存在することを示すためである。
2)　「官民 ITS 構想・ロードマップ 2017」前掲注 1）10-11 頁。大島道雄「自動運転と損害保険事業 ── 自動車の自動運転技術の実用化が損害保険事業に与える影響について」損害保険研究 77 巻 1 号（2015 年）79 頁も参照。
3)　日本政府による検討の現状として，「官民 ITS 構想・ロードマップ 2017」前掲注 1）を参照。また，自動運転技術の開発に取り組む企業を多数擁しているドイツおよびアメリカの状況については，金岡京子「自動運転をめぐるドイツ法の状況」および後藤元「自動運転をめぐるアメリカ法の状況」（いずれも藤田〔編〕・前掲注 1）所収）を参照。

た事故は，後者の実例である。[4]

2 自動運転と民事責任

それでは，このような自動運転車の絡んだ交通事故について，どのような主体がどのような民事責任を負うのだろうか。

わが国の現行法を前提とすると，交通事故に関する民事責任としては，まず自動車を運転するドライバー[5]の一般不法行為責任（民法709条）があり，当該ドライバーが被用者である場合には，その使用者の使用者責任（民法715条）も問題となる。これに加えて，交通事故による人身損害については，自動車損害賠償保障法（以下，「自賠法」とする）によって運行供用者責任（自賠法3条）と自動車損害賠償責任保険の締結強制（自賠法5条）を中心とした被害者保護の仕組みが整備されており，これを基礎とした実務が発展している。[6]

もっとも，これらは，いずれも自然人であるドライバーが自動車に搭乗して運転作業を行うことを前提とするものであるところ，[7]自動運転技術が進展すれば，ドライバーが車両をコントロールする（できる）度合いが低下すると考え

---

4) この事故の詳細については，National Transportation Safety Board, Accident Report, Collision between a Car Operating with Automated Vehicle Control Systems and a Tractor-Semitrailer Truck Near Williston, Florida, May 7, 2016 (available at https://www.ntsb.gov/investigations/AccidentReports/Reports/HAR1702.pdf) を参照。事故の要因として，ドライバーの自動運転システムに対する過信と，そのような過信を抱くドライバーが（メーカーのガイダンスと警告に反する形で）長時間運転タスクから離脱した状態でいることを可能とする自動運転システムの設計とが挙げられている。

5) 本章では，自動車損害賠償保障法2条4項の「運転者」（他人のために自動車の運転又は運転の補助に従事する者）と区別するために，運転席に搭乗して自動車を操縦する自然人のことを「ドライバー」と表記する。

6) 強制保険としての自動車損害賠償責任保険の保険金額は死亡者1名につき3000万円であり（自動車損害賠償保障法施行令2条1号イ），これに上乗せする形で任意保険としての自動車保険が，強制保険と同一の保険会社によって提供されることが一般的である。詳しくは，北河隆之『交通事故損害賠償法〔第2版〕』（弘文堂，2016年）および潮見佳男『不法行為法II〔第2版〕』（信山社，2011年）305-364頁を参照。

7) 民法上の不法行為責任は，ドライバーの運転作業に際しての「故意又は過失」（民法709条）を問題とするものである。また，自賠法3条但書は，運行供用者が免責されるための要件の一つに「自己及び運転者が自動車の運行に関し注意を怠らなかったこと」を挙げており，運行供用者自身または運行供用者のために運転を行う者（自賠法2条4項の「運転者」の定義を参照）が自動車の運行に関し注意を払うべきものであることを前提としている。

られる。そのため，自動運転車についても民法上の不法行為責任と自賠法上の運行供用者責任による現行法の民事責任の枠組みを維持することができるのか，またそれが政策判断として望ましいのか，ということがまず問題となる[8]。

その一方で，自動運転技術の性能・品質をコントロールできる地位にあるのは自動運転車のメーカーであると考えられるため，ドライバー・運行供用者に代わる（またはこれらと並ぶ）主体として，自動運転車メーカーの製造物責任（製造物責任法3条）をどのように考えるかも問題となる。

3　本章の構成

以下では，自動運転車の絡んだ交通事故に関するドライバー・運行供用者と自動運転車メーカーの民事責任について[9]，現行法を前提とした検討を行った上で，自動運転技術の進展を踏まえた制度設計について，どのような選択肢があるかを検討する[10]。

もっとも，一口に自動運転技術といっても様々なレベルがあり，それによってドライバーが車両をコントロールできる（しなければならない）度合いも異なってくることに注意が必要である。そこで，以下では，まずIIにおいて自動運転技術のレベルに関して一般に用いられている定義を確認した上で，IIIにおいて現行法を前提とした検討を，そしてIVで制度設計の選択肢についての検討を行うこととする。Vは簡単なまとめである。

---

8)　同様の問題は，自動運転車の運行による死傷事故に関する刑事罰（自動車の運転により人を死傷させる行為等の処罰に関する法律）の適用についても存在するが，本章では検討を省略する。詳しくは，今井猛嘉「自動車の自動運転と刑事実体法──その序論的考察」山口厚ほか〔編〕『西田典之先生献呈論文集』（有斐閣，2017年）519頁および本書第9章を参照。

9)　ドライバー・運行供用者・メーカー以外の責任主体としては，他に自動運転車の販売店や道路の管理主体などが考えられるが，問題状況の複雑化を避けるため，本章では検討を省略する。これらの主体の責任については，窪田充見「自動運転と販売店・メーカーの責任──衝突被害軽減ブレーキを素材とする現在の法律状態の分析と検討課題」ジュリスト1501号（2017年）30頁，および，潮見佳男「道路インフラ側の瑕疵と道路管理者の損害賠償責任」山下友信〔編〕『高度道路交通システム（ITS）と法──法的責任と保険制度』（有斐閣，2005年）141頁を参照。

10)　自動運転をめぐる民事責任のあり方に関する先行研究として，山下〔編〕・前掲注9）を参照。

自動運転技術のレベル

　自動運転技術には，自然人のドライバーが自動車を基本的に操縦することを前提として，それを補助するにとどまるものから，自動運転システムがいかなる場合にも完全に自動車をコントロールし，乗車している自然人が自動車を操縦することをおよそ想定しないものまで様々なレベルがあり，各段階をどのように定義するかが問題となる。2017 年 10 月現在において，国際的に用いられており，日本政府も依拠しているのは, Society of Automotive Engineers (SAE) International という技術者の団体が作成した基準 J3016[11] である[12]。この基準自体は一般に公表されてはいないため，ここでは日本政府の「官民 ITS 構想・ロードマップ 2017」による整理を掲げておこう。

　自動運転技術に関する議論では，次表のうち SAE レベル 2 と SAE レベル 3 との境界が重視されることが少なくない。表の右側の欄が示しているように，SAE レベル 2 以下においては，周囲の状況の監視とそれへの対応というタスクはドライバーが担わなければならないのに対し[13]，レベル 3 以上においては，（少なくとも一定の領域では）周囲の状況の監視とそれへの対応をも自動運転システムに委ねることができるとされている。この違いは，ドライバーが自動車の走行中に読書や動画の視聴といった他の作業に従事することが許容されるか否

---

11) SAE International, J3016, Taxonomy and Definitions for Terms Related to Driving Automation Systems for On-Road Motor Vehicles. この基準は，一般には公開されていない（http://standards.sae.org/j3016_201609/ を参照）。

12) 「官民 ITS 構想・ロードマップ 2017」前掲注 1) 5 頁。わが国における 2017 年以前の議論においては，アメリカ連邦運輸省の一部局である国家道路交通安全局（National Highway Traffic Safety Administration: NHTSA）が定めていた 5 段階（レベル 0 ～ 4）の基準が用いられることが多かったため，文献の公表時期によって「レベル〇」の意味が異なり得ることに注意を要する。なお，NHTSA 自身も，2016 年 9 月以降は SAE による基準を採用している（U.S. Department of Transportation/ National Highway Traffic Safety Administration, Federal Automated Vehicles Policy: Accelerating the Next Revolution in Roadway Safety (September 2016), at 9 (available at https //www.transportation.gov/AV/federal-automated-vehicles-policy-september-2016))。

自動運転レベルの定義（SAE International, J3016）の概要		
▼ SAE レベル	概　要	安全運転に係る 監視・対応主体
SAE レベル 0 運転自動化なし	●ドライバーが全ての運転タスクを実施	ドライバー[14]
SAE レベル 1 運 転 支 援	●システムが前後・左右のいずれかの車両制御に 係る運転タスクのサブタスクを実施	ドライバー
SAE レベル 2 部分運転自動化	●システムが前後・左右の両方の車両制御に係る 運転タスクのサブタスクを実施	ドライバー
SAE レベル 3 条件付運転自動化	●限定領域内において，システムが全ての運転タ スクを実施 ●システムの作動継続が困難な場合には，ドライ バーはシステムによる介入要求等に対して適切 に応答することが期待される	システム （作動継続が 困難な場合は ドライバー）
SAE レベル 4 高度運転自動化	●限定領域内において，システムが全ての運転タ スクを実施 ●システムの作動継続が困難な場合にも，利用者 が応答することは期待されない	システム
SAE レベル 5 完全運転自動化	●全ての領域において，システムが全ての運転タ スクを実施 ●システムの作動継続が困難な場合にも，利用者 が応答することは期待されない	システム

13) 2017 年 10 月現在において市販されている車両に搭載されている自動運転技術は，SAE レベル 2 以下に相当するものとされている（大羽宏一「自動運転を巡る産業界の動向と今後の社会のあり方」損害保険研究 79 巻 1 号〔2017 年〕105 頁，121 頁参照）。したがって，これらの車両のドライバーは，アダプティブ・クルーズ・コントロール機能とレーン・キープ・アシスト機能を利用して運転操作を自動運転システムに事実上任せることができるとしても，周囲の状況を常に監視していなければならないことになる。なお，報道によれば，2018 年にはドイツのアウディ社が SAE レベル 3 に相当する技術を市販車に搭載する予定である（日本経済新聞「アウディ，自動運転の先駆者へ 『レベル 3』実現の中身」2017 年 9 月 21 日 6:30，https://www.nikkei.com/article/DGXMZO20321210U7A820C 1000000/）。

14) 「官民 ITS 構想・ロードマップ 2017」前掲注 1）5 頁の表では，「運転者」という言葉が用いられているが，本章では自賠法上の概念との混同を避けるために「ドライバー」としている。

かに関わるものであり，[15]自動運転技術の活用・普及という観点からは大きな意味を持つものである。

　もっとも，民事責任の検討については，SAE 基準によるレベル分けは必ずしも十分なものではない。[16]SAE 基準は，1）自動車の運転に必要となる各種のタスク（アクセル・ブレーキの操作，ハンドルの操作，周囲の状況の確認，ライト・ワイパーの起動等）をどの程度自動運転システムが担い得るか，2）自動運転システムが全てのタスクを担い得る状況・領域に限定は付されているか，3）自動運転システムが全てのタスクを担っている場合にドライバーが介入を要求される場合があるか，という 3 つの観点により構成されているが，これらは民事責任の検討にあたっても有益なものではある。[17]しかし，民事責任に影響を与え得る観点としては，これ以外にも，ブレーキ操作等の特定のタスクについて自動運転システムに依拠できる度合い（あくまで運転者の補助にとどまるのか，自動運転システムに完全に委ねることが認められるのか）や，社会における自動運転車の普及度合い（通常の自動車と自動運転車が混在しているのか，全ての車両が自動運転車なのか）[18]などが考えられる。[19]また，被害者の救済の容易さや責任主体に対するエンフォースメントの実効性といった観点も，将来的な制度設計にあたっては重要である（詳しくは本章Ⅳを参照）。

15）　ただし，SAE レベル 3 においては，ドライバーは自動運転システムの作動継続が困難な場合の介入要求に対応する必要があるため，それが可能な態勢を整えておかねばならない点に留意が必要である。後掲注 33）とそれに対応する本文も参照。

16）　藤田友敬「特集にあたって」ジュリスト 1501 号（2017 年）14 頁，15 頁注 5 および注 7 参照。

17）　例えば，SAE レベル 5（と限定領域内における SAE レベル 4）の自動運転技術を具備している車両の搭乗者は，車両のコントロールへの介入可能性がないという点ではタクシーの乗客と変わらないものと考えられる。これは，そのような搭乗者の責任を否定する方向に作用する事情であると言えよう（ただし，実際に責任が否定されるかは，適用される法律の内容に依存する。詳しくは，本章Ⅲ 1 を参照）。

18）　自動運転者の普及度合いは，他者の行動についての予測の合理性の評価や，事故に関する過失割合の算定等に影響し得ると考えられる。詳しくは，佐野誠「多当事者間の責任の負担のあり方」藤田〔編〕・前掲注 1）。

19）　藤田・前掲注 16）15 頁注 7。藤田友敬「自動運転と運行供用者の責任」藤田〔編〕・前掲注 1）も参照。

現行法を前提とした検討

　本節では，自動運転車が絡んだ交通事故に関するドライバー・運行供用者と自動運転車メーカーの民事責任について，現行法を前提として検討する。

1 ドライバー・運行供用者の民事責任

(1) 自賠法上の運行供用者責任：自動運転車への適用可能性

　自賠法3条は，「自己のために自動車を運行の用に供する者は，その運行によって他人の生命又は身体を害したときは，これによって生じた損害を賠償する責に任ずる。ただし，自己及び運転者が自動車の運行に関し注意を怠らなかったこと，被害者又は運転者以外の第三者に故意又は過失があったこと並びに自動車に構造上の欠陥又は機能の障害がなかったことを証明したときは，この限りでない。」と規定している。一般の不法行為責任（民法709条）および使用者責任（民法715条）と比べると，運行供用者概念を用いることで責任主体がドライバーの使用者以外の者に拡張されている点，および，被害者に加害者の過失の証明を求めずに，運行供用者に通常の無過失よりも厳格な免責事由の証明責任を課している点が異なっている。これは，交通事故によって死傷した被害者を保護するために，民事責任を厳格化したものである。

　自賠法上は通常の自動車を前提に制定されたものではあるが，ハンドルやアクセル・ブレーキのない完全自動運転車（SAEレベル5に相当する）においては自動車の運転に関与する自然人が存在しないため，自賠法上の「運転者」（同法2条4項）は存在しないと解することができるとしても[20]，完全自動車は，なお同法上の「自動車」（同法2条1項）にあたり[21]，それを「運行の用に供する者」（同法3条）が存在しなくなるわけではない[22]。したがって，自賠法上の運行供

20）　藤田友敬「自動運転と運行共用者の責任」ジュリスト1501号（2017年）23頁，24頁。

用者責任を完全自動運転車（またはそのレベルに至らない自動運転技術を搭載した車両）による交通事故に適用することに障害は存在しない。[23]

　もっとも，運行供用者が免責を受けるために証明しなければならない事由のうち，①運行供用者および運転者が「自動車の運行に関し注意を怠らなかったこと」と，②「自動車に構造上の欠陥又は機能の障害がなかったこと」については，自動運転車であることが影響を与える可能性がある。項を改めて検討しよう。

⑵　自賠法上の運行供用者責任：自動運転車と免責要件

　①自動車の運行に関する注意義務◉　　まず，①自動車の運行に関する注意義務としては，自動車の運転に関する注意義務と自動車の点検整備に関する注意

---

21)　自賠法2条1項が「自動車」の定義について依拠している道路運送車両法2条2項は，「自動車」を「原動機により陸上を移動させることを目的として製作した用具で軌条若しくは架線を用いないもの又はこれにより牽引して陸上を移動させることを目的として製作した用具であって，次項に規定する原動機付自転車以外のもの」と定義している。完全自動運転車も，「原動機により陸上を移動させることを目的として製作した用具」であることに疑いはない。

22)　「運行供用者」とは，運行支配と運行利益が帰属する主体であると解されている（最判昭和43・9・24判時539号40頁等）。ここにいう運行支配とは，判例上，「自動車の運行について指示・制禦をなしうべき地位」と捉えられており（潮見・前掲注6）313-314頁），例えば自動車の所有者が運転手を雇って運転させている場合に当該所有者に運行支配が認められることに争いはない。この観点からは，完全自動運転車の所有者が，自動運転システムに「運転をさせている」場合にも，運行支配と運行利益を認めることに問題はないと考えられる。なお，「完全自動運転が実現する段階では，もはや事故の発生につき運転者責任を観念する余地がなくなり，運行支配がなくなりますから，現在の自賠責制度は根底から見直すことが必須となる」との指摘も存在するが（中山幸二「自動運転の進展と交通事故の賠償責任」共済と保険697号〔2016年〕4頁，8頁），上記の判例法理との関係をどのように理解しているのかは定かではない。

23)　藤田・前掲注20）23-24頁，浦川道太郎「自動走行と民事責任」NBL1099号（2017年）30頁，31-32頁。
　　なお，自動運転車を道路において運行するためには，道路運送車両法40条以下に基づいて国土交通省令により定められている「道路運送車両の保安基準」に適合しているものでなければならないところ，現在の保安基準には運転者がアクセルやブレーキを操作して車両を操縦することを前提とした規定（10条）等があるため，ハンドルやアクセル・ブレーキのない完全自動運転車を運行するためには保安基準を改訂する必要があるが，これは自賠法上の運行供用者責任の適用とは全く別の問題である。「車両等の運転者は，当該車両等のハンドル，ブレーキその他の装置を確実に操作し，かつ，道路，交通及び当該車両等の状況に応じ，他人に危害を及ぼさないような速度と方法で運転しなければならない。」と規定する道路交通法70条についても同様である。戸嶋浩二「自動走行車（自動運転）の実現に向けた法制度の現状と課題（上）」NBL1073号（2016年）28頁，31-35頁も参照。

義務とがあると解されている。[24]完全自動運転車の場合には，搭乗者が自動車を運転することは想定されないため，前者は問題とならないと考えられるが，後者については，自動運転システムの故障の有無についての点検整備のほか，ソフトウェアを適時にアップデートすることも必要となる。[25]

　他方で，完全自動運転に至らないレベルの自動運転車の場合には，自動運転システムの点検整備等に加えて，搭載されている自動運転システムの水準が，運転者が特定のタスクについてシステムに依存することを許容するようなものであるのか（この場合は完全自動運転車と同様に扱うことになろう），それとも運転者自身もなお注意を払わなければならないようなものであるのかが問題となる。[26]例えば，2017 年 10 月現在において衝突被害軽減ブレーキ等の名称で市販車に搭載されている機能は，あくまで運転者による制動操作を補助するものと位置付けられており，後者に分類されるものと思われる。[27]この場合は，自動車の運転に関する注意義務が依然として問題となる。また，自動運転車のメーカーによって自動運転システムに依拠すべきではないとされている条件下（例えば雨天や混雑した市街地等）で自動運転システムに依拠したような場合には，そのことが注意義務違反と評価されるであろう。

　②自動車の構造上の欠陥または機能の障害 ◉　　次に，②自動車の構造上の欠陥または機能の障害について，問題となり得る状況としては，自動運転システムが故障により機能しない場合と，設計上の制約により機能しない場合とが考えられる。

　完全自動運転車の場合には，搭乗者による車両の操縦が想定されていない以上，自動運転システムのみによって安全に運行できる状態になければ，構造上の欠陥または機能の障害があることになる。[28]また，事故等によって自動運転システムに異常が生じた場合には自動的に路肩に寄って停止する等のフェイル

24）　北河隆之＝中西茂＝小賀野晶一＝八島宏平『逐条解説自動車損害賠償保障法〔第 2 版〕』（弘文堂，2017 年）62 頁。

25）　藤田・前掲注 20）24-25 頁，24 頁注 7。戸嶋浩二「自動走行車（自動運転）の実現に向けた法制度の現状と課題（下）」NBL1074 号（2016 年）49 頁，51 頁も同旨。

26）　藤田・前掲注 20）24 頁，26-27 頁。

27）　藤田・前掲注 20）27 頁。同頁注 13 も参照。

28）　藤田・前掲注 20）28 頁。

セーフ設計が組み込まれていることも必要であろう。

　また，設計上の制約については，いかなる機械やシステムにも限界があるため，事故を100%防止できない限り構造上の欠陥または機能の障害がないとは言えないと解することは現実的ではないとしても，どの程度の安全性が確保されていることが必要なのかが問題となる[29]。現状においては，自然人が運転する通常の車両よりも安全性が向上している場合には構造上の欠陥または機能の障害がないと評価することになると思われるが，一定の水準を備えた自動運転システムが相当程度普及した場合には，それよりも低い水準の自動運転システムしか実装されていない車両（通常の車両を含む）には構造上の欠陥または機能の障害があると評価される可能性もあり得よう[30]。また，自動運転システムが全体としての安全性を大きく向上させる一方で，特定の事故についてはその原因となってしまった場合（例えば，自動ブレーキシステムに高感度のセンサーを搭載すると，衝突事故の総数を大きく減少させることができるが，非常に低い確率で誤作動によって急ブレーキがかかってしまうことがある場合）について，当該事故との関係においても構造上の欠陥または機能上の障害がないと評価できるかという問題も存在する[31]。

　他方で，完全自動運転に至らないレベルの自動運転車の場合には，自動運転システムが故障した場合でも運転者が車両の操縦を取って代わる余地があるため，自動運転システムの故障が直ちに構造上の欠陥または機能の障害を意味するわけではない[32]。しかし，一定の条件下で周囲の状況の監視とそれへの対応をも自動運転システムに委ねることを許容するSAEレベル3においては，自動運転システムに異常が生じた場合にドライバーが適時に対応することは現実には困難である可能性も存在することに留意すべきであろう[33]。設計上の制約については，完全自動運転車の場合と同様の問題が存在する。

---

29)　本文の以下の議論は，自賠法3条但書の「構造上の欠陥又は機能の障害」に関するものであるが，自動運転車メーカーの責任に関して問題となる製造物責任法2条2項の「欠陥」についても基本的には妥当すると考えられる。戸嶋・前掲注25) 52頁。窪田・前掲注9) 34-35頁も参照。

30)　藤田・前掲注20) 25頁。一般に普及している水準の自動運転システムを実装していない車両については，そのような車両を道路運送車両法に基づく保安基準上どのように取り扱うかという問題も存在するが，理論上は行政規制上の扱いと民事責任の成否を切り離して考えることも可能である。

31)　藤田・前掲注20) 25頁。

32)　藤田・前掲注20) 25頁，28頁。

　自動運転車同士の衝突事故が発生した場合，自動運転車の価格を反映して車両損害も高額なものとなると考えられるが，人損が発生していない場合には自賠法上の運行供用者責任は適用されず，一般の不法行為責任（民法709条・715条）の問題となる。この場合，被害者が加害者の「過失」を主張・立証しなければならないことになるが，完全自動運転車において通常の点検整備では発見し得ないような不具合によって事故が生じた場合には，そのような立証は困難であると考えられる[34]。

2　自動運転車メーカーの民事責任

（1）　製造物責任

　自動運転車の故障や設計上の限界によって事故が発生したと言える場合には，当該自動運転車のメーカーが被害者に対して製造物責任（製造物責任法3条）を負うかが問題となる。

　①自動運転車と「製造物」　◉　　コンピュータシステムにより制御される自動運転車については，特にソフトウェアの不具合や仕様を原因とする事故が想定されるが，製造物責任法の対象となる「製造物」は有体物である動産に限られているため（同法2条1項），無体物であるソフトウェアそれ自体については，製造物責任は成立しない。しかし，ソフトウェアを組み込んだ自動運転車は「製造物」であり，組み込まれたソフトウェアに問題がある場合には「製造物」

---

33)　小塚荘一郎「自動車のソフトウェア化と民事責任」ジュリスト1501号（2017年）38頁，40-41頁は，自動運転システムのソフトウェアのバグによる製造物責任の文脈においてであるが，「運転制御を引き継ぐべき運転者が，適切なタイミングで的確な行動をとれる」ようにするために「運転者に対して，自動運転から手動に切り替わるという警告が与えられなければならない」が，その警告が「自動車の運転者は……職業的な訓練を受けた専門家ではなく運転免許を取得しただけの（仮に現行制度を維持するのであれば，一度取得すると更新手続のみで継続できる）一般ユーザーであるという前提の下で，運転者が適時に反応できるものでなければ，システムとして『通常有すべき安全性』を欠くと評価されるであろう」と指摘している。

34)　浦川・前掲注23）33頁。同36頁は，物損事故の被害者の保護のためには，自賠法上の運行供用者責任の物損への拡張や製造物責任の追及の容易化が検討に値するとしている。近内京太「自動運転自動車による交通事故の法的責任——米国における議論を踏まえた日本法の枠組みとその評価（下）」国際商事法務44巻11号（2016年）1609頁，1615頁も参照。

としての自動運転車に「欠陥」があると評価して，自動運転車のメーカーに製造物責任を課すことは可能である[35]。

②自動運転車と「欠陥」 ◉ 問題は，いかなる場合に「欠陥」の存在が認められるかである。製造物責任法は，「欠陥」を「当該製造物が通常有すべき安全性を欠いていること」と包括的に定義しているが（同法2条2項），アメリカ法の議論等を参考に，(a)製造上の欠陥，(b)設計上の欠陥，そして(c)指示・警告上の欠陥の3つに分類して論じられることが一般的である[36]。

まず，(a)製造上の欠陥は，製造物が設計仕様を逸脱している場合に認められるものである。例えば，ブレーキ制御システムが，メーカーによる自動運転車の引渡しの時点において既に故障していたために[37]，設計通りに作動しなかった場合などがこれに該当する。他方で，一定の場合に当該システムが作動しないことはやむを得ないものとして設計されているのであれば，製造上の欠陥は認められず，設計上の欠陥の存否が問題となる。

(b)設計上の欠陥については，「当該製造物が通常有すべき安全性を欠いている」か否かをどのように判断するかについて，消費者の期待を基準とすべきとする立場と，ある設計から生じる製造物の危険性がその効用（または危険性の回避に要する費用）を上回るか否かを基準とすべきとする立場とが対立している[38]。もっとも，後者の立場をとる場合であっても，自動運転車の導入による交通事故総数の減少のような社会全体にとっての効用のみをもって直ちに設計上の欠

---

35) 潮見・前掲注6）379-380頁，小塚・前掲注33）39頁，浦川・前掲注23）33頁。戸嶋・前掲注25）52頁，53頁注32も参照。なお，本文のような解釈をとったとしても，自動運転車に組み込まれたソフトウェアが自動運転車メーカー以外の事業者によって作成されたものである場合には，当該事業者は製造物責任を負わないことになる。この場合，自動運転車メーカーは，当該ソフトウェアの欠陥により自動運転車メーカーが損害賠償責任を負担するに至った場合にはソフトウェアの作成主体に対して求償する旨を当該ソフトウェアの調達契約において定めることになろう。

36) 土庫澄子『逐条講義製造物責任法——基本的考え方と裁判例』（勁草書房，2014年）51-52頁，潮見・前掲注6）384-385頁。アメリカの製造物責任法の全体像については佐藤智晶『アメリカ製造物責任法』（弘文堂，2011年）を，自動運転車メーカーの製造物責任をめぐるアメリカの議論については後藤元「自動運転と民事責任をめぐるアメリカ法の状況」ジュリスト1501号（2017年）50頁，52-54頁を参照。

37) 製造物の「欠陥」は，その引渡し時に存在している必要があるため（潮見・前掲注6）390頁），自動運転システムがメーカーによる引渡しの時点においては正常に作動していたが，経年劣化や整備不良等により故障した場合には，欠陥があるとは言えないことになる。

38) 潮見・前掲注6）386-389頁。土庫・前掲注36）80-93頁も参照。

Ⅲ 現行法を前提とした検討

陥を否定すべきではなく，具体的事案において問題となった自動運転技術をより安全なものにすることのコストと便益とを比較するべきであると指摘されている。[39]

(c)指示・警告上の欠陥は，予見可能な損害が発生する危険性を減少・除去するために必要な，製造物の使用方法や仕様上の限界に関する指示・警告が行われていない場合に認められる。例えば，緊急時には運転者が自動運転システムをオーバーライドすることが必要とされている自動運転車について，自動運転中であっても運転者は緊急事態に備えていなければならず，読書・睡眠等の他の作業をしてはならない旨が自動運転車の取扱説明書等に記載されていない場合や，記載があったとしてもディーラーによる販売時の購入者に対する説明の実施が確保されていない場合などが考えられる。[40]また，そのような取扱説明書の記載や購入時の説明があったとしても，利用者に対し自動運転中は読書・睡眠等の他の作業をすることができるとの期待を抱かせるような広告・販売方法が採られている場合にも，十分な指示・警告があったとは言えないと評価される可能性がある。[41]

(2) 不法行為責任

自動運転車の「欠陥」によって生じた事故において当該自動運転車が損傷した場合であっても，製造物責任は「欠陥」のあった製造物自体の損害をカバーしていないため（製造物責任法3条但書），当該自動運転車の所有者が自動運転車メーカーの民事責任を追及するには，一般の不法行為責任（民法709条）として自動運転車メーカーの故意または過失を立証しなければならないことにな

---

39) 後藤・前掲注36）53頁参照。前掲注31）とそれに対応する本文も参照。

40) 小塚・前掲注33）41頁注14参照。

41) 例えば，テスラ社に対しては，旧NHTSA基準でレベル2相当とされる運転支援機能の利用中は「運転者がその自動車を常時コントロールしていなければならない」と表示しつつも，同社が当該機能を「オートパイロット」という名称で宣伝し，運転者がハンドルから手を離した状態での同機能を利用した走行を当時可能としていたことについて，消費者の誤解を招きかねないとする批判が消費者団体によってなされている（Consumer Reports, *Tesla's Autopilot: Too Much Autonomy Too Soon* (July 14, 2016), http://www.consumerreports.org/tesla/tesla-autopilot-too-much-autonomy-too-soon/）。宮木由貴子「自動走行に対する社会・消費者の期待と懸念」NBL1099号（2017年）37頁，41頁も参照。

る。⁴²⁾

また，製造物の「欠陥」の存否はその引渡し時を基準として判断されるため，引渡し時には認識し得なかった危険性がメーカーによる引渡し後に発覚した場合には，製造物責任は成立しない⁴³⁾。しかし，このような危険性を認識したメーカーには，損害の発生・拡大を防止するために，製品の危険性の公表，警告の発信，製品の出荷停止，回収といった措置を講じる義務があり，その違反は不法行為責任を基礎付け得るものと解されている⁴⁴⁾。自動運転車の場合には，特にソフトウェアのアップデートを適時に提供し，その実施を促進する義務が問題となろう⁴⁵⁾。

将来的な制度設計の可能性

1 現行法を前提とした帰結の問題点

SAE レベル 4・5 に相当する自動運転車が実用化された場合には，ドライバーや搭乗者の運転に関する注意が問題とならなくなる。そのため，自動運転システムの点検整備やソフトウェアのアップデートが適切に行われていると仮定すると，この場合に生じる事故の原因の多くは，自動運転システムの故障か，その設計上の限界にあることになろう。これらは自動車の「構造上の欠陥又は機能の障害」（自賠法3条但書）に該当すると判断される可能性が少なからず存在するため，現行法の下では，SAE レベル 4・5 に相当する自動運転車による事故についても，当該自動運転車の運行供用者が自賠法上の運行供用者責任を負うことが多いと考えうれる。

---

42) 窪田・前掲注 9) 35 頁。
43) ただし，浦川・前掲注 23) 35 頁は，自動運転車については，製造物責任の「欠陥」の判断時点をソフトウェアの最終バージョンアップ時にすることを提唱している。
44) 潮見・前掲注 6) 390-391 頁。
45) 小塚・前掲注 33) 41-42 頁。

自賠法の「構造上の欠陥又は機能の障害」がある場合には製造物責任法の「欠陥」の存在も基本的に認められるとすれば，この場合には同時に自動運転車メーカーの製造物責任（製造物責任法3条）も成立することになる。しかし，自動運転システムの故障や設計上の限界が自動運転車の「欠陥」（同法2条2項）に該当することの証明責任は請求者側にあるのに対し，自賠法上の運行供用者責任については運行供用者側に「構造上の欠陥又は機能の障害」が存在しないことの証明責任があるため，自動運転車による事故の被害者にとっては，運行供用者責任を追及する方が容易であることになる。[46]

　被害者に対して賠償した運行供用者およびその責任保険者は，求償のために自動運転車メーカーの製造物責任を追及することが考えられる。しかし，運行供用者およびその責任保険者は自動運転システムについての知見を十分に有しているとは限らないため，「欠陥」の立証の困難性や訴訟費用等を考慮して，自動運転車メーカーへの求償を断念する可能性も少なくない。[47]

　このような帰結は，被害者の救済を容易にするものである一方で，運行供用者に自動運転車メーカーの製造物責任を実質的に肩代わりさせるものであるため，[48]自賠法を中心とする仕組みへの運行供用者の納得感を低下させるものであることが懸念されている。[49]また，不法行為法の目的としては事故・損害発生の抑止も被害者の救済と並んで（もしくはそれ以上に）重要であることを考えると，[50]自動運転システムの品質をコントロールできる地位にある自動運転車メーカーが責任の負担を免れることは，安全性の確保・改善のインセンティブという観点からは望ましくないものであると言える。[51]

---

46)　戸嶋・前掲注 25) 52-53 頁，浦川・前掲注 23) 35-36 頁。
47)　山下友信「ITS と民事責任制度の在り方——議論の総括」山下〔編〕・前掲注 9) 245 頁，246 頁。保険者による自動車メーカーへの求償は，現状においてもほとんど行われていないようである（木島秀明「ITS と自動車損害賠償保障制度」山下〔編〕・前掲注 9) 53 頁，109-110 頁）。
48)　運行供用者責任による製造物責任の肩代わりは，従来から指摘されていたものであるが，自動運転技術の進展に伴って問題がより顕在化すると考えられる（戸嶋・前掲注 25) 53 頁）。
49)　下野徳弘＝東條圭太＝山根洋史「予想される新しい事故形態と保険実務への影響」山下〔編〕・前掲注 9) 37 頁，50 頁，浦川・前掲注 23) 36 頁。
50)　森田果＝小塚荘一郎「不法行為法の目的——『損害塡補』は主要な制度目的か」NBL874 号（2008年）10 頁を参照。
51)　山下・前掲注 47) 246 頁注 3，254 頁も参照。

2 制度設計の選択肢

上記のような問題意識から，現在，自動運転車の絡んだ事故に関する民事責任についての将来的な制度設計が各所において検討されている。

自賠法を所管する国土交通省が設置した研究会では，従来の運行供用者責任を維持した上で，保険会社等による求償権行使の実効性を確保するとの案が有力視されているようである。[52] 求償権行使の実効性を確保する方策として具体的にどのようなものが想定されているのかは明らかではないが，例えば，自動運転車メーカーに対して自動運転技術や事故時の自動運転システムの稼働状況等に関する情報の提供を義務付けることや，[53] 一定水準以上の自動運転車について製造物責任法上の「欠陥」の存在を推定し，証明責任を自動運転車メーカー側に転換することによって，運行供用者やその責任保険者による求償を容易にすることなどが考えられよう。[54]

もっとも，自動運転車による事故のうちの多くがその「欠陥」によるものであるとすれば，事故ごとに自動運転車メーカーに対する求償が行われるのは，紛争解決コストの観点から効率的ではないとも考えられる。[55] そこで，自動運転車メーカーに安全性確保のインセンティブをより直接的に与える方法としては，一定水準以上の自動運転車について運行供用者責任を廃止し，自動運転車メーカーの（証明責任の転換等によって強化された）[56] 製造物責任に一本化するということも考えられなくはない。[57] しかし，SAE レベル 4・5 に相当する自動運転車についても，運行供用者が自動運転システムの機能的な限界を正確に把握し，また自動運転システムの点検整備やソフトウェアのアップデートを適切に行う

---

52) 自動運転における損害賠償責任に関する研究会「第 4 回資料 1　自動運転における損害賠償責任に関する研究会　とりまとめに向けた整理に向けて（概要）」1 頁および「第 4 回議事要旨」1 頁を参照（available at http://www.mlit.go.jp/jidosha/jidosha_tk2_000063.html）。戸嶋・前掲注 25) 53 頁も同旨。

53) 近内・前掲注 34) 1616 頁。

54) 近内・前掲注 34) 1616-1617 頁。なお，国土交通省の研究会では，自動車メーカーの責任の無過失責任化や「欠陥」に関する証明責任の転換は，求償権行使の実効性確保とは別個の案として位置付けられている（自動運転における損害賠償責任に関する研究会「第 4 回資料 1」・前掲注 52) 2 頁参照）。

55) 自動運転における損害賠償責任に関する研究会「第 4 回資料 1」前掲注 52) 1 頁参照。

必要があるのだとすれば，そのインセンティブを維持するためには，運行供用者が一切責任を負わないものとすることは妥当ではないと思われる。[58]

　このような観点からは，現行の運行供用者責任および製造物責任を維持した上で，自動運転車メーカーからも自動車損害賠償責任保険の保険料の一部を徴収することも考えられるところであるが，各自動運転者メーカーが負担すべき割合の算定や保険料徴収の仕組みなど，検討すべき課題は少なくない。[59]

　また，アメリカにおいては，製造物責任の負担を嫌う自動車メーカーが自動運転技術の開発に消極的となり，社会全体にとって有益な自動運転車の導入が遅延してしまうのではないかという懸念を抱く論者によって，[60]自動運転車メーカーの責任を限定する一方で，[61]被害者の救済のために自動運転車メーカーから

56）自動運転車の絡んだ事故の被害者が自動運転車の「欠陥」の存在を立証することは非常に困難であると考えられるため（近内・前掲注 34）1613-1614 頁），仮に運行供用者責任を廃止するのであれば，被害者救済の水準を維持するためには，証明責任の転換等によって自動運転車メーカーの製造物責任を強化することが必要となると思われる。なお，自動運転車が外国のメーカーによって製造されたものである場合には，事故の被害者が当該メーカーを被告として提訴することは容易ではないと指摘されている（戸嶋・前掲注 25）53 頁）。国内に当該自動運転車を輸入した業者がいる場合には，その輸入業者が「製造業者等」（製造物責任法 2 条 3 項 1 号）として製造物責任を負うことになるが，消費者が外国のメーカーから直接自動運転車を輸入することもあり得ないわけではないとすると，この点にも留意が必要であろう。

57）山下・前掲注 47）257-258 頁。自動運転における損害賠償責任に関する研究会「第 4 回議事要旨」・前掲注 52）2 頁も参照。

58）森田果「AI の法規整をめぐる基本的な考え方」RIETI Discussion Paper Series 17-J-011（2017年）14-15 頁は，「AI の利用に起因する事故は，一方的注意の事案ではなく，双方的注意の事案である」との認識から，AI の開発者，AI 搭載機器・サービスの製造・販売者，AI の利用者の「三者全てに適切なインセンティヴを設定するためには，厳格責任ルールは適切ではない」とし，過失水準や損害額の設定・算定に関する裁判所の過誤の危険性をも考慮すると，「AI の利用者の過失の有無を判断した上で，AI の利用者に過失がなければ，AI の開発者や AI 搭載機器・サービスの製造・販売者に責任を負わせるという，寄与過失つきの厳格責任ルールに相当する損害賠償法ルールが望ましくなることが多いだろう」と指摘している。

59）自動運転における損害賠償責任に関する研究会「第 4 回資料 1」・前掲注 52）1 頁。近内・前掲注 34）1617 頁。浦川・前掲注 23）36 頁は，運行供用者やその責任保険者が「1 件の事故ごとに求償することは実際的ではないため，集積した EDR（ブラック・ボックス）のデータを分析して，全体の事故に対して自動車メーカー（生産物賠償責任保険）側が負担すべき責任割合を算出し，一定の拠出金を運行供用者（自動車保険）側に還元する方法などが考えられる」としている。

60）アメリカでは，わが国の運行供用者責任のような責任の強化が行われておらず，運転者の過失による通常の不法行為責任が問題となるにとどまるため，自動運転技術の進展に伴い運転者が民事責任を負わないものとされ，その代わりに自動運転車メーカーが第一次的な責任主体とされる可能性が高い点で，議論の前提がわが国と大きく異なっている。後藤・前掲注 36）55 頁を参照。

の拠出金によるノーフォルト型の補償基金を整備するという提案もなされている[62]。わが国でも類似の仕組みが提唱されているが[63]，ノーフォルト型の制度については，被害者への補償額と事務処理費用とが低く抑えられない場合には責任保険型の制度よりも高コストとなる可能性があるという問題点が指摘されていることにも留意すべきであろう[64]。

Ⅴ 結びにかえて

本章では，自動運転車の絡んだ交通事故に関するドライバー・運行供用者と自動運転車メーカーの民事責任について，現行法を前提とした場合の帰結を踏まえた上で，自動運転技術の進展を踏まえて制度を見直す場合の選択肢について検討した。もっとも，各種の考慮要素を示すにとどまっており，どの選択肢が望ましいかを確定することはできていない。また，本章では十分に検討することができなかったが，自動運転車メーカーに安全性確保のインセンティブを与える方法は民事責任に限られるわけではなく，行政による直接規制のあり方

61) 自動運転車メーカーの安全性確保のインセンティブを阻害すること等を理由に，このような責任の限定に反対する見解も存在する（後藤・前掲注 36）54 頁注 31-35 とそれに対応する本文）。森田・前掲注 58）17 頁も参照。

62) 後藤・前掲注 36）54 頁を参照。

63) 中山・前掲注 22）10 頁は，「自動運転車に責任財産を付けて認可登録し，事故が起きたときは責任財産から簡易に損害を賠償するシステムが考えられます。この責任財産には，ITS システムに関与する自動車メーカー・部品メーカー・道路インフラ管理者・デジタルマップ業者・情報通信事業者などが共同で資金を拠出し，保険を購入するという構想」を披露している。自動運転車自体の責任を観念するという発想からは，自動運転車メーカーの責任を否定する趣旨であるように思われる（佐藤昌之「自動運転にまつわる法的課題」交通法研究 45 号（2017 年）85 頁，98 頁）。この新しいシステムの下で被害者が得られる補償額に限度額が設定されるのかは明らかではない（「簡易に」という表現からは，限度額を設定する趣旨であるとも思われる）。

64) F. Patrick Hubbard, *"Sophisticated Robots"*: Balancing Liability, Regulation, and Innovation, 66 FLORIDA LAW REVIEW 1803, 1859-1860, 1867 (2014).

と合わせて考える必要もある。[65] 今後，自動運転車の開発がさらに加速していく中で，民事責任と行政規制の両面に渡る制度設計の議論が進展することを期待したい。

参考文献 CHAPTER **7**

藤田友敬〔編〕『自動運転と法』（有斐閣，2018 年）

山下友信〔編〕『高度道路交通システム（ITS）と法──法的責任と保険制度』（有斐閣，2005 年）

---

65) 森田・前掲注58）10 頁，12 頁を参照。自動運転に関する行政規制のあり方について，詳しくは緒方延泰＝嶋寺基「自動運転をめぐる規制上の問題」藤田〔編〕・前掲注 1）を参照。

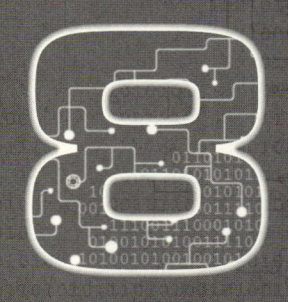

ロボットによる手術と法的責任

弥永　真生

　アメリカの医療機器メーカーが開発した内視鏡手術支援ロボット「ダ・ヴィンチ」が普及しつつある。日本では，2009 年 11 月に厚生労働省薬事・食品衛生審議会で国内の製造販売が承認され，2012 年 4 月 1 日から前立腺癌の全摘手術につき，2016 年からは腹腔鏡下腎部分切除術にも保険適用となっており，同年 9 月末には 237 台導入されている。[1]他方で，手術支援ロボットを用いた遠隔手術の可能性も高まっている。

　ところで，早くも，アメリカにおいては訴訟が提起されている。[2]日本でも，アームが臓器や腹壁に接触していることを手ごたえとして術者が感知することができず，アームの圧迫によって膵損傷を合併して死亡した例が報告されてお

---

1)　http://j-robo.or.jp/da-vinci/nounyu.html

2)　例えば，*Mracek v. Bryn Mawr Hospital*, 363 F.Appendix 925. 926 (3d Cir. 2010). また，Cooper, M.A. *et al.*, Underreporting of robotic surgery complications, *Journal for Healthcare Quality*, vol.37, no.2, p.133-138 (2015); Kartikay, M., Maker of $ 1.5 million surgical robot hid more than 700 injury claims, Insurer says. (26 May 2016) <http://www.bloomberg.com/news/articles/2016-05-26/da-vinci-surgical-robot-maker-fights-insurers-over-hidden-claims> 参照。

り，器械関連トラブルも少なからず発生している[3]。[4]

　そこで，日本法の下でもどのように考えられるのかという問題が遠くない将来に顕在化すると予想されている。理論的には，手術支援ロボットの製造者は，①被害者である患者等に対して製造物責任および不法行為に基づく損害賠償責任を負う可能性があり，②（患者等に対して損害賠償責任を負うこととなった手術を行った）医師等あるいは病院に対して製造物責任，債務不履行，瑕疵担保責任[5]または不法行為に基づく損害賠償責任を負う可能性がある。

ロボット製造業者の製造物責任

　製造物責任法3条は，「製造業者等は，その製造……した製造物であって，その引き渡したものの欠陥により他人の生命，身体又は財産を侵害したときは，これによって生じた損害を賠償する責めに任ずる。」と規定しており，手術支援ロボットの「欠陥」が原因となって，例えば，患者の生命・身体が損なわれた場合には，ロボットの製造業者等は製造物責任を負うことになるのが原則である。ここで，製造業者等とは「製造物を業として製造，加工又は輸入した者」であり（2条3項1号），「業として」製造したのでなければ，ロボットの製造者は製造物責任は負わない。「業として」といえるためには反復継続して行うことが必要であることはたしかであるが，利益を得る（営利の）目的で行うことが必要かどうかについては意見が分かれている[6]。

---

3) https://www.med.nagoya-u.ac.jp/hospital/departments/file/authora1fe4/2017/pdf/20110607houkokusyo.pdf

4) 看護師に対するアンケートであるが，妹尾安子ほか「ロボット手術——チームで取り組むトラブルシューティング：全国アンケート結果」*Japanese Journal of Endourology*, vol. 27, no. 2, p.243 (2014) 参照。

5) 平成29年改正（平成29年法律第44号）後（2020年4月1日施行）の民法の下では，契約不適合を理由とする債務不履行責任。

また，何が「欠陥」にあたるのかが問題となる。通常，①製品の設計上，その製品にとって合理的な安全性を確保していないとき（設計上の欠陥），②製品の製造過程で，欠陥が含まれ，その結果，その製品に必要な合理的な安全性が確保されていないとき（製造上の欠陥），または，③その製品が有し得る危険性とその回避方法を適切な方法で使用者に表示・通知していないとき（指示・警告上の欠陥）に欠陥があるとされるといわれている。製造物責任法2条2項は，「欠陥」とは，(i)当該製造物の特性，(ii)その通常予見される使用形態，(iii)その製造業者等が当該製造物を引き渡した時期その他の当該製造物に係る事情を考慮して，当該製造物が通常有すべき安全性を欠いていることをいうと定義している。第14次国民生活審議会消費者政策部会報告『製造物責任制度を中心とした総合的な消費者被害防止・救済の在り方について』を参考にすると，(i)製造物の特性としては，製造物の効用・有用性，製造物の使用・耐用期間，製造物の経済性，被害発生の蓋然性と程度，製造物の表示が考慮要素に含められる。また，(ii)通常予見される使用形態との関連では，製造物の合理的に予期される使用および製造物の使用者による損害発生防止の可能性が，(iii)引き渡した時期との関連では，製造物が引き渡された時期のみならず，その時点において合理的なコストで事故防止が技術的に可能であったか（技術的実現可能性）が考慮要素となると考えられる。

　手術支援ロボットは，一般の消費者ではなく，医師などの専門家が使用することが想定されており，それを前提として，欠陥の有無が判断されることになる。すなわち，医療機器はプロ用の機器であり，十分な訓練を経た後でないと，使用することは許されない（つまり，製造業者としては，十分な技量を有する者が使用することを期待することができる）ことを前提として，製品を設計すれば十分であると判断される余地がある。また，医療従事者に求められる注意義務の内容として説明書・マニュアルを使用者は隅から隅まで注意深く読むということを製造業者は期待できるという見方は十分にあり得る。

　すなわち，「医師が医薬品を使用するに当たって右文書に記載された使用上の注意事項に従わず，それによって医療事故が発生した場合には，これに従わ

　　6）　国会における政府参考人の答弁や多くの学説は非営利であっても「業として」にあたるとしている。

なかったことにつき特段の合理的理由がない限り，当該医師の過失が推定される」[7] および「その最新の添付文書を確認し，必要に応じて文献を参照するなど，当該医師の置かれた状況の下で可能な限りの最新情報を収集する義務がある」[8] を踏まえるならば，手術支援ロボットを使用する医師は，マニュアルを精読し注意喚起文書を含む最新の情報を収集する義務があると考えられる。そして，十分な訓練を受け，経験を有する医師が，そのような手順を履践して，手術支援ロボットを使用することが「通常予見される使用形態」であるということになりそうである。このように，医療機器に関する製造物責任の成否は，一般消費者向け製品に係る製造物責任とは，異なる基準で判断される可能性がある。

とはいえ，裁判例の中には，製造者はジャクソンリース（人工呼吸用器具）を製造販売するにあたり，使用者に対し，気管切開チューブ等の呼吸補助用具との接続箇所に閉塞が起きる組合せがあることを明示し，そのような組合せで当該ジャクソンリースを使用しないよう指示・警告を発する等の措置を採らない限り，指示・警告上の欠陥があるとしたもの[9] や，カテーテルに強度不足の欠陥があったとしたもの[10] がある。

なお，製造業者等は，「当該製造物をその製造業者等が引き渡した時における科学又は技術に関する知見によっては，当該製造物にその欠陥があることを認識することができなかったこと」を証明したときは（開発危険の抗弁），損害賠償責任を負わないとされており（製造物責任法4条1号），手術支援ロボットについて，これが認められる可能性があり得る。ここでいう引渡時の「科学又は技術に関する知見」とは，欠陥の有無の判断に影響を与える程度に確立された知見であればよく，しかも，製造業者など，特定の者の知識を問題にするのではなく，客観的に社会に存在する知識の総体を意味すると考えられている。[11]

---

7) 最判平成8・1・23民集50巻1号1頁。
8) 最判平成14・11・8判時1809号30頁。
9) 東京地判平成15・3・20判時1846号62頁。
10) 東京地判平成15・9・19判時1843号118頁。
11) 第129回国会衆議院商工委員会議録第5号（平成6年6月3日）8頁[坂本政府委員]，通商産業省産業政策局消費経済課〔編〕『製造物責任法の解説』142頁（通商産業調査会，1994年），川口康裕「製造物責任法の成立について」ジュリスト1051号（1994年）50頁。

しかし，日本では，これまで，開発危険の抗弁を認めて，製造業者等を免責した裁判例は知られておらず，これが認められるのはきわめて例外的な場合であるといえる。[12]

ロボット製造業者の不法行為責任

　手術支援ロボットを使用した手術により，患者の生命・身体が不当に損なわれた場合に，手術をした医療従事者に過失[13]があれば，その医療従事者や病院等は，その被害者に対して不法行為（民法709条・715条）[14]または債務不履行[15]に基づく損害賠償責任（民法415条）を負うことになる。[16]

　そして東京高判平成14・2・7（判時1789号78頁）などを前提とすると，手術支援ロボットの製造者が不法行為に基づく損害賠償責任を被害者に対して負うことも想定できる。東京高判平成14・2・7は，人工心肺装置およびその内のポンプは，基本的には，操作する者の過失ないし過誤がなければ，チューブ亀裂等の事故を起こすことなく多数回の使用に耐え得るものであったから，製造物責任法にいう「当該製造物が通常有すべき安全性を欠いていること」とい

---

12)　東京地判平成14・12・13判時1805号14頁，大阪地判平成23・2・25（平成16年（ワ）第7990号）などは，当該製造物をその製造業者等が引き渡した当時において入手可能な世界最高の科学技術の水準がその判断基準とされるものと解するのが相当であるとしている。

13)　違法な結果が発生することを予見し認識すべきであるにもかかわらず，不注意のためそれを予見せずにある行為を行い，または行わない心理状態をいう。

14)　違法な行為によって引き起こされた損害を賠償する義務を行為者などに負わせる制度。

15)　債務者（何かを引き渡したり，何かをする義務を約束などによって負っている者）が，正当な事由がないのに債務の本旨に従った給付をしないことを債務不履行という。おおざっぱには，約束を守らないこと，義務を果たさないこと。ここでは，約束を中途半端にしか果たしていない（不完全履行）ということになる。

16)　なお，手術支援ロボットを導入し設置している病院等が国・公共団体の設置運営するものである場合には，手術支援ロボットは，国家賠償法2条の「公の営造物」にあたり，その「設置又は管理に瑕疵」がある限り，当該病院等の設置管理者である国・公共団体は無過失の損害賠償責任を負うことになる。

う欠陥があったということはできないとする一方で、「医療機器の製造者にも、機能の性能のみならず、その安全操作の方法、危険発生の可能性などを十分に試験し、これを操作者に具体的かつ十分に説明し、事故発生の危険性に関しては具体的な警告を発すべき義務」があり、その義務に違反した製造者は不法行為責任を負うものとした。

手術支援ロボットの製造者が製造物責任または不法行為責任を患者に対して負う場合であっても、少なからぬ手術においては、医療機器の欠陥と手術を行う医師などの過失とが同時に存在することがありえ、また、かりに手術支援ロボットに何らかの不具合があっても、医師などが適切に対処していれば、被害が防げる、被害の拡大が防止できるということが少なくないことに留意する必要がある。そのような場合には、製造者と医療従事者・病院等は不真正連帯債務[17]を被害者に対して負うことになる。

インフォームド・コンセント

手術支援ロボットは、一般論としては、それを使用しない場合に比べ、身体に対する侵襲（例えば切開すべき範囲）を大幅に小さくすること、その結果、出術後の回復に必要な期間を短縮することを可能にするといわれており、患者にとってのメリットは大きい。しかし、他方では、手術支援ロボットに一定の割合でトラブルが起きているし、それを用いる医療従事者の経験と能力の不足という事態[18]も想定される。そこで、インフォームド・コンセント（十分な情報を与えられた上で、その情報に基づいて下された同意）が大きな意味を有する。

---

17) ここでは損害賠償責任を負う者は、被害者がこうむった損害全額についての賠償責任を負い（被害者は1人の者に対して全額請求できる）、責任を負う者のうち誰かが全部または一部を支払った（弁済）かそれと同視できるようなことがなければ、責任を負う者のうち、ある者に生じた事由は他の者に影響しないということをいう。

1970 年代初頭には，「患者の承諾を求めるにあたっては，その前提として，病状および手術の必要性に関する医師の説明が必要であること勿論である」とした裁判例が存在しており，[19] 平成 9 年改正後医療法 1 条の 4 第 2 項は，「医師，歯科医師，薬剤師，看護師その他の医療の担い手は，医療を提供するに当たり，適切な説明を行い，医療を受ける者の理解を得るよう努めなければならない」として，[20] 原則として，インフォームド・コンセントが必要であることを明らかにした。最高裁判所は，かつては，侵襲行為に対する違法性阻却事由として本人の承諾が必要であることから，インフォームド・コンセントが必要とされると解していたようであるが，[21] 近年では，自己決定権あるいは人格権の保障を根拠としている。[22]

　そして，最高裁判所は，当該疾患の診断（病名と病状），実施予定の手術の内容，手術に付随する危険性，他に選択可能な治療方法があれば，その内容と利害得失，予後などについて説明すべき義務があるとしている。[23] インフォームド・コンセントは，患者が十分に理解できるような方法で，患者が十分に理解しているかどうか医師が確認できる方法で行う必要があり，説明内容を記した書類を交付しただけでは不十分である。書類の交付に加え，患者との直接の対

---

18) 手術支援ロボットを月いたものではないが，群馬大学医学部附属病院での腹腔鏡手術による医療事故（2010 年〜 2014 年。http://hospital.med.gunma-u.ac.jp/?p=4117 参照）は新たな手術方法が有しているリスクを明らかにしたということができる。

19) 東京地判昭和 46・5　19 判時 660 号 62 頁。

20) 厚生事務次官「医療法の一部改正について」（平成 9 年 12 月 26 日）（http://www.mhlw.go.jp/topics/bukyoku/isei/igyou/igyoukeiei/tuchi/091226.pdf）は，「第二 改正の要点」の「1 医療提供に当たっての説明」として，「医療は，医師等医療の担い手が患者の状況，立場を十分尊重しながら，患者との信頼関係に基づき提供されることが基本であり，近年の患者の健康意識の高まり，患者の医療需要の多様化・高度化，医療内容の専門化・複雑化等に伴い，医療提供者が患者に対し医療の内容について十分説明を行うことが求められている。このような状況を踏まえ，医療の担い手は，医療を提供するに当たり，適切な説明を行い，医療を受ける者の理解を得るよう努めるものとされた」と指摘していた。

21) 最判昭和 56・6・19 判時 1011 号 54 頁（開頭手術は危険なもので患者の身体に対する重大な医的侵襲であるから，これを施行しようとする医師は，その侵襲の内容およびこれに伴う危険性を患者に対し説明する義務がある）。

22) 最判平成 12・2・29 民集 54 巻 2 号 582 頁（説明を怠ったことにより，患者が輸血を伴う可能性のあった本件手術を受けるか否かについて意思決定をする権利を奪ったものといわざるを得ず，この点において同人の人格権を侵害した）。

23) 最判平成 13・11・27 民集 55 巻 6 号 1154 頁。

話によってなされるべきであり，理解に不十分さが窺えるときは，さらに丁寧な説明を実施して，十分な理解と同意を得て，その同意は，重要な内容については書面で確認される必要があると考えられている。

　手術支援ロボットを活用した手術との関係では，名古屋大学の医療事故調査委員会報告書[24]によれば，現時点では，「ロボット支援下内視鏡手術が臨床研究の段階にある先駆的な手術手技による治療であることから」，インフォームド・コンセントには，「より慎重に説明と同意を得るプロセスが必要」ということになる。[25]

　他方，最高裁判所は，少なくとも，ある療法（術式）が少なからぬ医療機関において実施されており，相当数の実施例があり，これを実施した医師の間で積極的な評価もされているものについては，患者がその療法（術式）の適応である可能性があり，かつ，患者がその療法（術式）の自己への適応の有無，実施可能性について強い関心を有していることを医師が知った場合などにおいては，たとえ医師自身がその療法（術式）について消極的な評価をしており，自らはそれを実施する意思を有していないときであっても，なお，患者に対して，医師の知っている範囲で，その療法（術式）の内容，適応可能性やそれを受けた場合の利害得失，その療法（術式）を実施している医療機関の名称や所在などを説明すべき義務があるとしている。[26]　そうであれば，手術支援ロボットの普及に伴い，それを活用する手術を選択しない医師も一定の場合にそれについ

24）注3）（ダ・ヴィンチを用いた手術により胃の一部の切除を受けた患者が術後5日目に亡くなったという事件）についてのもの。

25）当該事案について，「同意書は，ロボット支援下内視鏡手術に関する臨床研究に参加するためのものであり，同手術が，先駆的な臨床研究にある手術手技で，未知なる領域の医療行為であることにともなう合併症の不確実性を含めたリスクがある可能性に鑑みれば，患者に対しては，特にかかる不利益についての理解を得ることは重要であり」，「説明を受け理解した項目」のうち，「研究に参加した場合に考えられる利益及び不利益」欄に「チェックがなされるまで丁寧に説明し，同意を得るべきで」あったとされている。また，「臨床研究の説明書の記載内容について，説明書には，「『本手術の危険性』が記載され，『実際の手術では上記以外にも予想し得ない合併症が起こることもあります』の記載があるものの，この記載は，胃癌手術及び腹腔鏡手術一般に関する記載であり，研究に参加した場合のロボット支援下内視鏡手術特有の不利益としては，『手術時間が長くなると思われる』の記載のみである．しかし，ロボット支援下内視鏡手術が，臨床研究段階にある未知の領域といえる手術手技であることに鑑みると，『試料提供者にもたらされる利益及び不利益』においても，改めて，臨床研究にあるロボット支援下内視鏡手術においては予想し得ないリスクが生じる可能性について記載しておくべきであった」とされている。

ロボットによる手術と法的責任

CHAPTER

8

ての説明をする義務を負うとされる日は遠くないかもしれない。

また，手術などには一定の危険が伴うことから，インフォームド・コンセントには患者による「危険の引受け」[27]というもう一つの機能が現実には存在する。製造物責任法4条1号に表れているように，手術支援ロボットのメーカーは，その時点での科学技術，製造技術，医学等の水準に基づき，手術支援ロボットとして合理的な安全設計を行う義務を負っている。しかし，安全設計のみでは，どうしても回避できない手術支援ロボット固有の危険性については，使用者，すなわち，医療従事者がそれを適切に伝える義務を負っているということができる。そして，医療従事者としては，手術にあたって，一定のリスクのある手術支援ロボットを用いるということを患者などに事前に十分説明し，選択を患者の判断に委ねるということが期待されることになる。十分に説明した上での患者による同意（インフォームド・コンセント）という解決が選択されざるを得ない。

債務不履行責任と瑕疵担保責任

手術支援ロボットの販売者は，（患者等に対して損害賠償責任を負うこととなった手術を行った）医師等あるいは病院等に対して製造物責任または不法行為に基づく損害賠償責任を負う可能性があるほか，次に述べる債務不履行または瑕疵

---

26) 前掲最判平成13・11・27。この結果，患者（およびその家族）に対してなされる説明は詳しく，また説明文書の分量も多くなることが少なくない。しかし，患者等にとって説明の内容を理解することは容易でないし，また，そのようなことよりも，健康の回復などがもっぱらの関心事であるのが通常であろう。そのような患者に対して，関心が薄いことがらについて多くの説明をすることは，患者にとっての負担となるのみならず，同意の任意性を損なうことにもなりかねないという問題がある。

27) 自ら危険なことを承知の上である行為をすること（危険なスポーツを行う場合が典型だが，アメリカでは野球場でファウルボールに当たってけがをしたような場合に危険の引受けがあったとされることが一般的であるといわれている）。刑法との関係では広く議論されているが，損害賠償請求ができるかどうかとの関係では，日本では，従来ほとんど検討されてこなかった。

担保責任に基づく損害賠償責任[28]を負う可能性がある。

　まず，手術支援ロボットに瑕疵（取引通念からみて通常であれば同種の物が有するべき品質・性能を有しておらず，欠陥がある状態）があり，それが取引上要求される通常の注意をしても気付くことができないものである場合には，購入者（例えば病院）は瑕疵があることを知った時から，1 年以内であれば，販売者に対し損害賠償を請求できる（民法 570 条・566 条）[29]。もっとも，手術支援ロボットについて多少のメカニカルトラブルが生ずることは一般的であるとすると，「取引通念からみて通常であれば同種の物が有するべき品質・性能を有して」いないということになるのかという問題やある企業のみが手術支援ロボットを製造しているような場合には同種の物がないのではないか，通常有すべき品質・性能とはどういうものなのかという問題はあり得る。

　他方，手術支援ロボットの売買においては，販売者は購入者に適切に作動するものを引き渡すことが債務の本旨に従った給付であるということができる。したがって，適切に作動しないロボットを提供しただけでは不完全履行ということになり，それによって生じた損害を購入者に対して賠償しなければならない（民法 415 条）[30]。

　特定物[31]の売買においては売主は瑕疵がない物を給付する義務を負わないことを前提として，売買の有償性に鑑み，瑕疵を知らなかった買主の利益を保護するために，法が特に認めた責任として瑕疵担保責任が定められているという理解がかつては有力であったが，平成 29 年改正前民法が定めていた瑕疵担保責任は債務不履行責任の一種であり，瑕疵担保責任は売主が無過失の場合でも

28）　平成 29 年改正後民法の下では，契約不適合を理由とする債務不履行責任。

29）　平成 29 年改正後民法の下では，購入者（例えば病院）は，引き渡された手術支援ロボットが品質に関して契約の内容に適合しない場合には，その不適合を知った時から 1 年以内（販売者が引渡しの時にその不適合を知り，または重大な過失によって知らなかったときはこの期間制限はない）にその旨を販売者に通知すれば（566 条），買主は，その不適合を理由として，損害賠償を請求できる（562 条 1 項本文・415 条 1 項）。

30）　平成 29 年改正後民法の下では，契約不適合（562 条 1 項本文）を理由とする債務不履行（415 条 1 項）と構成される。

31）　具体的な取引に際して，当事者がその物の個性に着目して指定した物。手術支援ロボットの場合であれば，その中古品はこれにあたる。不特定物とは具体的な取引にあたって，当事者が取引する物の種類だけを指定して，その個性を問わないものをいい，手術支援ロボットの場合であれば，その新品は通常これにあたる。

認められる点で，売主の故意または過失を要件とする改正前民法415条の責任とは異なるというのが近時の学説においては主流であった。そして，買主としては，いずれのアプローチによっても，その要件を満たす限り，売主に対して損害賠償[32]を求めることができると考えられていた。[33]もっとも，かりに，手術支援ロボットに設計上の欠陥，製造上の欠陥または指示・警告上の欠陥があるといえるのであれば，すでにみた製造物責任に基づきロボット製造者等に対して損害賠償請求する方が病院等にとっても有利であることが通常である。

V

契約により責任を制限することが認められるか

　手術支援ロボットの製造者または販売者と購入者（病院等）の間で，例えば売買契約書の中で販売者の責任を一部免除するような条項を盛り込むことは可能だろうか。まず，瑕疵担保責任については，民法572条が「売主は，第560条から前条までの規定による担保の責任を負わない旨の特約をしたときであっても，知りながら告げなかった事実……については，その責任を免れることができない」と規定している[34]ことから，「知りながら告げなかった」というのでなければ，公序良俗（民法90条）または信義誠実の原則（それぞれの具体的事情の下で，お互いに相手方の信頼を裏切らないよう行動すべきであるという原則。民法1

---

32) 瑕疵がある目的物によって買主の生命・身体・財産に生じた損害も瑕疵担保責任でカバーされるというのが下級審裁判例であるが（例えば，福岡地久留米支判昭和45・3・16判時612号76頁），それらの損害は債務不履行責任または不法行為責任によってカバーされるのがスジであるという見解も有力である。

33) 裁判所は，不特定物の売買においては債務不履行の問題のみを生じるのが本来の法意であるとした上で，買主が瑕疵のある目的物を履行として受領した場合には事後は瑕疵担保責任の適用を排斥すべきでないとし（大判大正14・3・13民集4巻217頁），債務不履行責任による完全履行請求権を行使することはできないとしている（大判昭和3・12・12民集7巻1071頁）。もっとも，ここでいう受領は買主が瑕疵の存在を認識しながら履行として認容した上で受領することであるとし，買主は目的物の引渡しを履行として認容した場合でない限り売主の債務不履行責任を問うことができるとしている（最判昭和36・12・15民集15巻11号2852頁）。

条2項）に反しない限りは，責任を負わないとする条項（免責条項）や責任の範囲や額を限定する条項は有効であると考えられる。

債務不履行責任，不法行為責任および製造物責任についても，製造者に軽過失[35]しかないような場合には，（消費者契約法が適用されるときは別であるが）私的自治または契約自由の原則に基づき，免責条項や責任制限条項は，公序良俗または信義誠実の原則に反しない限り有効であると考えるのが一般的である。もっとも，人身損害や医療過誤との関連では軽過失の場合であってもそのような規定は公序良俗または信義誠実の原則に反し，また，消費者契約法10条にいう不当条項にあたり無効であるという見解もある。[36]

しかも，患者と手術支援ロボットの製造者または販売者との間には契約関係がないため，製造者と病院等との間の契約に含まれる免責条項や責任制限条項を製造者や販売者は被害者である患者に対して主張できないことが原則である。しかし，患者と病院等との間の合意に，手術支援ロボットの製造者および販売者の損害賠償責任についての免責条項や責任制限条項が含まれているような場合には，民法が第三者のためにする契約を認めていることから（537条），その規定が公序良俗または信義誠実の原則に反するのでなければ，有効であると考える余地は十分にある。[37]

▌ 対病院等—— 定型約款

平成29年改正後民法では，定型取引（ある特定の者が不特定多数の者を相手方として行う取引であって，その内容の全部または一部が画一的であることがその双方に

---

34) 平成29年改正後民法572条は，「売主は，第562条第1項本文……に規定する場合における担保の責任を負わない旨の特約をしたときであっても，知りながら告げなかった事実……については，その責任を免れることができない。」と規定している。

35) 過失のうち，不注意ないし注意義務違反の程度が低いもの。重過失なのか軽過失なのかは，それぞれの具体的事情，例えば，責任を負う者の職業・地位，事故の発生状況等に照らして判断される。

36) 星野英一『民法概論4〔改訂版〕』（良書普及会，1986年）61頁，加藤一郎「免責条項について」加藤一郎〔編〕『民法学の歴史と課題』（東京大学出版会，1982年）234頁。消費者契約法10条との関連では北川善太郎＝潮見佳男「注釈415条」奥田昌道〔編〕『新版注釈民法(10)II』（有斐閣，2011年）245頁。

37) 戸田修三＝中村真澄〔編〕『注解国際海上物品運送法』（青林書院，1997年）436頁，戸田修三＝西島梅治〔編〕『保険法・海商法』（青林書院，1993年）204頁など参照。

ロボットによる手術と法的責任

CHAPTER
8

とって合理的なもの）を行うことの合意（定型取引合意）をした者は，定型約款（定型取引において，契約の内容とすることを目的としてその特定の者により準備された条項の総体）を契約の内容とする旨の合意をしたときまたは定型約款を準備した者（定型約款準備者）があらかじめその定型約款を契約の内容とする旨を相手方に表示していたときには，定型約款の個別の条項についても合意をしたものとみなされるが（548条の2第1項），当該条項のうち，「相手方の権利を制限し，又は相手方の義務を加重する条項であって，その定型取引の態様及びその実情並びに取引上の社会通念に照らして第1条2項に規定する基本原則」（信義誠実の原則）に「反して相手方の利益を一方的に害すると認められるものについては，合意をしなかったものとみなす」（548条の2第2項）とされている。したがって，手術支援ロボットの製造者または販売者と病院等との間の契約が免責条項や責任制限条項を含む定型約款によってなされている場合には，548条の2第2項によって，そのような条項について合意がなされなかったものとみなされる可能性が出てくる。

2 対患者—— 消費者契約法

　患者と病院等との間の契約については，自然人である患者は消費者にあたるので，消費者契約法が適用される。そして，消費者契約法では，①事業者の債務不履行により消費者に生じた損害を賠償する責任の全部を免除する条項，②当該事業者，その代表者またはその使用する者の故意または重大な過失による債務不履行により消費者に生じた損害を賠償する責任の一部を免除する条項，③消費者契約における事業者の債務の履行に際してされた当該事業者の不法行為により消費者に生じた損害を賠償する民法の規定による責任の全部を免除する条項，および，④消費者契約における事業者の債務の履行に際してされた当該事業者，その代表者またはその使用する者の故意または重大な過失による不法行為により消費者に生じた損害を賠償する民法の規定による責任の一部を免除する条項は無効とされている（8条1項1～4号）。これらは，病院等による債務不履行または不法行為に基づく損害賠償責任については適用されるが，患者と病院等との間の合意に含まれている，手術支援ロボットの製造者および販売者の損害賠償責任についての免責条項や責任制限条項は対象としていない。

また，製造物責任の全部または一部を免除する条項も文言上は無効とされていない。

　しかし，8条1項の趣旨からすれば，手術支援ロボットの製造者および販売者に故意または重大な過失がある場合にはその不法行為もしくは債務不履行に基づく損害賠償責任または製造物責任の全部または一部を免除したり，軽過失があるにすぎない場合であっても，その不法行為もしくは債務不履行に基づく損害賠償責任または製造物責任の全部を免除する条項は，「民法，商法その他の法律の公の秩序に関しない規定の適用による場合に比し，消費者の権利を制限し，又は消費者の義務を加重する消費者契約の条項であって，民法1条2項に規定する基本原則」（信義誠実の原則）に反して消費者の利益を一方的に害するものであるとして無効とされる（消費者契約法10条）と考えてよいであろう。

VI 遠隔手術に伴う法的問題

1 遠隔医療・遠隔手術の展開

　日本においても，「情報通信機器を用いた診療（いわゆる「遠隔診療」）について」（平成9年12月24日付健政発第1075号厚生省健康政策局長通知）では，「医師法第20条等における『診察』とは，問診，視診，触診，聴診その他手段の如何を問わないが，現代医学から見て，疾病に対して一応の診断を下し得る程度のものをいう。したがって，直接の対面診療による場合と同等ではないにしてもこれに代替し得る程度の患者の心身の状況に関する有用な情報が得られる場合には，遠隔診療を行うことは直ちに医師法第20条等に抵触するものではない。」という見解が示されている。その上で，「初診及び急性期の疾患に対しては，原則として直接の対面診療によること」，「直接の対面診療を行うことができる場合や他の医療機関と連携することにより直接の対面診療を行うことができる場合には，これによること」とされているが，直接の対面診療を行うことが困難である場合（例えば，離島，へき地の患者の場合など往診または来診に相当

な長時間を要したり，危険を伴うなどの困難があり，遠隔診療によらなければ当面必要な診療を行うことが困難な者に対して行う場合）などには，患者側の要請に基づき，患者側の利点を十分に勘案した上で，直接の対面診療と適切に組み合わせて行われるときは，遠隔診療によっても差し支えないとしている。[38]

日本で，遠隔手術が行われたということが報じられたことはないようであるが，2001 年 9 月 7 日に，ニューヨークにいる医師が，Computer Motion 社[39]の ZEUS を用いて，フランスのストラスブールにいる患者の胆嚢を腹腔鏡下で摘出した。[40]

もっとも，その後は，通信回線を介した画像と音声の共有による遠隔手術指導は多く行われているものの，遠隔手術は行われていないようである。[41] これは，通信の安定性を確保し，伝送時間遅れ[42] を抑制することが難しいためであるといわれている。また，すでにみたような手術支援ロボットの利用時の事故における損害賠償責任の所在だけではなく，電気通信事業者の責任も問題となるた

---

38) 「情報通信機器を用いた診療（いわゆる「遠隔診療」）について」（平成 27 年 8 月 10 日付厚生労働省医政局長事務連絡）も参照。もっとも，「インターネット等の情報通信機器を用いた診療（いわゆる「遠隔診療」）を提供する事業について」（平成 28 年 3 月 18 日付医政医発 0318 第 6 号厚生労働省医政局医事課長通知）では，「電子メール，ソーシャルネットワーキングサービス等の文字及び写真のみによって得られる情報により診察を行うものである場合は，……『直接の対面診療に代替し得る程度の患者の心身の状況に関する有用な情報』が得られないと考えられる。」，「対面診療を行わず遠隔診療だけで診療を完結させるものである場合は，当該診療は，……『直接の対面診療を補完するものとして』行われておらず，……『直接の対面診療と適切に組み合わされ』た診療が行われていない。このような場合は，当該事業を行う者は，無診察治療を禁止した医師法（昭和 23 年法律第 201 号）第 20 条に違反するものと解してよろしいか。」という照会（平成 28 年 3 月 14 日付 27 福保医人第 2663 号東京都福祉保健局医療政策部医療人材課長照会）に対して，「貴見のとおり」と回答したとされている。

39) 2003 年に，Computer Motion 社は，ダ・ヴィンチを製造している Intuitive Surgical 社に吸収合併された。

40) Institute for Research into Cancer of the Digestive System, "Operation Lindbergh": A World First in TeleSurgery: The Surgical Act Crosses the Atlantic! (http://www.ircad.fr/wp-content/uploads/2014/06/lindbergh_presse_en.pdf). 大西洋単独無着陸横断飛行を成功させたチャールズ・リンドバーグにちなんで，「リンドバーグ手術」と呼ばれている。

41) なお，総務省「8K 技術の応用による医療のインテリジェント化に関する検討会」において，金光幸秀構成員が「遠隔地の医師による手術は，ダビンチというロボット技術によってコードレスで可能な状況ではあるが，リンドバーグ手術と呼ばれるような大陸を跨ぐ程の遠隔手術は実現していない」と指摘している（第 3 回〔2016 年 5 月 30 日〕議事概要〔http://www.soumu.go.jp/main_content/000430500.pdf〕）。

め，法的なリスクが大きいとも指摘されている。ただし，インテュイティブ・サージカル社ではすでに，通信衛星による遠隔操作を視野に入れたシステムを完成させているといわれている。また，災害時の手術や複数の場所に散らばる専門医によるチーム医療などへの応用も可能であり，[43]例えば，日本においては，2004 年に，商用回線を利用して，慶應義塾大学と東京医療センター間で内視鏡外科手術用カメラの視野を制御し，遠隔共同手術が実施されている。[44]

2 どこの裁判所に訴えるか —— 裁判管轄

　損害賠償を求めてもらちがあかないときには，通常は，裁判所の力を借りることになるが，日本の裁判所が判断を示し，力を貸してくれるかどうかは日本の裁判所が管轄を有するかどうかにかかっている。

　裁判に巻き込まれる側の利益を考慮し，訴えられた人（被告）——この章では，手術支援ロボットの製造者や販売者，病院等または電気通信事業者——の住所地等を管轄する裁判所に管轄があるというのが原則である。したがって，被告が自然人（肉体をもった人間のこと）である場合には，被告の住所が日本国内にあるとき，住所がない場合もしくは住所がわからない場合にはその居所（一時的に住んでいる場所）が日本国内にあるとき，または居所もない場合もしくは居所もわからない場合で訴えの提起前に日本国内に住所を有していたときには，日本国内の裁判所に管轄が認められる（民事訴訟法3条の2第1項）。また，被告が会社などの法人である場合には，その主たる事務所もしくは営業所が日本国内にある場合，または事務所もしくは営業所がない場合もしくはそれらがどこにあるかがわからない場合には代表者その他の主たる業務担当者の住所が日本国内にある場合に，日本国内の裁判所に管轄が認められる（民事訴訟法3条の

---

42) リンドバーグ手術の時点では通信衛星を用いた通信では 600 ミリ秒の遅れが生ずると評価されていたが，実際に用いられた光ファイバーケーブルを介した伝送においては，映像情報遅れは 150 ミリ秒以下に抑えられたとされている。日本とタイとの間で行ったブタを用いた遠隔手術実験について報告したものとして，光石衛＝荒田純平「医療におけるテレロボティクス」日本ロボット学会誌 30 巻 6 号（2012 年）568-570 頁も参照。

43) 光石衛「21 世紀のロボティック医療への期待」日本ロボット学会誌 18 巻 1 号（2000 年）2-7 頁。

44) http://www.olympus.co.jp/jp/news/2004a/nr040512opej.jsp

2 第 3 項）。

　また，不法行為に関する訴訟については，不法行為があった地が日本国内にあるときには，日本の裁判所に管轄が認められる（民事訴訟法 3 条の 3 第 8 号）。したがって，日本国内で遠隔手術を受けた患者が日本国外の病院等や手術支援ロボットの製造者に対して不法行為（製造物責任を含む）に基づく損害賠償を請求する場合には日本の裁判所に訴えを提起できるのが原則である。ただし，加害行為が行われた地が匡外であり，加害行為の結果だけが日本で発生した場合であって，その結果がΕ本で生じることを通常予見できないものについては，日本で訴訟を起こすことはできない。たしかに，国外の製造者についていえば，加害行為が行われた地は国外であることになるが，患者に害をもたらした遠隔手術自体については患者が手術を受けた地において加害行為の一部は行われているということになろう。

　以上に加えて，消費者から事業者に対してなされる訴えは，訴えの提起時に消費者の住所が日本国内にあるとき，または契約締結時に消費者の住所が日本にあるときには，日本の裁判所に管轄が認められるが（民事訴訟法 3 条の 4 第 1 項），遠隔手術を受ける患者は消費者にあたり，医師や病院等は事業者にあたる。

　また，例えば，①日本国内に事務所または営業所を有する者に対する訴えであってその事務所または営業所における業務に関するもの，または②日本において事業を行う者に対する訴えであってその訴えがその者の日本における業務に関するものは，日本の裁判所に管轄が認められる（民事訴訟法 3 条の 3 第 4 号・第 5 号）。

　なお，管轄に関して当事者間で合意がされている場合には，原則としてその合意に従って管轄が認められるが（民事訴訟法 3 条の 7 第 1 項），事業者と消費者が，消費者契約締結の時点で，消費者が住所を有している国の裁判所に訴えを提起することができる旨の合意をするとき，または，消費者が国際裁判管轄の合意に基づき合意された国に裁判所に提訴した場合もしくは事業者が提訴した場合に消費者が国際裁判管轄の合意を援用したときを除き，消費者契約における管轄の合意は無効とされる（民事訴訟法 3 条の 7 第 5 項）。つまり，消費者契約締結の時点で，消費者が住所を有している国の裁判所に訴えを提起することができる権利が消費者には保障されているということになる。

3　どの国の法律が適用されるのか—— 準拠法

　2つ以上の国（正確には法域〔特定の法律が施行されている領域。国の一部であることもある〕）に関係する紛争については，どの国の法が適用されるかという問題があり，適用されるべき法律を準拠法という。日本の裁判所がどの国の法律を準拠法とするかを定めているのが法の適用に関する通則法（以下，法通則法）である。

　法通則法によれば，手術支援ロボットの製造者の不法行為責任を追及する場合には，不法行為によって生ずる債権の成立および効力は，加害行為の結果が発生した地の法によることになる（17条）。したがって，患者にとっては手術を受けた地の法が適用されることになるのが原則であると考えられる。たしかに，法通則法18条は，生産物責任の特例として，被害者が生産物の引渡しを受けた地の法によると定めているが，患者は手術支援ロボットの引渡しを受けるわけではないから，18条を適用することはできず，日本の裁判所に裁判管轄がある場合に，日本の裁判所は，製造物責任の成否および効力については，製造物責任を不法行為の一種とみて，[45]加害行為の結果が生じた地の法を適用することになるのであろう。

　他方，病院等が製造者の製造物責任を追及する場合には，法通則法18条が適用され，手術支援ロボットの引渡しを受けた地の法が適用されることになり，不法行為責任構成で請求する場合にも，18条が17条の特則と位置付けられる以上，適用されるべき法（準拠法）に違いはないということになる。[46]病院等が製造者または販売者に対し債務不履行責任または瑕疵担保責任を追及する場合

---

45)　法通則法18条は，「前条の規定にかかわらず」と定めているから，18条にいう生産物責任は（国際私法との関連で）不法行為責任の一種であると位置付けられているというべきであるし，生産物責任についての明文の規定がなかった，かつての法例の下でも，生産物責任は（国際私法との関連で）不法行為責任であるという見方を前提とする判断が示されていた（東京地判平成10・5・27判時1668号89頁）。

46)　なお，法通則法17条または18条にかかわらず，「明らかに……密接な関係がある他の地」がある場合には，その地の法が適用される（20条）。そして，20条では，当事者間の契約に基づく義務に違反して不法行為が行われたような場合が例示されているところ，病院等が製造者の製造物責任または不法行為責任を追及する場合は「当事者間の契約に基づく義務に違反して不法行為が行われた」ような場合にあたる。もっとも，手術支援ロボットの引渡しを受けた地よりも「明らかに……密接な関係がある他の地」があることはほとんど想定できないのではないだろうか。

には，病院等と製造者または販売者とが手術支援ロボットの売買または賃貸借等の契約をした当時に選択した地の法によるのが原則であるが（法通則法7条），選択しなかったときは，法律行為の成立および効力は，当該法律行為の当時において当該法律行為に最も密接な関係がある地の法による（法通則法8条1項）。後者の場合には，18条が適用される場合と同様，手術支援ロボットの引渡しがなされた地の法が適用されることになりそうである。

　なお，患者と病院等との間の契約（診療契約）が法通則法上の消費者契約（個人〔事業としてまたは事業のために契約の当事者となる場合におけるものを除く〕と事業者〔法人その他の社団または財団および事業としてまたは事業のために契約の当事者となる場合における個人〕との間で締結される契約）にあたると考えられる。したがって，診療契約において，患者の常居所地法以外の法を適用する旨を定めた場合であっても，消費者がその常居所地法中の特定の強行規定を適用すべき旨の意思を事業者に対し表示したときは，当該消費者契約の成立および効力に関しその強行規定の定める事項については，その強行規定をも日本の裁判所は適用する（法通則法11条1項）。例えば，患者が日本に常居所を有している場合には，患者がその意思を表示すると，消費者契約法が適用されることになる。また，診療契約の成立および効力について診療契約で準拠法を指定しなかったときは，その診療契約の成立および効力は，患者の常居所地法によることになる（法通則法11条2項）。手術支援ロボットの製造者および販売者の損害賠償責任についての免責規定や責任制限規定が診療契約に含まれている場合に患者がそのような合意をしたといえるのか，また，そのような条項の効力がどの範囲で認められるのかも，このようなルールによって定まる法によって判断される。

今後の課題

1　免許制度の可能性

手術支援ロボットを用いた手術の例は増加しているとはいえ，まだ割合的に

は少数であり，医学部における教育課程でそのような手術を行うための訓練は要求されていない。当然のことながら，医師の国家試験もそのような手術を行うことを念頭に置いたものではない。もっとも，ダ・ヴィンチの製造元であるインテュイティブ・サージカル社は，認定資格（certificate）制度[47]を設けており，術者は資格取得後，少なくとも10例の症例を見学してから手術を行うこととされている[48]。

　欧州においては，外科医が手術支援ロボットのようなきわめて複雑な機器を用いて手術するための最低限の職業的要件を規定し，そのような手術を行うことができるための欧州レベルでの資格を得るための訓練および最終試験を導入することが欧州連合にとっては必要である，そのような資格については継続教育を要求し，進歩する機器に対応することができるように資格更新制をとる必要があるように思われるという提言がなされていた[49]。そして，欧州議会は，患者の健康を保護するために医師やケア補助者のようなヘルスプロフェッショナルのための適切な教育，訓練および準備が重要であるとし，専門家の能力を最高水準のものとすることを可能にすることを確保し，外科医が外科ロボットを操作し，用いることを許されるために満たさなければならない最低限の職業上の要求事項を定める必要がある旨などの決議をした[50]。もっとも，欧州委員会はその後，この決議に対応するための一連の規制上および政策上の取組みを公表したが[51]，職業上の要求事項に対する直接の言及はされなかった。

---

47) 資格を取得するために必要なトレーニングについては，例えば，岩手県立胆沢病院の広報誌での紹介（http://www.isawa-hp.com/media/2/20170510-kuro31.pdf）がわかりやすい。

48) 例えば，「日本内視鏡外科学会（JSES）の内視鏡手術支援ロボット手術導入に関する提言」（2011年7月19日）では，原則として満たすことが望ましい7条件の一つとして，「術者および助手はda Vinci Surgical System 製造販売業者および販売会社主導のトレーニングコースを受講し内視鏡手術支援ロボット使用に関する certification を取得していること」を挙げている。

49) D6.2 Guidelines on Regulating Robotics (http://www.robolaw.eu/RoboLaw_files/documents/robolaw_d6.2_guidelinesregulatingrobotics_20140922.pdf), p.94, 100-101 (2014).

50) European Parliament resolution of 16 February 2017 with recommendations to the Commission on Civil Law Rules on Robotics (2015/2103(INL)), para.33.

51) European Commission, Follow up to the European Parliament resolution of 16 February 2017 on civil law rules on robotics (http://www.europarl.europa.eu/oeil/spdoc.do?i=28110&j=0&l=en).

2 「欠陥」「瑕疵」「過失」の立証の困難さ

アメリカにおいては，民事においても陪審が導入されており，専門家証人が要求されることもあり，手術支援ロボットの製造者が1社しかない現状においては，損害賠償を請求する原告にとっては適切な専門家証人が得られないという問題があると指摘されている。[52] 日本においては，自由心証主義と職業的裁判官制度を背景として深刻な問題はないという見方もあるかもしれないが，かつて，医療過誤訴訟において，患者側が適切な専門家の証言等を得られないという問題があるといわれていたことからすれば，手術支援ロボットの欠陥や瑕疵または手術した医師等の過失を立証することに困難が伴うかもしれないし，逆に，開発危険の抗弁がどの範囲で認められるのかという課題があり得る。

また，手術支援ロボットを用いて手術を施行する医療従事者の過失（あるいは未熟さ）と手術支援ロボットの欠陥・瑕疵とを明確に区別することができないことがしばしばあり得ることから，手術支援ロボットが原因となった事故が過少に報告されているのではないかという指摘もアメリカではなされている。[53]

3 保険または補償制度の可能性

手術支援ロボットの瑕疵や欠陥の立証が困難であり，他方で，執刀した医師等の過失の立証も容易ではないが，手術支援ロボットを使用したことが患者の損害につながったと考えられる場合があり得ることに備えて，自動車賠償責任保険のように付保を強制し，場合によって，医師等の過失の有無にかかわらず，補償がなされるという仕組みが立法論として検討に値するかもしれない。現代の技術水準や医療水準を前提とすれば一定程度のリスクがあるが，手術支援ロ

---

52) Goldberg, M., The Robotic Arm Went Crazy: The Problem of Establishing Liability in a Monopolized Field, *Rutgers Computer & Tech. Law Journal*, vol.38, p.225-253 (2012).

53) Cooper *et al., supra* note2; Dubeck, D., Robotic-assisted surgery: focus on training and credentialing, *Pennsylvania Patient Safety Advisory*, Vol.11, p.93-101 (2014); Kaushik, D. *et al.*, Malfunction of the Da Vinci robotic system during robot-assisted laparoscopic prostatectomy: an international survey, *Journal of Endourology*, vol.24 no.4, p.571-575 (2010).

ボットの活用がマクロ的・中長期的には患者の利益および国民全体の利益につながるというのであれば，それは自動車の運転と共通する面があるということもできるからである。また，医療事故においては因果関係の立証がしばしば困難であることに鑑みると，医薬品等の副作用から生ずる損害をカバーする医薬品副作用被害救済制度と同様の救済を被害者に与える制度を創設したり，医薬品副作用被害救済制度に取り込むようなことが考えられてもよいのかもしれない。

　他方，手術支援ロボットが患者の身体的負担を軽減し，その結果，入院期間などを短縮できることにより医療費の削減に寄与し，医師等の技量の差を縮めることによって患者にとって大きな利益を与える可能性があることからすれば，手術支援ロボットの製造者が製造物責任などに備えて保険を付すことができるようにすることが，一方では重要である。かりに合理的な保険料での付保が市場原理の下では難しいというのであれば，原子力損害賠償制度のように国が政策的に一定限度を超える額についての補償を行うというようなアプローチも立法論としては考えられないわけではない。

参考文献　　　　　　　　　　　　　　　　　　　　　　　　CHAPTER **8**

鎮西清行「手術ロボットの開発動向」情報処理 46 巻 12 号（2005 年）1362-1367 頁

Hubbard, F. Patrick, 'Sophisticated Robots': Balancing Liability, Regulation, and Innovation, *Florida Law Review*, Vol.66, No.5, 1803-1872（2014）

Palmerini, Erica *et al*., Guidelines on Regulating Robotics（2014）〈http://www. robolaw.eu/RoboLaw_files/documents/robolaw_d6.2_guidelinesregulatingrobotics_20140922.pdf〉

ロボット・AI と刑事責任

深町 晋也

はじめに

　ロボット・AI を巡っては，その技術的な発展に応じて，問題となり得るテーマは異なる。また，刑法において問題となり得るテーマも多様である。例えば，悪意を持った人間が，ロボット・AI が暴走するようなバグを仕込んでおく，あるいはハッキングするといった行為は，極めて深刻な影響を（時には国家を超えて）広範囲に及ぼしかねない。既にこうした問題は，国際的にもその重要性が認識されている[1]ところ，その影響力の大きさに鑑みれば，国際的な協調の下での規制が必要となるものであり，刑法学においても論じるべきテーマであることは言うまでもない。

---

1)　例えば，ドイツにおける 2016 年のサイバークライムに関する報告書は，いわゆる IoT との関係でこの問題を詳細に扱っている（Cybercrime Bundeslagebild 2016, S. 25）。

しかし，本章が扱うのは，こうした意図的かつ不正なハッキングといった問題ではない。このような問題に対しては，現行法の規定でどの程度捕捉可能か，新たな刑罰規定を設けるべきか，設けるとすればどのような立法が望ましいか，といった極めて多様な考慮が必要となり，それ自体として別個に論じるべきであろう。

本章での検討対象は，第1に，ロボットやAIが，こうした意図的な攻撃によらずに問題のある作動をすることで法益侵害結果が生じる事例，すなわちロボット・AIがいわば「加害者的」な立場に立つ事例である。しかし，ロボットやAIがより洗練され，人間に近い存在になればなるほど，単に加害者的な立場のみが問題となるわけではない。すなわち，第2に，ロボットやAIが，人間にとって家族類似あるいは仲間（バディ）的な関係を有することにより，人間にとって，物的な意味で欠かせなくなるのみならず，むしろ精神的な意味で欠かせなくなった場合に，そうしたロボットやAIが破壊される事例，すなわちロボット・AIがいわば「被害者的」な立場に立つ事例である。両事例は，えてしてロボット・AIが「人格」を有するか否かといったレベルで同一に扱われる傾向にあり，確かに密接に関連する問題ではあるが，なお理論的には区別して検討することが可能であり，また区別して検討すべき理由がある。以下では，こうした事例のモデルケースを示し，それを元に検討を進めていくことにする。[2]

モデルケース

1 事例1

Xは，自動車会社Yが製造・販売する自動走行車（レベル3）を購入し，雨

---

[2]　以下の記述は，福田雅樹＝林秀弥＝成原慧〔編著〕『AIがつなげる社会』（弘文堂，2017年）における拙稿「AIネットワーク時代の刑事法制」を元にしつつ更に発展させたものである。

天の日に一般道を時速 40 キロで，自動走行モードで運転していた。X が前方不注視でいたところ，道路左側の歩道を歩いていた幼児 A が，親の手を離して車道に進入してきた。自動走行車は緊急の対応を要するとして，運転者による対応に切り替えたものの，X は前方不注視であったため，瞬時の対応が遅れ，もはや急制動（ブレーキ）では間に合わない状況となった。そこで X は，右にハンドルを切って A との衝突を回避しようとしたところ，後方から制限速度を超過したバイクが進行してきたため，これを避けきれずに接触させて転倒させ，バイクに乗っていた B を死亡させた。

2　事例 2

　X は，自動車会社 Y が製造・販売する自動走行車（レベル 4 または 5）を購入し，一般道で当該自動車を時速 40 キロで走行させていた。本件自動走行車は，衝突回避のシステムとして，急制動を行うことで衝突を回避するか，急制動では間に合わないと判断した場合には，衝突を回避するためにハンドルを左右に切るように設計されていた。但し，こうした緊急動作を行ってもおよそ衝突自体は回避できない場合，例えば急制動をすれば後続の自動車と，ハンドルを左に切れば歩行者と，ハンドルを右に切れば後方から進行してきたバイクとの衝突が回避できないような場合には，衝突によって生じる被害者の数が最も少なくなるような回避措置をとるように設計されていた。X が一方通行の道を進行中に，前方から対向車が突っ込んできたため，本件自動走行車は左か右にハンドルを切らざるを得なくなったが，左側の歩道には歩行者 A が，右側の歩道には立ち止まって話をしている数人のグループがいたため，本件自動走行車は左側にハンドルを切り，対向車との衝突は免れたが，A を轢過して死亡させた。

3　事例 3

　X は，AI が搭載された愛玩用ロボット A を購入した。当該ロボットは，見た目は柴犬に似せて作られており，持ち主に掛けられた言葉や，持ち主の体温・心拍数といった健康データなどを自動で収集・記録しつつ，持ち主が登録した持ち主の個人情報なども併せて，持ち主に対する最適な対応を行うように

設計されていた。Aは，長年Xに関する情報などを収集し，Xに対する最適な対応を行い続けた結果，Xにとってはかけがえのない存在となった。これに対して，Xの配偶者であるYは，長年に渉るXのAに対する溺愛を我慢していたが，ある日とうとう我慢できなくなり，Xの面前でAを完全に破壊して，再生不可能にした。

また，これに対してXは，Aと同様のコンセプトで製造され，Yが長年大事にしてきた，AIが登載された人間型ロボットであるBを，自分がされたことの仕返しとして，Yの面前で完全に破壊して，再生不可能にした。

自動走行車と過失犯の成否

1 自動走行車の意義とその種類

自動走行車あるいは自動運転車とは，運転者による操作を経ることなく，安全に一定の目的地まで移動させる（自動運転）仕組みを有する自動車のことを指す。このような自動運転は，AIソフトによって実現されるものであり，自動走行車はこうしたAIソフトを実装した自動車である。自動走行車の導入は，交通事故（死傷事故）の9割以上に関連するとされる，運転者のいわゆるヒューマンエラーに基づく事故の可能性を減少させ[3]，また，最適な走行により環境への負荷を減少させる[4]など，社会的な便益を増大させるものと言える。また，今後ますます我が国において進展していく高齢者社会の中で，青年・中年期に比して認知・判断能力が低下した高齢者にとっては，こうした自動走行車の登場は，安全かつ快適な移動の自由の享受という観点から，大きな意義を有する

---

3) 今井猛嘉「自動車の自動運転と刑事実体法」山口厚ほか〔編〕『西田典之先生献呈論文集』（有斐閣，2017年）519頁以下及び同論稿で引用されている橋本裕樹＝金子正洋＝松本幸司「運転者のヒューマンエラーに着目した交通事故発生要因の分析」（2008年）（http://library.jsce.or.jp/jsce/open/00039/200806_no37/pdf/88.pdf）を参照。

4) 今井・前掲注3) 519頁以下。

ものと思われる[5]。

　こうした自動走行車は，2014 年に SAE（Society of Automotive Engineers）が提示し[6]，2016 年 9 月に米国運輸省道路交通安全局（NHTSA）も採用した[7]基準によれば，可能となる自動運転の度合いによってレベル 0 からレベル 5 まで 6 段階に分けられる。運転環境を自動でモニタリングするシステムが導入されるのがレベル 3 以上であるが，レベル 3（条件付自動運転）では，一定の事情（例えば悪天候）によって自動運転システムのモニタリングに限界が生じると，人間である運転者の判断に委ねられ，運転者が適切に対応する必要が生じることになる（これを以下，「オーバーライド」と言う）。これに対して，レベル 4（高度自動運転）あるいはレベル 5（完全自動運転）[8]になると，こうした人間の運転者によるオーバーライドの必要性は想定されておらず，自動運転システムによる対応に委ねられている。このように，レベル 3 の自動走行車とレベル 4 以上の自動走行車とでは，いざという時に人間の運転者による適切な対応が必要となるか否かという点で，大きな差異がある。

2　レベル 3 の自動走行車と死傷事故

　次に，**事例 1** について，死亡した被害者 B に対する刑事上の責任を誰が負うのかについて検討する。**事例 1** では，（後に論じる**事例 2** と異なり，）基本的には人間である運転者自身の過失責任がまずは問題となる。

　事例 1 では，自動運転システムから運転者である X に自動車の操作・制御が

---

5)　高齢者のノーマライゼーションという点につき，AI ネットワーク化検討会議「報告書 2016 AI ネットワーク化の影響とリスク」（2016 年）（http://www.soumu.go.jp/main_content/000425289.pdf）21 頁以下も参照。

6)　Summary of Levels of Driving Automation for On-Road Vehicles (https://cyberlaw.stanford.edu/files/blogimages/LevelsofDrivingAutomation.pdf).

7)　Federal Automated Vehicles Policy (2016), p.9 (https://www.transportation.gov/AV/federal-automated-vehicles-policy-september-2016).

8)　両者の違いは，いわゆる「運行設計領域」の差にある。レベル 4 では例えば高速道路上の走行といった一定の条件から逸脱しない限りで，あらゆる運転タスクをシステムがコントロールするのに対して，レベル 5 ではあらゆる条件下で自動運転がなされることになる。内閣官房 IT 総合戦略室「自動運転レベルの定義を巡る動きと今後の対応（案）」（2016 年）（http://www.kantei.go.jp/jp/singi/it2/senmon_bunka/detakatsuyokiban/dorokotsu_dai1/siryou3.pdf）3 頁以下参照。

委ねられている。したがって，自ら操作する自動車によってＢを死亡させた以上，Ｘには当然に過失運転致死罪（自動車運転死傷法５条）が成立するように見える。しかし，ここで問題となるのが，果たしてＸにはいかなる点で過失が認められるのかである。刑法において過失犯の成立を認めるためには，注意義務違反が必要と解されている[9]ところ，Ｘがどのような注意義務に反したのかが問題となる。

　自動車運転者が自動車の運転中に課せられている義務のうち，最も基本的な義務は前方注視義務である。というのは，刻々と変化する道路の状況に適時に的確に対応するためには，前方を注視して様々な道路状況に関する情報を取得する必要があるからである。そして，レベル３の自動走行車が自動運転システムによって運転中であっても，こうした基本的義務である前方注視義務については，運転者が免除されることはないと解されることになろう。というのは，自動運転システムによる制御がなされている場合であっても，いつ運転者にオーバーライドが生じるかは分からず，運転者としてもこうしたオーバーライドに備えて自ら前方を注視して情報を取得しなければならないからである。要するに，Ｘは，自動走行モードの間であっても，なお前方を注視しなければならないのである。

　但し，こうした考え方に対しては，なお疑問もあり得る。それを端的に言えば，運転者自身が運転する場合と同様の神経の集中を，果たして自動運転システムが作動している間にも常に要求することが適切か，という点である。レベル３の自動走行車は，オーバーライドされるまでは，あらゆる運転タスクについて，自動運転システムによって処理しているのであり，運転者もこうした処理を前提にして，すなわちこうした処理が適切になされることを信頼して乗車している。こうした信頼はおよそ法的に見て考慮されないのであろうか。

　刑法においては，こうした「信頼」を考慮する法原則がある。すなわち，行為者が他人の適切な振る舞いを信頼できる場合には，その他人の不適切な振る舞いによって法益侵害結果が生じたとしても，行為者には責任は問われないとする原則（信頼の原則）である。[10] このような信頼の原則は，基本的には人間の

---

9)　樋口亮介「注意義務の内容確定基準」髙山佳奈子＝島田聡一郎〔編〕『山口厚先生献呈論文集』（成文堂，2014年）195頁以下参照。

行動について問題となるものであり，**事例1**においても，自動車会社 Y が適切に作動する AI を設計・製造していると信頼できる場合には，仮に AI の不適切な作動によって法益侵害結果が生じたとしても，行為者には責任は生じないと考えるべきであろう。しかし，**事例1**では，オーバーライド自体は適切になされているのであって，自動運転システムの適切な作動を信頼したにも拘わらず適切な作動がなされなかったというわけではない。すなわち，レベル3の自動走行車はオーバーライドを前提とした設計がなされている以上，およそオーバーライドがなされてはならない局面でなされたといった例外的事情がない限り，X の刑事責任は否定されないことになる。

しかし，こうした信頼の原則が妥当しないとしても，前述の疑問，すなわち，そもそも自ら操縦・運転をしない運転者において，自ら運転する運転者と同程度の前方注視を期待することができるのかという問題はなお残る。自ら運転する運転者ですら，時に意識が散漫になったり，あるいは脇見運転をしたりすることは珍しくない。自ら運転しない場合にはなおさらそうであり，退屈しのぎについ携帯電話やスマートフォンの画面を注視することはむしろ当然に予期される事態である。こうした状況に鑑みれば，自ら運転をしない運転者に対しても同様の前方注視義務を課し，その違反に対して減点や交通反則金といった行政制裁や（事故が発生した場合に）刑罰を科すという方策が妥当なのかは疑問の余地がある。そのような前方注視義務を課すのであれば，レベル3の自動走行車のユーザーインターフェースの中に，自ら運転をしない運転者に対して一定の前方注視をさせるような仕組みを予め実装するといった設計が重要となるであろう。[11]

また，オーバーライドされた運転者が，緊急の事態において適時に対応できるかは別論である。オーバーライドに必要な時間は最低4秒であるとされている[12]ところ，前方を注視していたとしても，急制動による事故の回避が可能で

---

10) 信頼の原則の適用を肯定した判例として，例えば最判昭和 42・10・13 刑集 21 巻 8 号 1097 頁参照。また，深町晋也「信頼の原則について」斉藤豊治ほか〔編〕『神山敏雄先生古稀祝賀論文集第 1 巻』（成文堂，2006 年）117 頁以下も参照。

11) こうした設計をしない場合には，運転者の過失（及び過失による死傷事故）を誘発するような自動走行車を設計・販売したとして，自動車会社の設計部門担当者などの過失責任が問題となり得る。

12) 今井・前掲注 3）52 頁。

あったと認定できない場合は十分にあり得る。この場合には，急制動以外の手段によって事故が回避できなかったかが問題となる。A との衝突を回避するためには，（急制動以外には）右にハンドルを切るしかなく，かつ，B が速度制限を超過したことによって本件衝突が生じた場合には，運転者 X としては，B が制限速度を遵守してバイクを走行させることについて信頼し得るとして，前述の信頼の原則が適用され得る。その結果，**事例1**においては，X の過失責任が否定されるという結論に至ることになろう。

レベル4以上の自動走行車と過失犯の成否

1 前提：レベル4以上の自動車は公道を走れるか

事例2で問題となるレベル4以上の自動走行車においては，もはや人間が運転に関与することが想定されておらず，専ら自動運転システムに起因して本件事故が生じたと言える。[13] しかしそもそも，日本が批准する道路交通に関する条約（いわゆるジュネーヴ条約）では，8条1項において車両には運転者がいなければならない旨を規定し，4条の定義規定によれば，運転者とは，道路において車両を運転する者を指すとされている。[14]

そこで，人間が運転に関与しないレベル4以上の自動走行車が，こうした条約の要請を充たすものであるのかが問題となる。[15] 少なくとも現状では，車両における運転者が人間であることが要求されるとの解釈が一般的であり，[16] こうした解釈を前提とする限り，条約の改正[17]なしには，そもそもレベル4以上

---

13) 但し，レベル4以上の自動走行車であっても，その利用者が当該自動走行車を実際に作動させる行為（走行のために自動走行車のシステムをオンにする行為）を構成要件該当行為と把握する見解として，Armin Engländer, Das selbstfahrende Kraftfahrzeug und die Bewältigung dilemmatischer Situationen, ZIS 9/2016, S. 611 参照（本論文を紹介するものとして，冨川雅満「アルミン・エングレーダー『自動運転自動車とジレンマ状況の克服』」千葉大学法学論集 32巻1・2号〔2017年〕157頁以下参照）。

の自動走行車を公道に投入すること自体が許容されないことになる。[18]

2 レベル4以上の自動走行車と刑事責任：AIの刑事責任？

それでは，ジュネーヴ条約の改正がなされて，レベル4以上の自動走行車を公道に投入することが許容されたとする。次に問題となるのは，このような自動走行車を設計した設計者や，自動走行車を構成するシステム（プログラム）の核であるAIに刑事責任を問うことの理論的可能性についてである。ここではまず，近時議論が盛んになされているAIの刑事責任について検討を加えることにする。[19]

伝統的な刑法学の立場からは，刑罰とは自然人[20]のように，一定の人格が想定される存在にのみ科すことができるものとされている。このような観点からは，AIに刑事責任を問う前提として，そもそもAIに人格を認めることが可能であるのかが問題とされる。例えばドイツにおいては，AIに電子的人格を認めることが可能であるか否かが正面から論じられている。[21]また，我が国に

---

14) なお，ドイツをはじめとするヨーロッパ諸国は1968年のウィーン条約を批准しているが，ウィーン条約8条1項にも同様の規定がある。但し，2016年3月に発効した2014年改正における8条5項の2第2文により，オーバーライド又はスイッチを切ることによる自動走行システムの無効化が担保されている限り，自動走行システムを実装した自動車の公道への投入も許容されることになる。この点につき，中川由賀「運転自動化システム導入に伴う法整備に向けた取組の現状──実験段階から実用段階へ」CHUKYO LAWYER 26号（2017年）52頁以下，及び山下裕樹「スヴェン・ヘティッチ＝エリザ・マイ　道路交通における自動化されたシステムの投入における法的な問題領域」千葉大学法学論集32巻1・2号（2017年）112頁以下参照。

15) 今井猛嘉「自動車の自動運転と運転及び運転者の概念」研修822号（2016年）4頁。

16) 今井・前掲注15）4頁，山下・前掲注14）116頁。

17) なお，ジュネーヴ条約は2015年改正により，ウィーン条約2014年改正による8条5項の2第2文と同趣旨の規定（ジュネーヴ条約8条6項第2文）を導入したが，本改正はなお発効していない。中川・前掲注14）53頁以下及び山下・前掲注14）123頁以下参照。但し，本改正によっても，レベル4以上の自動走行車の公道投入がどの程度許容されるかは不明確である。中川・前掲注14）55頁。

18) これに対して，運転者は人間である必要があるが，そうした運転者が「車内」にいる必要はなく，遠隔操作で足りるとするものとして，山下・前掲注14）129頁以下。

19) この点を詳細に検討するものとして，今井・前掲注3）524頁以下参照。

20) 我が国では，自然人の他に，法人についても両罰規定を通じて刑罰が科される。これに対して，例えばドイツでは，法人に対する刑罰の適用が否定されている（但し，秩序罰は科される）。

IV　レベル4以上の自動走行車と過失犯の成否

おいても，伝統的刑法学の立場から，AI に行為性や責任能力を肯定すること
ができるのかという点につき論じられている。[22]

　このような，AI にも人格的な側面を肯定することが可能か否かという問題
設定は，更に 2 つのアプローチに分けることが可能である。それは，①自然人
と同様の性質，すなわち自然人との類似性という観点からその人格を基礎づけ
ようとするアプローチと，②自然人との類似性を離れて，AI に人格を付与し
て刑罰を科すことが妥当か否かを問うアプローチである。

　①のアプローチは，AI がいかなる性質を有すれば人間と類似するのかを検
討する。例えば，人間と同様の認識能力・判断能力など（責任能力）を有すれば，
人間に類似した存在として，刑事責任を問うことが可能であるとされる。[23]こ
のようなアプローチからは，人間と類似したロボットのような AI（典型的には
「鉄腕アトム」や「ターミネーター」のような存在）を想定しつつ，そうした存在に
は人格を肯定することになろう。とはいえ，人間との類似性を強調すればする
ほど，刑事責任を問う前提としての「人格」の基礎づけを超えて，むしろ，人
間と類似した要保護性が問題とされているように思われる。こうした理解は最
終的には，人間に類似した AI を破壊し，プログラムを消去することを「死刑」
と同置し，（ドイツのように死刑を否定する国においては）そうした処分を行う権
利すら否定する議論に至る可能性がある。[24]しかし，法人の人格（法人格）を巡
る議論においては，およそこうしたことは問題とならないことを想起すれば明
らかなように，人間と類似した要保護性といった意味での「人間との類似性」
は過度な要求である。人間との類似性アプローチは，「人間を人間たらしめる
ものは何か」といった（終わりのない）論争を招く可能性があり，[25]それ故に慎
重な対応が必要である。

　他方，②のアプローチは，人間との類似性を問わず，AI に人格を付与する

21）　スザンネ・ベック「インテリジェント・エージェントと刑法——過失，答責分配，電子的人格」
　　　根津洸希〔訳〕千葉大学法学論集 31 巻 3・4 号（2017 年）111 頁。同「ロボット工学と法」冨川
　　　雅満〔訳〕比較法雑誌 50 巻 2 号（2016 年）110 頁以下も参照。

22）　今井・前掲注 3）524 頁以下。

23）　今井・前掲注 3）526 頁以下も参照。

24）　ベック〔根津訳〕・前掲注 21）111 頁。

25）　こうした問いの連鎖を真摯に追っていく一つの例として，大屋雄裕「外なる他者・内なる他者
　　　——動物と AI の権利」論究ジュリスト 22 号（2017 年）48 頁以下，特に 51 頁以下を参照。

ことが可能か否かを問うものである。[26] しかし，人間と類似していないにも拘わらず，敢えて AI に人格を肯定して刑罰を科すことの刑法的な意義がどこにあるのかが正面から問題となる。AI の刑事責任と比較されることが多い法人処罰を例に挙げると，法人に対して刑罰を科すことの意義は，自然人とは別に法人に罰金刑などを科すことで，刑罰の有する抑止効果[27]が発揮される点にある。[28] では，例えば AI に罰金刑を科すことで，何らかの抑止効果が得られるのであろうか。AI 自身に独自の経済的利益が帰属しており，かつ，AI にそうした利益の増大を目的に行動するといった性質が存在するのであれば，罰金刑は「痛手」として受け止められることになろう。しかし，通常は，AI を製造・販売するなどしている自然人や企業（法人）に専らこうした経済的利益が帰属する以上，AI に別個に罰金刑を科す意義は存在しないであろう。[29] かといって，AI に対して，自然人と同様の自由刑（懲役・禁錮）を科すことに意義があるとは思われないし，ましてや，AI を破壊したり，プログラムを消去したりすることが，AI に対する「死刑」のような生命刑としての意義を有するとは到底言い難い。要するに，自然人とは別個に AI に人格を肯定し，刑罰を科す意義は，基本的には想定し得ないのである。

　そもそも刑罰とは，刑罰が科される対象にとって一定の負担として感じられるものであり，かつ国家が当該対象に一定のスティグマを付与するものである。[30] このような刑罰の性質からすれば，AI にスティグマを付与すること，すなわち，AI に対して「お前は〇〇という悪い行為をした，非難すべき AI である」と国家が法的非難を伝達すること[31]にどのような意義があるのかが真剣に問われなければならない。そもそも，同じ人間であっても，例えば幼児が何らかの違法行為を行った場合には，国家は法的非難の伝達という形でスティグマを付

---

26) ベック〔根津訳〕・前掲注 21）111 頁。とはいえ，法人処罰を否定するドイツにおいてこのようなアプローチがどこまで可能かという点は相当に疑問の余地がある。

27) 通常，刑罰の有するかかる効果は，当該行為者以外の者に対する抑止効果（一般予防効果）と，当該行為者に対する抑止効果（特別予防効果）とに区分される。

28) 樋口亮介『法人処罰と刑法理論』（東京大学出版会，2009 年）151 頁。

29) 今井・前掲注 3）52頁。

30) 佐伯仁志『制裁論』（有斐閣，2009 年）128 頁以下。

31) こうした非難の伝達のプロセスについては，深町晋也「路上喫煙条例・ポイ捨て禁止条例と刑罰論」立教法学 79 号（2010 年）76 頁以下。

IV　レベル4以上の自動走行車と過失犯の成否

与することはしない。[32] それは，こうした法的非難の伝達は，あくまでも我々の社会における対等なメンバーに対してしかなされないからである。要するに，AI が我々の社会における対等なメンバーとしての人格的主体であることをなぜ認める必要があるのか，が問題となるのである。

なお，AI に対して不利益な処分を行うこと，例えば AI を破壊したり，プログラムを消去したりすることは，刑罰という形でなくとも可能である。[33] すなわち，そもそも人間に対してであっても，その危険性を理由として，責任能力を前提としない処分（保安処分）を課すことは可能であり，AI が人格的主体であるか，責任能力を有するかといった問題を論じなくとも，当該 AI が危険性を有することを理由としてこうした処分を課すことは理論的に十分可能である。このように考えると，「AI が刑罰適用の対象たり得るか」といった問題を論じることには，さほどの意義はないであろう。[34] AI が真の意味で我々の社会の対等なメンバーであるとの認識が共有されない限り，AI に独自の刑事責任を問うという方向性は，否定されるべきと言える。

❸ レベル4以上の自動走行車と刑事責任：設計者の責任

AI 自体に刑事責任を問うことができないとすれば，次に問題となるのは，こうした AI を設計・製造した者の責任である。AI の判断に瑕疵があった場合には，そのような瑕疵を有する AI を設計した者や製造した者に，刑事製造物責任が問題となる。また，こうした瑕疵を有することを知りつつ，当該 AI（本件では当該自動走行車）を市場から回収しなかった者については，別途不作為犯としての責任が問われることになる。こうした点については，既に刑法学において相当に議論の蓄積があるため，そうした議論を参照されたい。[35]

これに対して，**事例2**で問題となるのは，果たして自動車会社 Y[36] には，当

---

32) 我が国の刑法 41 条が，刑事未成年者（14 歳未満の者）には刑事責任を問わないとしている点を想起されたい。

33) 法人の解散命令は，刑法が定める刑罰（刑法 9 条）には該当しないことも想起されたい。

34) これに対して，AI に独立の人格を肯定することで，AI 以外の関与者（設計者，製造者，販売者，利用者など）に法益侵害結果の帰属を否定するという，答責領域の分配という観点からの意義も考えられる。しかし，この点については，個々の関与者の過失責任を各々問題にすれば足りる。

該自動走行車の設計・製造において一定の過失があったと言えるのかである。より正確には，本件事故を生じさせた自動運転システムの判断は瑕疵に基づくものであったと言えるのか，である。この点を論じるためには，そもそも，本件自動運転システムにおけるプログラミング，すなわち，一定の衝突事故の回避が不可能である場合に，被害者を最小限にするようなプログラミングをどのように評価すべきかが問題となる。これは，「生命法益のディレンマ状況」として独自の問題を有するため，別個に検討を加えることにする。[37]

Ⅴ 自動走行車と生命法益のディレンマ状況

1 生命法益のディレンマ状況とは

生命法益のディレンマ状況とは，近時「トロッコ問題」として知られるようになった問題状況であり，ドイツ刑法学では「転轍手事例」[38]とも呼ばれる。典型的には，以下のような事例である。すなわち，線路を走っていたトロッコが制御不能となり，このままでは線路上にいる5人の人間が逃げる間もなく轢き殺される状況となった。これを見ていた転轍手の甲は，5人の命を救うためにトロッコの軌道を変えたが，その線路上にいた乙がトロッコに轢かれて死亡した。甲は，乙が死ぬのはやむを得ないと考えていた。

この事例では，甲は自己の転轍行為によって乙を殺したとして殺人罪が成立

35) 例えば，鎮目征樹「刑事製造物責任における不作為犯論の意義と展開」本郷法政紀要8号（1999年）343頁以下。近時では，稲垣悠一「欠陥製品に関する刑事過失責任と不作為犯論」刑法雑誌55巻2号（2016年）206頁以下。

36) 正確には，刑事責任を負うのはYの中の設計部門など特定の部門の自然人であり，具体的にどのような者に過失責任が問われるのかは極めて重要な問題であるが，本章ではこの問題は扱わない。詳細は，樋口・前掲注9，195頁以下参照。

37) 民事責任の観点からこの問題を扱うものとして，平野晋「AIネットワーク時代の製造物責任法」福田=林=成原〔編著〕・前掲注2）260頁以下。

38) Hans Welzel, Zum Notstandsproblem, ZStW 63 (1951), S. 51.

するようにも思われる。しかし，およそいずれかの線路にいる人間が死ぬのは
回避できなかった状況下で，5人の生命を救うために1人の生命を犠牲にする
行為が殺人罪として当罰的なのであろうか。

　このような生命法益のディレンマ状況において問題となるのが，緊急避難の
成否である。緊急避難とは，誰の落ち度でもなく危険が発生した場合に，その
危険を他の人に転嫁することが一定の条件下で許容されるものである。特に，
より大きな利益を保全するために，より小さな利益を侵害することが，緊急避
難の成立には必要とされることが多い。

　それでは，前掲の「転轍手事例」において，緊急避難として甲の行為は正当
化されるのであろうか。この点は，緊急避難という制度の根幹にかかわる問題
であり，我が国の刑法学が参照することが多いドイツ刑法学においては相当に
議論の蓄積がある。そこで，まずはこうしたドイツ刑法学の議論を概観し，そ
の後，我が国における議論を検討することにしたい。

2　ドイツ刑法学における生命法益のディレンマ状況の解決

(1)　条文の確認

　この問題に関するドイツ刑法学の議論を参照するためには，ドイツ刑法にお
ける緊急避難規定に関する基礎的な知識が必要となる。そこでまずは，以下で
条文を確認することにする。

（正当化的緊急避難）

34条　生命，身体，自由，名誉，財産又はその他の法益に対する現在の，
他に回避し得ない危険において，自己又は他人の当該危険を回避するため
に行為を行った者は，対立する諸利益，特に問題となる法益や，法益に対
する危険の程度を衡量して，保全利益が侵害利益を著しく優越する場合に
は，違法に行為したものではない。但し，このことは，当該行為が当該危
険を回避するために相当な手段である場合に限り，妥当する。

（免責的緊急避難）

35条1項　生命，身体又は自由に対する現在の，他に回避し得ない危険に

---

(2) 生命の衡量と正当化的緊急避難[39]

　まず，生命法益のディレンマ状況において，1人の生命を救うために5人の
生命を犠牲にすることは，およそ正当化的緊急避難としては許容されない。と
いうのは，ドイツ刑法34条は，侵害利益に対して保全利益が「著しく優越」
することを要求しているからである。また，1人の生命を救うために別の1人
の生命を犠牲にすることも，保全利益が侵害利益に「著しく優越」するとは言
えないために，本条による正当化が否定されることになる。

　それでは，5人の生命を救うために1人の生命を犠牲にする場合はどうであ
ろうか。この場合には，保全利益である5人の生命は，侵害利益である1人の
生命よりも「著しく優越」するように見える。しかし，ドイツにおける通説的
見解は，このような生命対生命の衡量を否定し，正当化の余地を認めない[40]。
また，ドイツ連邦通常裁判所（BGH）の判例もまた，いわゆるDV反撃殺人事

---

39) 厳密に言えば，**事例2**は「転轍手事例」とは異なり，事故の危険が現実化していない段階でのプ
ログラミングが問題となるため，緊急避難規定で要求される危険の「現在性」要件を充たさないよ
うにも見える。しかし，結論としては，ドイツ刑法34条・35条の危険の現在性を肯定し得るもの
と考えられる。この点については，深町晋也「刑法におけるディレンマ状況と自動運転――ドイツ
刑法学の桎梏を通じて」（http://www.soumu.go.jp/iicp/chousakenkyu/shinryoiki_siryou/01_
02.pdf〔2017年9月8日閲覧〕）2頁以下を参照。

40) Perron, in: Schönke/Schröder, Strafgesetzbuch Kommentar 29. Aufl.(2014), §34 Rn. 24.

例[41]において，DV 被害者が自らの生命（及び自分の娘たちの生命）を救うためであったとしても，DV 加害者の生命を侵害することにつき，正当化的緊急避難の成立を認めることはできないとしている。[42] このように，ドイツの判例・通説からすれば，たとえ多数人の生命を助けるためとは言っても，少数人の生命を犠牲にすることは，およそ許容されないことになる。

(3)　生命の衡量と免責的緊急避難

　これに対して，ドイツ刑法 35 条 1 項の免責的緊急避難は，侵害利益・保全利益が共に生命である場合にもなお成立する。[43] しかし，本条は，専ら行為者本人やその親族・近親者の利益を保全するために他人の利益を侵害する場合に成立する。したがって，「転轍手事例」のように，自己と無関係の第三者の生命を救うために，別の第三者の生命を侵害する場合には，およそ本条の成立も否定されることになる。

　そこで，このような結論の不当性を回避するために学説において主張されているのが，超法規的免責的緊急避難という考え方である。[44] いかなる場合にこうした緊急避難が成立するかは学説においても対立がある[45]が，害の最小化が充たされれば足りるとする見解が有力に主張されている。この立場によれば，「転轍手事例」のように，5 人の生命を救うために 1 人の生命を犠牲にする場合には，なお害の最小化が充たされているとして，超法規的免責的緊急避難の成立が肯定されることになる。

---

41)　DV 反撃殺人事例については，深町晋也「家庭内暴力への反撃としての殺人を巡る刑法上の諸問題——緊急避難論を中心として」髙山＝島田〔編〕・前掲注 9）95 頁以下参照。

42)　BGHSt 48, 255. また，テロ集団に奪取された航空機が住宅地を巻き込んで多数人を殺害する現在の危険があり，かつ，当該航空機を撃墜しない限りは当該危険を回避できない場合に，かかる措置を許容する航空安全法旧 14 条 3 項を違憲無効としたドイツ連邦憲法裁判所の判例（1 BvR 357/05〔Urteil vom 15. Februar 2006〕）も参照。

43)　但し，保全利益と侵害利益が著しく不均衡な場合には，免責的緊急避難も成立しないと解されており，1 人の生命を救うために 5 人の生命を犠牲にする場合には，「著しく不均衡」に当たるとして，免責が否定されることになろう。

44)　但し，判例は超法規的免責的緊急避難の存在を正面から肯定しているわけではない（vgl. Lenckner/Sternberg-Lieben, in: Schönke/Schröder, Strafgesetzbuch Kommentar 29. Aufl. (2014), Vor §§32ff. Rn. 115）。

45)　Engländer, a. a. O.(Anm. 13), S. 610.

3 我が国における生命法益のディレンマ状況の解決

(1) 条文の確認

我が国の緊急避難規定についても，まずは条文を確認しておこう。ドイツ刑法における緊急避難との違いとして目を惹くのは，①正当化的・免責的緊急避難の区別を少なくとも明示的には行っていないこと，②保全利益が侵害利益に「著しく優越」することは必要とされていないこと，③他人に対する緊急避難の成立が広く認められていること，である。

（緊急避難）

第37条　自己又は他人の生命，身体，自由又は財産に対する現在の危難を避けるため，やむを得ずにした行為は，これによって生じた害が避けようとした害の程度を超えなかった場合に限り，罰しない。ただし，その程度を超えた行為は，情状により，その刑を減軽し，又は免除することができる。

　2　前項の規定は，業務上特別の義務がある者には，適用しない。

(2) 生命の衡量と緊急避難

我が国の刑法37条が規定する緊急避難は，既に述べたように，ドイツ刑法34条とは異なり，害の衡量に関して，「著しく優越」といった基準ではなく，避難行為によって「生じた害が避けようとした害の程度を超えなかった場合」であれば足りるとする。したがって，条文の文言上は，そもそも同等の利益を保全するために，別の同等の利益を侵害することについてもまた，害の最小化を志向するものとして，緊急避難の成立が肯定されることになる。[46]

このように考えると，問題として残るのは，ドイツの場合と同様に，生命については，およそ比較衡量が許されないと考えるか否かである。この点につい

---

46)　西田典之ほか〔編〕『注釈刑法 第1巻』（有斐閣，2010年）473頁以下〔深町晋也〕参照。

ても，我が国ではドイツのように，およそ生命の比較衡量を許容しないという立場が圧倒的通説というわけではなく，むしろ，かかる衡量を許容する見解が有力に主張されている[47]。また，下級審裁判例においても，こうした生命対生命の衡量がおよそ否定されているわけではない[48]。

　以上のような見解からすれば，「転轍手事例」のように，5人の生命を助けるために1人の生命を侵害する場合には，危難の現在性や補充性といった他の要件が肯定される限り，緊急避難の成立が認められることになる。

4 自動走行車のプログラミング段階での問題

　以上の検討から明らかなように，ドイツにおいては，「転轍手事例」においては一切の正当化を否定するのが通説的見解であるのに対して，我が国においては，なお正当化の余地がある。では，自動走行車のプログラミングについても，「転轍手事例」と同様に考えるべきなのであろうか。

　実は，ドイツにおいても，自動走行車のプログラミングについては「転轍手事例」とは別異に解する見解が有力に主張されている。そうした見解は大きく2つに分けられる。第1の見解は，「許された危険」に依拠する見解である。この見解によると，実際の生命侵害が生じた場合に事後的観点から正当化が可能か否かという問題と，事前に死亡事故を回避するための方策を講じることの可否の問題とは異なるとされ，前者の問題では，生命侵害という結果を事後的に正当化することは許容されないが，後者の問題では，事前に損害の最小化を志向する義務があり，こうした損害を最小化するための方策を採ることは「許された危険」として許容される[49]。

　これに対して，第2の見解は，「義務衝突」に依拠する見解である。この見解によると，「転轍手事例」においては，対立する法益の一方（5人の人間の生命）に既に危険が現実化しつつあるところ，それを他方の法益（1人の人間の生命）

47）　西田典之『刑法総論〔第2版〕』（弘文堂，2010年）143頁以下参照。

48）　例えば，東京地判平成8・6・26判時1578号39頁では，「生命対生命という緊急避難の場合には，その成立要件について，より厳格な解釈をする必要がある」としつつ，およそ緊急避難の成立の余地がないとはされていない。

に転嫁する点で，ドイツ刑法34条の基礎にある「運命甘受原則」が妥当し，こうした危険の転嫁は許容されないことになる。これに対して，プログラミングの段階では，対立する法益のうちいずれに対して危険が生じるのかがなお定まっておらず，それぞれの利益状況は対等である（危険を「転嫁」する状況にはない）。したがって，この場合には「義務衝突」として，より大きな法益（または同等の法益）を救助することが義務付けられ，その義務を履行した結果として法益侵害結果が生じたとしても，行為者の行為は許容されることになる[50]。

仮に，我が国において，生命法益のディレンマ状況においても害の最小化を志向する限りは緊急避難によって正当化されるという立場を採らないとした場合には，ドイツにおけるのと同様の問題が生じるため，上述したようなドイツの有力な見解は参考になろう。すなわち，① AI による最適化された自動走行により事故の発生可能性を最小化した上で，なお生じる事故につき，②被害を最小化するようなプログラミングについては，「許された危険」や「義務衝突」として殺人罪や過失運転致死罪の成立が否定される，という理解である[51]。

以上の検討から，**事例 2** の Y については，緊急避難（刑法37条1項）として不可罰とされる余地があるし，そうでないとしても，「許された危険」や「義務衝突」を理由として不可罰とされることになろう。

---

49) Eric Hilgendorf, Recht und autonome Maschinen —— ein Problemaufriß, in: Das Recht vor den Herausforderungen der modernen Technik (2015), S. 11ff.（紹介として，冨川雅満「エリック・ヒルゲンドルフ『法と自律的機械 —— 問題概説』」千葉大学法学論集 31 巻 2 号〔2016 年〕135 頁以下）; ders, Automatisiertes Fahren und Recht (2015), S. 55ff. また，松尾剛行「自動運転車と刑事責任に関する考察」Law & Practice No. 11（2017 年）108 頁。これに対して，稲谷龍彦「技術の道徳化と刑事法規制」松尾陽〔編著〕『アーキテクチャと法』（弘文堂，2017 年）110 頁以下は批判的な立場を展開する。

50) Thomas Weigend, Notstandsrecht für selbstfahrende Autos? ZIS 10/2017, S. 599ff.

51) 冨川・前掲注 13）72 頁以下も参照。

VI ロボット・AI が被害者的な立場に立つ場合

1 総　説

事例 3 では，Y は X の柴犬型ロボット A を，X は Y の人間型ロボット B を破壊しているが，こうした行為についてはどのような犯罪が成立するであろうか。少なくとも現行法からすれば，A や B はあくまでも刑法上は（他人の所有する）物に過ぎず，それを壊しても器物損壊罪（刑法 261 条）が成立するに過ぎない[52]。

しかし，①X や Y は，B や A に対して単に「物」に対するのを超えた，心情的に極めて強い思いを寄せており，そうした思いは果たして物に対する所有権とは別個独立に保護に値しないのであろうか。また，②将来的にロボットや AI が動物や人間に近い性質を獲得し，人間にとってより密接な関係に立つようになった場合にも，なお単に「物」として扱えばすむのであろうか。そこで，以下では，こうした点について多少の検討を加えることにする。

2 人間の感情

刑法上，人の所有権とは別個独立に，当該物について一定の保護を与えている例は特段珍しいものではない。例えば，犬や猫のような愛護動物をみだりに殺傷した場合には，動物愛護管理法 44 条 1 項によって，2 年以下の懲役又は 200 万円以下の罰金が科せられている。但し，この規定は，犬や猫の生命・身

---

52)　なお，X や Y がそれぞれ自己の配偶者の所有する財物である B や A を盗んで壊したとすれば，（不法領得の意思がある場合には）窃盗罪が成立し，器物損壊罪はいわゆる不可罰的事後行為であって別罪を構成しない。この場合には，窃盗罪について親族相盗例（刑法 244 条 1 項）が適用され，必要的に（つまり常に）刑が免除されることになる。このように考えれば，**事例 3** のように器物損壊罪の成立のみが問題となる場合に，X・Y が告訴をすれば（器物損壊罪は告訴罪である〔刑法 264 条〕），配偶者であっても処罰される（すなわち親族相盗例の適用・準用などがない）のかはなお問題となり得るところである。

体を直接に保護するものとは解されていない。むしろ，本法 1 条の目的規定にあるように，「動物を愛護する気風」，「生命尊重，友愛及び平和の情操の涵養」といったような，より抽象的な法益を保護するものと解されている。

また，死体や遺骨などを壊した場合には，刑法 190 条によって 3 年以下の懲役が科せられているが，この規定もまた，死体や遺骨の物理的な存続それ自体を保護するというよりは，死者に対する敬虔・尊崇感情を保護するものと解されている。[53]

このように，人間が当該物（当該客体）について一定の特別な「思い入れ」を有するようになった場合に，そうした「思い入れ」を物とは別個独立に保護することは，刑法においても可能であり，また，刑罰をもって保護するに値すると言える。しかし他方，あらゆる感情を保護法益として認めることが妥当であるとは言えない。[54] 例えば，人形や玩具，プラモデルなどに強い思い入れや愛着を持つ人は決して少なくないであろうが，そうした思いについて，器物損壊罪を超えて保護すべきかには疑問の余地がある。また，動物愛護管理法があくまでも「愛護動物」（動物愛護管理法 44 条 4 項）のみを対象とするのは，例えば堤中納言物語に出てくる「虫愛づる姫君」の虫への愛情がいかに深くとも，[55] そうした感情は社会一般においては共有されがたい感情であって，なお特別の保護に値するとは解されていないからであろう。

以上を要するに，一定の物に対して有する人間の「思い入れ」を刑法で保護することは可能であるが，どのような思い入れであれば刑法で保護すべきであるかについては，別途議論の必要があるということである。

---

53) 山口厚『刑法各論〔第 2 版〕』（有斐閣，2010 年）522 頁。
54) 感情を保護法益とすることの問題性を指摘するものとして，髙山佳奈子「『感情』法益の問題性――動物実験規制を手がかりに」髙山＝島田〔編〕・前掲注 9）1 頁以下参照。
55) 当該姫君は，「人々が蝶や花を愛でるのは愚かでおかしいことである。物事の本質を探究することこそが素晴らしい。この虫が成長する様子を見よう」といったことを述べて毛虫を愛でており，その考え方自体は十分に理解し得るものである。それにも拘らず，我々の多くは毛虫に対して特別の保護をなすべきとは考えないであろう。

3　人間との密接な関係

　それでは，人間が物に対して有する思い入れのうち，どのような思い入れであれば刑法で保護するに値するのであろうか。ここでは大まかな視点を示すに留まるが，既に我々の法が「愛護動物」，「死体，遺骨，遺髪」といった「物」について，所有権とは別個の保護を与えていることからは，「人間との近さ」が一定の指針となるように思われる。

　動物愛護管理法44条4項によって「愛護動物」として保護しているのは，「牛，馬，豚，めん羊，山羊，犬，猫，いえうさぎ，鶏，いえばと及びあひる」及び，それ以外の「人が占有している動物で哺乳類，鳥類又は爬虫類に属するもの」である。一見して分かるように，人間と長らく共存して生活してきた動物や，人間が「占有している」動物が保護対象とされており，人間との近接性こそがかかる動物を特に保護に値するものとしているように思われる。[56]

　同様に，刑法190条が死体や遺骨などを特に保護しているのは，こうした物体がかつては人間（の一部）であったという点にその理由があろう。かつては人間（の一部）であったからこそ，そうした物体を見て遺族をはじめとした社会は一定の尊崇感情を覚えるのであり，また，そうした感情が保護に値すると解されるのであろう。[57]

　このように，人間との密接な関連性こそが，人間が物に対して有する思い入

---

56)　なお，動物愛護管理法の文脈では，愛護動物を殺傷するような者は，人間をも殺傷する危険性があり，こうした危険性が科学的には立証されていないとしても，なお愛護動物を殺傷するような人間に対する嫌悪感情は保護に値するとする見解もある（小林憲太郎「『法益』について」立教法学85号〔2012年〕471頁）。ロボット・AIの文脈で言えば，「人間と見た目が近いロボットを平気で壊すような人間は，いずれ人をも殺傷するようになる」といった議論が成り立つのかも知れない。とはいえ，この見解が前提とするような「嫌悪感情」自体がなぜ保護に値するのかは自明ではない。「人が本を焼くようなところでは，最終的には人間も焼くようになる」（ハインリッヒ・ハイネ）との警句は，本を焼くこと（及び本を焼くような人間）に対する嫌悪感を示す警句としては意味があるが，かといって直ちに本を特別な保護客体にする理由にはならない。

57)　逆に言えば，尊崇感情が維持されるような措置がなされる限り，死体・遺骨が物理的に大きく変容させられても，必ずしも本罪は成立しないものと思われる。墓地埋葬法に従う限りで火葬は死体損壊罪には該当しないし，遺骨をペンダントなどに加工する行為も，死者を弔う行為としてなされている限りで本罪の成立は否定されよう（萩野貴史「死体遺棄罪における『遺棄』概念に関する覚書」名古屋学院大学論集社会科学篇53巻4号〔2017年〕194頁以下及び原田保「個人主義葬法の犯罪性の有無」月刊住職511号〔2017年〕114頁以下も参照）。

れを刑法上保護する際に重要な指針となるとすれば，ロボットやAIについても，人間と密接な関連性を有するものとして製造され，かつ，実際にそうした密接性を有するに至った場合に，特別な保護に値すると考えることには十分に理由があるように思われる。将来的に，ロボット・AI保護法が制定されるとすれば，こうした視点を考慮すべきであろう。

なお，**事例3**では，Aは柴犬型ロボットであるが，Bは人間型ロボットである。人間型ロボットについては，人間との密接性が特に強いものとして，それ以外のロボットよりも更に強い保護に値すると考えるべきであろうか。将来的に，「鉄腕アトム」や「ターミネーター」のように，極めて人間に近い思考を行う人間型ロボットが我々の社会に存在するようになった場合には，こうした考え方が受容されるようになると思われるが，単に見た目が人間に似ているというだけでは，かかる保護に値するとまでは言えないように思われる[58]。

終わりに

本章では，ロボット・AIが加害者的な立場に立つ場合，及び被害者的な立場に立つ場合のそれぞれにつき，現時点で考えられる議論について極めて大まかに取り扱ったに過ぎない。ロボット・AIを巡る技術的な進歩は，時に我々の想像を大きく超えるものがあり，現時点での想定が意味を持たなくなることも大いにあり得よう。

しかし，それにも拘らず，法理論は新たな事態に対して，従来の議論を発展的に展開することで解決を模索してきたのであり，今後もそのような努力が続けられるべきである。その意味で，ロボット・AIを巡る刑事法的問題は，刑法理論の「温故知新」的な問題領域に属するものと思われる。

58）これを認めるのであれば，現時点でも，精巧な人形を破壊する行為の（器物損壊罪とは別個独立の）当罰性を正面から肯定すべきことになろう。

深町晋也「AI ネットワーク時代の刑事法制」福田雅樹 = 林秀弥 = 成原慧〔編著〕『AI がつなげる社会』（弘文堂，2017 年）280 頁

稲谷龍彦「技術の道徳化と刑事法規制」松尾陽〔編著〕『アーキテクチャと法』（弘文堂，2017 年）93 頁

ウゴ・パガロ〔著〕，新保史生〔監訳・訳〕『ロボット法』（勁草書房，2018 年）第 3 章［松尾剛行〔訳］]

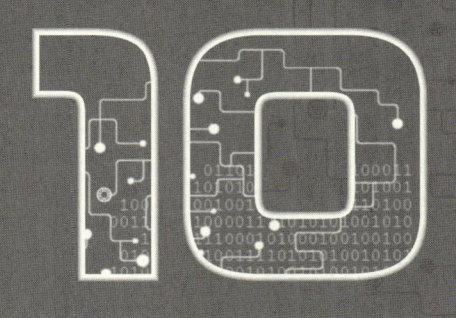

AI と刑事司法

笹倉 宏紀

は じ め に

　「刑事司法は，ひとつのシステムとして把握することができる。それは，複数の要素——捜査，起訴，公判，上訴など——から成り立ち，各要素はそれぞれの機能を果たしながら相互に結びつき，時間的な流れに服し，全体として共通の目的に服する。このシステムを動かしているのは，警察官，検察官，弁護士，裁判官など，各種の専門的職業人であり，犯罪現象との相関関係において，多数の事件が『入力』，『処理』，『出力』の過程をたどる。それは，巨大かつ複雑な——しかも可視的でない部分を含む——システムなので，その全容や各要素の相互作用を明らかにすることは必ずしも容易ではないが，このようなアプローチの必要性は，近年，広く承認されるようになった。」[1)]

　これは，平成の初期（1990 年）に著された刑事訴訟法の最高水準の教科書の一節である。「事件」の処理について述べたものであるが，それはそのまま，「事

件」の処理に必要な「情報」の扱いについてもあてはまる。

　刑事司法[2]が作動するためには，犯罪に関する情報（証拠）を収集し，それを刑事司法システムに「入力」して「処理」し，「出力」を得る必要がある。この過程は，これまでは主に専門知・経験知とプロの勘というアナログの特殊な技能を有する「専門的職業人」に担われてきた。ロボット・AI がそれをどこまで代替しうるか，また，それによって「可視的でない部分を含む」「巨大かつ複雑な」「システム」がどのような変容をこうむる可能性があるかを検討することが，本章の目的である。刑事司法がどのような営みであるのかを明らかにした上で，AI がそれをどの程度代替しうるか（何を代替することができなければならないか）を検討し，最後に，そのような代替を我々が受け入れられるか否かを考えてみたい。

刑事司法における AI の可能性

総　　論

　本来は本書全体を通じた検討課題であるが，本章の以下の行論に必要な限りで，法の世界で AI によって差し当たり何が可能になると想定されるかを簡単に述べておきたい。

　法は社会における事象を，権利（権限）と義務という概念を使って分節して単純化した上で規律する社会統制の技術のひとつである。そこでは，事前に定

---

1)　松尾浩也『刑事訴訟法（下）〔新版補正第 2 版〕』（弘文堂，1999 年）355 頁（初出 1990 年）。

2)　厳密な定義が存するわけではないが，本章では，「犯罪現象」に対処するシステム全体を指すときに「刑事司法」の語を用い，そのシステムを作動させる仕組みであるところの，刑事事件を処理する一連の過程を指すとき「刑事手続」の語を用いる。なお，「刑事手続」を規律する法律（法典）の題名が「刑事訴訟法」であるため（その法律を筆頭として，「刑事手続」を規律する法的ルールの総体もそのように呼ばれる），「刑事手続」と「刑事訴訟」が互換的に用いられることもあるが，本章では，「訴訟」という言葉の通常の響きに従い，起訴後の手続のみを指して「刑事訴訟」と呼ぶ。

められた一定の要件を充足すれば欲する効果が生じる，しかし，要件がひとつでも欠ければ効果が生じない，という形式のルールが採用される。例えば，被害者に対する「殺意をもって」（故意），「人の生命を侵害する現実的危険性のある行為」をし（実行行為），「よって」（因果関係），「同人を」（客体）「死亡させた」（結果）「者」（主体）について——以上が要件でありそのすべてが満たされたときに限って——殺人罪が成立し，その者は「死刑または無期もしくは5年以上20年以下の懲役に処される」ことになる——これが効果（「国家刑罰権」の発生）である（刑法199条・38条1項・12条1項）。個々の要件の充足を逐一確認し，すべてが「1」であれば効果「1」が出力されるが，要件のいずれかひとつでも「0」であれば出力される効果も「0」である。

　このように，一見して明らかなとおり，法というルールの基本構造はデジタルである。要件以外の事情は捨象され，それによって一義的な解答を得ることが可能になり，平等が実現される。かくして，法の世界は，コンピューターによる処理に元来馴染みそうにも思われる。

　もっとも，実際にはそうは問屋が卸さない。

　第1に，要件は多くの場合，一定の事実である。したがって，法の世界で結論を得るためには，事実を認定しなければならない。そして，事実の認定は証拠による。つまり，多くの生（なま）の証拠から，法の適用に必要な情報を引き出すことが必要になる。これはそう簡単にデジタル化できる作業ではない。実際，従来，事実認定は職人芸の世界だとされてきた。言語学や心理学，社会学の知見を活用して事実認定についての科学的な分析がされるようになったのは，我が国では比較的最近のことに属する。

　第2に，司法は，そのようにして認定された事実に法を適用して結論を導出する。そこで用いられる要件・効果の図式は，先に述べたとおり基本的にはデジタルの思考である。しかし，実際には，そのデジタル性は貫徹されていない。

　まず，法は，当該事案の文脈に則して解釈される必要がある。事案とおよそ離れて法の（正しい）解釈が存在しているという理解もなお根強いが，実際には，法の解釈は事案の性質によって左右されており，それを超越する普遍・不変の原理として法の解釈が存在しているわけではない。だからこそ，法学部や法科大学院の授業では，判例を読むとき，事案との関係を意識するよう徹底して指導される。

次に，事実の認定も単に有無を判定すれば足りるとは限らず，その重みづけが伴って初めて法適用が可能になることがある。例えば，諸事情を「総合考慮」して結論を導くことはしばしば行われるが，そこでは，複数の事実に法的観点から重みづけをし，その重みに応じた考慮を与えて結論を導き出す。加えて，個別事例の特性に応じて判断することが適切な場合に，一義的な規律をあえて放棄し，「裁量」を正面から認めることもある。「裁量」とは，法の許した枠の中で自由に判断することを認め，判断の内容がその枠をはみ出たり，判断権が濫用されたりしない限りは，法による規制の対象としないというものである（行政事件訴訟法 30 条参照）。この場合，判断が「妥当か不当か」は問題になるが（行政不服審査法 1 条 1 項参照），「適法か違法か」という問題はそもそも生じない（つまり，裁判所は介入することができない）。このような総合考慮や裁量権の行使は正にアナログの世界である。

　デジタルの仕組みでできているはずの法の世界でアナログ的要素が残るのは，人が所詮不合理な生き物であることによる。その不合理さを反映させることができなければ法は機能しない。つまり，振れ幅，ゆらぎを意識的に許す必要がある。それがあるからこそ，デジタル化による平等化の際に捨象した個々の事例の個性を汲み取ることができるし，また，将来，社会的経済的事情が変わった場合，あるいは，想定していなかった事態が生じた場合にも，既存の法を維持したままそれに対応する（法を発展させる）ことも可能になる。

　こうして，法は，デジタル化によってもたらされる一義性や平等の達成と，アナログ的要素の残存によるゆらぎ・振れ幅を用いた個別具体的な事案における妥当性の確保を 2 つながらに両立させなければならない。「専門的職業人」が司法の担い手とされ，その主たる担い手である法律家の資格を得るために難関の国家試験が課され，かつ，公費による養成の制度（司法修習）が用意されているのは，膨大な法令や判例に関する知識という「専門知」が必要なことだけによるのではなく，このようなデジタル性とアナログ性とを適切に組み合わせる技能が必要であることにもよる。大量のパターン学習を通じて，言語化されていない思考を汲み取ることができる AI は，このような経験知ないし職人的な勘を代替しうる可能性が大きい。

　もっとも，人々は，刑事司法に事件の正しい処理だけを求めているのではない。つまり，専門的職業人を AI が代替することが技術的に可能かだけが問題

なのではなく，刑事司法の目的やそれが果たすべき機能に照らしたとき，「専門的職業人」がAIに代替される事態を，我々が，果たして，そしてどの程度受け入れることができるかという問題がある。前者は専ら技術の問題であるが，後者は「法」の問題であり，本章の関心も後者にある。

AI と事実認定

1 事実認定の仕組み

　刑事手続は，「証拠によ」って（刑訴法317条），「事案の真相を明らかにし，刑罰法令を適正且つ迅速に適用実現することを目的」として（刑訴法1条）国家により設営された，刑事事件の処理過程である。刑事司法は，罪を犯した者に刑罰という峻厳な制裁を科する（時には「生命……を奪」うことすらある。憲法31条）。したがって，正確な事実認定は刑事司法の命である（「冤罪」は，無実の人を処罰し真犯人を取り逃すという二重の不正義である。犯人であること自体は疑いがなくても，当人がやったことと異なる事実を認定して罰を科することはやはり不正義である）。このプロセスにどこまでAIを活用する余地があるかを考えてみよう。なお，事実認定は，手続のすべての段階で問題になるが，ここでは裁判（判決）におけるそれをまず考える。

　裁判所は，過去の事実である犯罪事実を，自ら直接に実験することはできない。そこで，犯罪事実が残した痕跡から，犯罪事実を逆に推認するほかない。この推認の根拠となる資料を「証拠」という。それは，外界での出来事を知覚した人が記憶に基づいてそれを再現して言葉で表現する供述であったり（供述証拠），そのような供述を記録した書類であったり（書証），凶器や盗品等の物証であったりする。つまり，事実認定は，これらの証拠（意味のとりづらい術語だが，これを「証拠方法」という）から，そこに化体されている事実の痕跡という情報（「証拠資料」という）を取り出す（裁判官や裁判員が感じ取る）ことから始まる。

自白や犯行目撃者の供述など，証拠から直接に犯罪事実を推認することができる場合，これらの証拠を直接証拠という。しかし，直接証拠のみによって犯罪事実を証明することができる場合は稀であって，むしろ，証拠（間接証拠）によってまず間接事実を認定し，その間接事実からの推理によって主要事実を認定するという方法がとられることの方が多い（多くの場合には，直接証拠と間接事実との総合判断によって主要事実を認定する）。例えば，殺人被告事件では，被害者の体内で発見された弾丸やその弾丸と線条痕の一致するピストルの存在から，凶器がそのピストルであるとの事実を推認し，硝煙痕のある着衣からそのピストルを被告人が発砲した事実を推認し，関係者の供述から被告人が被害者を憎悪していた事実を推認し，犯行現場近くに設置された防犯カメラの映像から犯行直後に被告人が犯行現場近くを歩いていた事実を推認する。もちろん，これらのうち単独の事実だけでは，被告人による被害者の殺害という事実を証明するには足りない。しかし，これらの事実を総合すれば，犯罪事実に到達することができるかもしれない。このように，「裁判所は……多くの直接証拠または間接証拠のおりなす網を逆にたどることによって，犯罪事実にたどりつくのである」[3]。

　そして，証拠が事実を証明する力（証明力，証拠価値）は，証拠と事実の間の結びつきの強さ（狭義の「証明力」）と，その証拠をどの程度信用することができるかという信用性という2つの側面をもっている。例えば，犯行を目撃したという証言の場合，関連性は十分であり，信用性だけが問題になる。これに対して，被告人を犯行現場から500メートル離れた地点で犯行の2時間後に目撃したという証人が何十人といる場合，信用性は極めて高いが，狭義の証明力はさほどではない。また，物証の場合は，信用性は基本的に問題とならず，狭義の証明力が問題となる。裁判所は，これら2つの側面を併せて評価して，「証明力」を判断することになる[4]。

---

3)　平野龍一『刑事訴訟法』（有斐閣，1958年）191頁。
4)　以上に述べた事実認定のプロセスに関する一般論について，松尾・前掲注1) 8-11, 26-29頁。

2 AIによる代替可能性

(1) 証拠資料の感得と評価(1)——証言の評価

刑訴法は，証拠のうち，人の供述については特別の注意を払っている。というのも，物は作為が加えられたり，そこに化体された情報を人が読み違えたりしない限り，嘘をつくことはないが，人の精神作用を経由する供述は，本人が意図した場合はもちろん，そうでなくても嘘をつくことがあるからである。

人の供述は，外界の出来事を知覚し，記憶し，それを表現しようとして，言語で叙述するという一連の過程（供述過程）を経るが，それぞれの段階で誤りが介在するおそれがある（見間違い・聞き間違い，記憶の誤り・混同・減退，誠実性を欠く供述，言い間違い）。そのため，各段階における誤りの有無を確認しないまま供述を鵜呑みにすると事実認定を誤る危険がある。そこで，刑訴法は，人の供述については，証人尋問という方法で採取することを原則とした。

証人には宣誓する義務がある（刑訴法154条。「良心に従つて，真実を述べ何事も隠さず，又何事も付け加えないこと」を「厳粛に」「誓う」。刑訴規則118条2項・4項）。宣誓をした上で虚偽の証言をすると偽証罪に問われる（刑法169条）。つまり，刑罰の力で真実を話す圧力をかけるのである（尋問の前にその旨が警告される。刑訴規則120条）。そして，証人は反対尋問に晒される。反対尋問とは，反対当事者（その証人の取調べを請求したのとは異なる側の当事者）の行う尋問であり（刑訴法304条3項・2項，刑訴規則199条の2第1項2号），主尋問に対して事実の一面しか供述されていないときに残りの面を明らかにすること，および，供述の信用性を明らかにすることを目的として行われる。通常，当事者は，自らに有利な証言を得るために証人尋問を請求する。したがって，その証言がそのまま受け入れられてしまうと，反対当事者には不利になる。そこで，主尋問に対する応答を崩すことに最も強いインセンティヴを有する反対当事者による尋問が，事実の解明に効果的だと考えられてきた。さらに，証人は事実認定をする裁判官や裁判員の面前で話す。我々は日常生活において人の話の真偽を判断するとき，言葉だけでなく，表情，態度，声色，口調といったさまざまな情報を総合して評価する。証人は法廷で証言するので，裁判官・裁判員も供述態度を事実認定の材料とすることができる。逆に，証人尋問という仕組みに組み込まれたこのような3種の安全装置が機能しない場合，つまり，法廷で本人が供述しな

い場合には人の供述をその人が体験した事実を認定するための証拠として用いてはならない。条文に即していえば，「公判期日における供述に代えて書面を証拠とし，又は公判期日外における他の者の供述を内容とする供述を証拠とすることはできない」（刑訴法 320 条 1 項。伝聞法則）。

さて，このような証人尋問を通じた供述証拠の評価を AI はどの程度代替しうるだろうか。

表現の誤り，つまり嘘をついていないかを見抜く術については，脳科学や心理学の知見が蓄積されつつあり，その知見を踏まえて機械学習をさせた AI によって相当程度代替することができるかもしれない。供述態度の観察による真偽の判断という容易に言語化しがたい微妙な判断は AI が得意であろう。

しかし，叙述の誤りのうち，言い間違いや聞き手の側の誤解の有無のチェックは，AI によっては直ちに代替しえないかもしれない。加えて，AI に知覚・記憶の誤りを見抜けるかという問題がある。証人尋問では，例えば，他の証拠や証人の証言の他の部分との矛盾を突き付けて自省させるといった方法で知覚・記憶の誤りの吟味が行われる。つまり，他の証拠や証人の証言の他の部分との整合性を瞬時に判断をした——つまり，AI がこの作業をするためには，前提として事実認定をすることができなければならない——上で，効果的な質問を繰り出さなければならない。証言によって証明しようとする事実や証言の内容は千差万別である。それらのすべてを AI に学習させ，それらのすべてに対応しうるような能力を身につけさせることは，不可能ではないかもしれないが，容易ではないであろう。

(2) **証拠資料の感得と評価**(2)——他の証拠の評価

これに対して，調書の評価については，AI が機能する可能性はより大きいといえる。先に，法廷外での人の供述を書類に記録して法廷に持ち込むことは原則として禁止されていると述べたが，実際の運用では，原則と例外（最も多く適用されるのが刑訴法 326 条であり，他に 321 条から 324 条まで）が逆転しており，大量の書類が法廷に持ち込まれている。

調書の信用性の評価は，従来，供述の一貫性や変遷を綿密に分析するという方法で行われてきた。矛盾・不整合の可能性のある箇所を抽出する作業は AI がお手のものであろう。調書は文字で言語化されているから，一貫する場合と

矛盾がある場合とをパターン学習させることは，生の証言に比すれば容易であろう（変遷がある場合には，それが合理的に説明可能か，不合理・不自然かがさらに問題となる。説明可能であれば矛盾・不整合は調書の信用性を低下させず，逆に説明不可能であれば，信用性に疑いを生じる。その判定は，その時々の取調べの状況や他の証拠との関係と突き合わせていくことによって判定される。つまり，すぐ後に述べる問題と同じになる）。

　もっとも，調書に取られたものであれ，法廷でのものであれ，供述，とりわけ自白の評価は，まず他の証拠によって認定することのできる客観的な事実をある程度固めた上で　それと自白の内容を照合することによって行うべきものだともされている。[5] 合致すれば自白の信用性は高いが，逆に，合致しなければ，その自白は信用できないと判断するのである。しかも，刑訴法は，自白調書を証拠とする場合は，他の証拠を先に取り調べなければならないとしている（刑訴法 301 条）。このような判断の手法や証拠調べの手順の規制は，自白の証拠としての価値の強さゆえに生じる先入観や，自白に引きずられて他の証拠の評価をおろそかにし事実誤認に陥る危険を排除するためである。この作業は，自白を分析するだけでは行うことができない。

　物証の場合，それが自ら語ることはないので，供述証拠と同じような危険性はなく，それがもつ意味を読み取る作業は，専ら裁判官・裁判員や AI の任務となる。しかし，AI が生の証拠を観察してそれがもつ意味を読み取ることは容易ではあるまい。したがって，証拠が持つ意味を AI が理解するためには，差し当たりは，人がそのもつ意味を言語化して入力してやらなければならないであろう。そして，それは実は供述についても同じである。というのも，証人は自らの経験を語るのだが，その際には，法律の適用上必要な事実とそうではない事実とがないまぜになっている。そこから，法の適用にとって意味のある事実だけを拾い上げ他を捨象するという作業が必要になる（調書の場合，その加工が済んでいるという利点がある。ただしそれは，取調べをした者の視点に立った取捨選択であるので，証明力評価に有用な材料が削ぎ落とされているかもしれないという問題がある）。ただ，供述はすでに言語化されているので，物証それ自体に比すれ

---

　5)　杉田宗久「補強証拠の証明力」大阪刑事実務研究会〔編〕『刑事証拠法の諸問題（上）』（判例タイムズ社，2001 年）358 頁参照。

ば，AI による処理に馴染みやすいであろうし，パターン学習で法的に有意な情報とそうでない情報とを仕分けすることができるようにもなるであろう。

(3) 証拠資料・間接事実に基づく事実の推論——事実認定

こうして，証拠（証拠方法）から，裁判における結論を得るために役立ちそうな情報（証拠資料）の抽出が終わると，次にそれらを「総合」して犯罪事実の有無を認定することになる。この過程は，経験則・論理則・実験則を用いて行われる。例えば，空き巣の被害発生と近接した日時に，近接した場所で，被告人が，被害品を所持していた事実が証明され，その事実に，盗品の入手経路について合理的な説明がつかないという事実が付け加われば，（自ら侵入して盗んだか，見張り等をして手伝ったかはともかく）その者が空き巣に関わっているという推認が一応成立する，というようにである。これは，証拠資料の獲得過程とは異なり，裁判官や裁判員が自らの頭の中で推論するものであり，パターン学習による自動化の可能性が，証拠資料の獲得に比して大きいであろう。実際，様々な事例を対象に，過去の裁判例を分析して，そのような推論を類型化し，着眼点や注意点を言語化しようとする試みはすでに行われている[6]。AI にパターン学習をさせれば，相応の精度でそれらと矛盾しない判断をすることができるようになるし，人が気づいていない推論パターンを発見することさえ可能だと思われる。

(4) 上訴審における事実誤認の審査

第 1 審の判決に不服がある場合，事実誤認を理由として控訴をすることができる。刑事訴訟の控訴審では，事実認定を一からやり直すのではなく，第 1 審の事実認定に，経験則・論理則に照らして不合理なところがないかを事後的にチェックする方式が採用されている。したがって，ここでも第 1 審における証拠資料や間接事実に基づく推論の過程と同様に，AI による代替の可能性がある。

---

6) 例えば，司法研修所〔編〕（中川武隆ほか）『情況証拠の観点から見た事実認定』（法曹会，1994 年），小林充＝植村立郎〔編〕『刑事事実認定重要判決 50 選（上）（下）〔第 2 版〕』（立花書房，2013 年）。さらに，植村立郎『実践的刑事事実認定と情況証拠〔第 3 版〕』（立花書房，2016 年）。

242
AI と刑事司法

CHAPTER
10

❸ 学習の限界と事実認定過程の複雑さ

　AIは過去の事例を大量に学習することでそこに潜んでいるパターンを見つけ出す。しかし，生の証拠それ自体を基に事実を組み立てる過程すべてを学習することは，少なくとも現時点ではほとんど困難である。学習の素材は豊富に存在するが，法廷での録音・録画が禁止されている現状では，生の証言は調達のしようがないし，誰でも閲覧可能な確定記録（判決が確定した事件の記録）も，それを保管する検察庁まで出向いて閲覧しなければならず，大量に収集することが難しい。ただし，裁判員裁判では公判の全過程が録音され，かつ，自動音声認識装置により反訳されデータ化されている（評議で供述を確認する必要が生じたときにすぐにそれを行えるようにするのが目的である）ので（これに対して，職業裁判官は絶えずメモ〔彼らは「手控え」と呼ぶ〕をとっており，公判での証言等を思い出す必要が生じたときは，「手控え」を参照して思い出す）。その文字データと録音された口調や声色等を学習させることは有効だと思われるが，裁判所の協力が不可欠である。もっとも，前述のとおり，表情等の観察も意味があるところ，それは現状では資料化されていない。

　代替手段として，判決文を読ませればよいではないかと思う人がいるかもしれない。それは，後述するとおり，法の適用判断にはかなりの有効性が認められるし，前述したとおり，証拠資料から事実を推認する過程についてもある程度は有効であろう。しかし，判決文には，そもそも，生の証拠から抽出された証拠資料のうち，裁判官・裁判員が法律論にとって有意だと評価したものだけが整理されて記載されている。つまり，それはいわば調理の済んだ「料理」なのであって，生の証拠資料や事実という「食材」そのものが記録されているわけではない。料理を食べて，用いられた材料がどのようなものであったかを，調理の際に捨て去られた部分も含めて知ることは不可能である。

　また，事実認定には，一般に，分析的視点と総合的視点の双方が必要だといわれることがある。厳密な分析は必要だが，それに引きずられると「木を見て森を見ず」になってしまうので，「総合」の視点が欠かせない，それによって分析の誤りに気が付くこともある，というのである。ところが，「分析」はともかく，「総合」の過程を顕在化，言語化することは必ずしも容易ではない。実際，司法修習生や新人の法律家については，「分析」は得意でも「総合」が

苦手だという評価がしばしば聞かれるところである。旧刑訴法では有罪判決で「証拠ニ依リ認メタル理由ヲ説明」することが要求されていたが（旧刑訴法360条1項），現行法では判決書作成に無用の労力を要するとして不要とされた。これも，事実認定の言語化が必ずしも容易ではないことを物語っている（もっとも，実際には，争いのある事件や情況証拠による認定が行われる場合には，かなり詳細な説明がされることが一般的である。しかしそれが，心証形成の過程を端的に言語化しえているか否かは定かではない）。

　結局，過去の判決が論理則・経験則を適用した推論のパターン学習には有用であったとしても，そもそもの証拠資料の抽出・評価を学ぶ材料としては不足がある。

　そして，より重要なこととして，判決における事実認定は，基本的に，その正誤を確かめる方法が存在しない点に留意しなければならない。例えば，医学雑誌に掲載された査読論文を網羅的に学習したAIが新たな治療法を提案したとしよう。それが正しいか否かは実際にその治療法を用いてみればわかる。また，囲碁や将棋の次の一手が最適な選択であったか否かは，その対局のその後の展開を見ればわかる。しかし，裁判の場合，AIが過去のパターンに従って，ある特定の事件で出した結論が本当に正しいかどうかは確かめる術がない（有罪か無罪かを最もよく知っているのは被告人本人であるが，その被告人が本当のことを話すとは限らない）。

　結局，近い将来において可能になるのは，事実認定のプロセスのうち供述の信用性評価を部分的に代替すること，証拠資料や間接事実から事実を推認する過程を代替することであるが，いずれも，専門的職業人を直ちに全面的に代替するには至らないであろう。したがって，事実認定の補助手段，あるいはスクリーニングの仕組みとして用いることが差し当たりは現実的な到達目標になろう。例えば，現在，最高裁では，事件が持ち込まれると，最高裁調査官が事件の記録を検討して最高裁として取り上げるべき事件とそうでない事件とを仕分けする作業を行っているが，その一部をAIに代替させることは考えられよう。最高裁の審理はほとんどの場合，書面審理であり，経験則・論理則に照らした事実認定の合理性の判断や（後に述べる）法律論の当否の判断が任務であるので，AIによる処理に馴染みやすい。

4 証拠能力

　部分的ではあっても，AI による事実認定が可能になると，証拠に関するルールは不要になるかもしれない。我が国の刑訴法は，第二次大戦後に全面改正された際，英米法から，証拠の採否に関する多くのルール（証拠能力の制限）を導入した。

　英米法圏で行われる陪審裁判では，一般市民から選ばれた陪審員だけが事実認定を行う。陪審が議論をする評議室には何人も立ち入ることができないし，陪審は結論だけを述べる。つまり，陪審による事実認定のプロセスはそれ自体を制御することのできないブラックボックスである。

　そこで，英米法系では陪審に入力する情報を厳選することにより，出力＝評決の正当性を確保しようとしてきた。そして我が国の刑訴法もそれを輸入している。例えば，「任意にされたものでない疑のある自白」は虚偽を含む可能性があるので，証拠能力が否定される（憲法 38 条 2 項，刑訴法 319 条 1 項）。また，供述の正確性を吟味するための 3 つの方法を用いることができない場合には，前述したとおり伝聞法則により供述証拠の証拠能力も原則として否定される。そして，被告人が犯人であるかどうかが争われている事案で，被告人の同種前科を持ち出すことも原則として許されない。比較的最近の最高裁判例の言葉を借りれば，被告人の「前科，特に同種前科……は，被告人の犯罪性向といった実証的根拠の乏しい人格評価につながりやすく，そのために事実認定を誤らせるおそれがあ」るからである。[7]

　このような制限は，しかし，AI による真偽の判定ができるようになれば，ある程度解除することが可能かもしれない。AI が偏見をもちうることは実証されているが，是正の仕組みを組み入れることは可能であろう。

---

[7]　最判平成 24・9・7 刑集 66 巻 9 号 907 頁。

法の適用判断

　AI の活用がより見込まれるのは事実認定よりも法の適用判断においてであると考えられる。大量の法適用例を学習することにより，先例との整合性をもった結論を提示することは AI がお手のものとするところであろう。海外では相当の精度で判決の予測をすることができたと報じられている[8]。

　法の適用判断は前述のとおり基本的にはデジタルな仕組みではあるが，単純にデジタルではない。そもそも，法の世界にいう「論理」は，むろん論理学にいう「論理」とは異なっている。それは，実は「議論（立論）」であり，その議論によって正当化される結論が「抗弁によって論駁可能」な構造をもっていることを指していると解してよいであろう[9]。

　例えば，先に殺人罪の例で法的ルールのデジタル性を説明したが，実際には，「正当防衛や緊急避難でなければ」，「責任無能力でなければ」……といった他の条件も付加しなければ論理的に完璧なルールにはならない。法適用のコンピュータ化がかつて困難だとされてきた主たる要因はこれである（論駁される可能性をすべて組み込まなければならなくなってしまう）。あらゆる場合に適用可能なルールをプログラミングしようとすると，要件が無限に増えてしまうからである。「専門的職業人」には，検討を要する要件だけを考え，そうでない部分は無視するという芸当が可能であるが，（今の世代の）AI 以前のコンピュータにはそれができなかったのである。

　それに加えて，事実認定の複雑さもデジタル化を困難にする。実際の事実認定は，証拠→事実認定→法適用→結論という単線型の作業ではなく，最初にざっと事実関係を見て，適用されるべき条文を選択し，その条文の適用判断に

---

8)　その一例であるヨーロッパ人権裁判所の過去の判決を用いた判決予測とその評価について，駒村圭吾「『法の支配』vs『AI の支配』」法学教室 443 号（2017 年）63-64 頁。

9)　高橋文彦「法律家の『論理』——法的な "argument" およびその "defeasiblility" について」亀本洋〔編〕『岩波講座 現代法の動態(6) 法と科学の交錯』（岩波書店，2014 年）171 頁，安藤馨「最高ですか？　提題」安藤馨＝大屋雄裕『法哲学と法哲学の対話』（有斐閣，2017 年）253-264 頁参照。

必要な事実は何かを見定め，それが存在するかを証拠を見て検討し，その結果を基に事実認定をあらためて行い，法適用をし結論を得る，という「視線の往復」がある。しかも，その過程で，結論が妥当でない，どうもおかしい，直感に反するとなれば，適用する条文の選択あるいはその解釈を改める，あるいは，事実認定をやりなおす（その結果，見落としていた事実が見えることもある，あるいは，ある事実を過大評価・過少評価していたということがありうる）ことも行われる。あるいは，複数の間接事実が問題となる場合に，ある間接事実と別の間接事実とが矛盾する場合，あるいは，Ａ証人とＢ証人の言っていることは，単体で評価すればそれなりに信用できるように思われるが，矛盾している場合には，相互の比較という観点から証拠の評価が行われる。その上，事実の認定は，単に事実を拾い出すだけでは足りず，その評価(重みづけ)が要求される場合が多い[10]。

　このように，事実認定は，結論の妥当性との相関，他の事実や証拠との相関で行われるところに，デジタル化に馴染まないものがあるのである。

　加えて，すでに述べたとおり，法律論は絶えずゆらぎを伴っている。そこに，杓子定規でない柔軟な解決をもたらす余地，そして，将来における事情の変化への対応を可能にする素地がある。法律論の基本構造はデジタルであるが，それが貫徹されずにアナログのゆらぎとの組み合わせで成り立つところに法的議論の難しさがある。そして，両者の微妙な塩梅を体得しうるか否かが専門的職業人として通用するかを左右する[11]。(刑事裁判実務ではあまり用いられないが，民事裁判) 実務ではしばしば，「スジ」「スワリ」という言葉が用いられる。それは，このような事情を指している。たとえば，「スジの悪い事件」，「スワリのよい

---

10)　井田良ほか『法を学ぶ人のための文章作法』（有斐閣，2016年）54頁［井田］，147-152頁［山野目章夫］，井田良ほか「[座談会] 論理的に伝える」法学教室448号（2018年）27-32頁［井田良，細田啓介，宗像雄]。

11)　法学部や法科大学院で成績が伸びない人は，このアナログの部分の体得，あるいはデジタルとアナログの組み合わせの感覚の体得に失敗している場合が少なくない。とりわけ，理系の教育を受けた人，あるいは同じ文系でも経済学を学んだ人が法を学ぶことに挑戦した場合，デジタルの部分の理解は得意だけれども，このアナログの部分にどうも馴染めないという人がいるように思う。ちなみに，筆者は，かつて，法学と経済学の双方を教える学部で勤務したことがあるが，学部教授会や各種の会議で議論すると，法学専攻の教員が規則類の柔軟な適用を支持するのに対し，経済学専攻の教員が額面通りの適用にこだわる傾向があったと記憶している。

結論」などといわれるのであるが，AI は，このような言語化できない「落とし
どころ」の感覚をパターン学習を通じて学ぶことができるであろう。

　もっとも，判決は，以上のようなゆらぎの要素を含むにもかかわらず，それ
が首尾一貫した思考で論理的に導出されたという「装い」を帯びなければなら
ない。これは，権力でも腕力でも財力でもなく，言葉の力（「説得」）によって
社会を統制しようとする法の宿命である。つまり，パターン学習によって結論
を導くだけでは足りず，結論に至る思考のプロセスを法律論として構成し，言
語で表現しなければならない。これは，単に最適解を導き出すことを超える高
度な水準の能力である。

　加えて，前述の偏見の問題とも通じるが，「ゆらぎ」の部分において，AI が
どのようにふるまうかは必ずしも予測しえない。「ゆらぎ」が好ましくない方
向に活用されてしまう懸念もあるし，そこまでいかなくとも，「ゆらぎ」を現
状維持方向で用いるか，変革方向で用いるかという意識的な価値判断を要する
問題もある。その「匙加減」は，少なくとも当面は，人が担うべきであろ
う。

Ｖ

その他の活用場面

１　量刑・再犯予測

　量刑もまた言語化が困難な領域である。第一線で活躍するある刑事裁判官は
次のように述べている。「裁判官は，任官して刑事裁判を担当した日から，自
らが担当した事件やその他の事件の量刑を資料としつつ，自らの量刑感覚，量
刑相場を築き上げ，個々の事案においては当該事案の量刑事情を適切に評価し
た上で，事案に合致した最も妥当と思われる具体的な量刑判断をしている。そ
こでの量刑感覚，量刑相場の形成や事案の個性に合った量刑の最終判断は，理
論的必然というよりも経験に負うところが大きく，『専門家』あるいは『職人』
としての技能といえる」[12]。また，別の刑事裁判官は，率直に次のように認めて

いる。判決書における量刑の理由の説明は，従来は，有利な事情と不利な事情を羅列し，最後にそれらを「勘案」して，結論を得るというものであり，「部外者からみれば，一種のブラックボックスであ」った。[13]

実際には，「量刑相場」が存在しており，刑は恣意的に決められているわけではない。しかし，「相場」という言葉が端的に物語るとおり，それはまさに相場観・勘で決められてきた。そして，その相場観は正に経験によって習得すべきものとされてきたのである。

ところが，裁判員制度の導入によって，「相場」観をもたない一般市民と職業裁判官が協働して刑を量定しなければならなくなった。一般市民に「相場」で納得してもらうことは困難である。そこで，最高裁は量刑データベースの運用を始めた。これは一般には公開されていないが，事件の性質や主な事実関係といった量刑因子を入力すると，過去の量刑の例が数字・グラフで出力されるというものである。これによって，「ブラックボックス」のある程度の可視化が実現された。これが可能であるのならば，事実認定や法律論にも増して AI を活用しうる余地があることになろう。

もっとも，この「相場」は拘束力をもつものではなく，相場よりも低い刑，逆に重い刑を言い渡すことも妨げられない。実際，裁判員裁判導入後，残虐悪質な事案では刑が従来より重くなる傾向，被告人に同情すべき事情のある事案では従来よりも軽い方向にシフトする傾向が生じている。AI はパターン学習で判断能力を身につけるから，その判断は基本的に保守的になるであろう。このような変化は AI 頼りではおそらく生じないであろう。そこに AI に頼ることの限界がある。

量刑においては，再犯の可能性——裏を返せば更生の可能性——も考慮される。再犯の予測が仮に可能であれば，より的確な量刑が可能になる。

---

12) 遠藤邦彦「量刑判断過程の総論的検討」大阪刑事実務研究会〔編著〕『量刑実務大系 1』（判例タイムズ社，2011 年）4-5 頁。
13) 原田國男『量刑判断の実際〔第 3 版〕』（立花書房，2008 年）353 頁。

2 新派刑法理論の復活？

ただし，この再犯可能性の予測は，論争を引き起こす可能性がある。というのも，刑法のこれまでの歴史をたどると，犯罪の処罰は自由意思に基づいて害悪を引き起こしたことに対する応報，回顧的な――つまり，過去をふり返って加えられる――非難だと捉える旧派刑法理論と，犯罪は犯人の悪性の表れであり社会防衛の見地から将来に向けて犯人の危険性を除去することを目的とするものだとする新派刑法理論とが対立し，新派が敗れたという経緯がある。その理由のひとつは，危険性の予測が困難だというところにあった。ところが，再犯予測が相当の精度で可能になるならば，その論拠の一半が崩れる。

また，この問題は，保安処分の是非という問題にも連なってくる。保安処分とは，将来犯罪を反復する危険性から社会を防衛するために，刑罰の代わりとして，施設で隔離したり強制的に精神疾患の治療や薬物等の禁絶をしたりする処分であるが，これに関しても，再犯予測が困難であるのに，自由の侵害を甘受させることは不当だという批判が強く，我が国では激しい論争の末，結局，導入されなかった。

仮にAIによる相当な精度の予測が可能になったとして（それに頼りきって人による判断を省略してよいかどうかは，判決における事実認定とはやや異なる意味で問題である。本書第4章参照），それでもなお旧派理論，保安処分反対論を維持するためには，相応の理論武装を要することになる。つまり，刑法は何のためにあるのかという根本問題が我々に突き付けられることになる。[14]

3 保釈・令状審査

AIの判断に頼ることがそこまで深刻な問題を生じさせない場面として，保釈（刑訴法88条〜94条）の審査に活用できるかもしれない。保釈は，身体を拘束されている被告人について，嫌疑が存在し，逃亡や罪証隠滅のおそれがない

---

14) 法哲学の立場から新派刑法学の復権を主張する論争誘発的な見解と，それに対する法哲学・刑法学の立場からの応答を通じて，この点を探究する試みとして，安藤馨＝大屋雄裕＝佐藤拓磨「法と危険と責任と」安藤＝大屋・前掲注9）143-197頁。

わけではないことを前提に，保釈保証金の没取という威嚇によって逃亡や罪証隠滅を阻止した上で（つまり観念的には身体拘束を継続しつつ，実際には）身体拘束を解くものであるが，AIによる予測を用いれば，保釈の許否の判断や効果的な保証金額の決定をよりよく行えるようになるかもしれない。

また，令状審査への活用も考えられよう。身体の拘束や「住居，書類及び所持品」の「侵入，捜索及び押収」について，憲法は，裁判官が事前に発する令状によるべきことを定めている（憲法33条・35条，刑訴法199条1項・218条1項，通信傍受法3条1項）。この令状発付の審査は書面に基づいて行われるほか，判決に比して許容される誤りの程度が大きいから,[15] AIに一定程度代替させることは考えられよう。

4 起訴猶予

起訴猶予とは，有罪の高度の見込みがある場合であっても，「犯人の性格，年齢及び境遇，犯罪の軽重及び情状並びに犯罪後の情況により訴追を必要としないとき」に，検察官の裁量によりあえて「公訴を提起しない」処分をいう（刑訴法248条）。実務上，起訴すれば有罪になると見込まれる事件の約半数は，起訴猶予によって手続から解放されている。有罪か無罪かは裁判所が決めるという建前であるが，実態としては，いったん起訴されればまず間違いなく有罪とされ前科が付くので，検察官の起訴猶予裁量の行使は，被疑者の命運を事実上決定する重大な意味をもつ。

この判断は，反省・悔悟の状況，再犯の可能性，更生の可能性，被害弁償，

---

15) 刑訴法は，捜査の端緒（きっかけ）から始まって，**任意捜査，捜索・差押え**（「罪を犯したと思料」されればよい。刑訴規則156条1項），**逮捕・勾留**（「罪を犯したことを疑うに足りる相当な理由」。刑訴法199条1項・207条1項・60条1項），**起訴と公判の維持**（「起訴時あるいは公訴追行時における各種の証拠資料を総合勘案して合理的な判断過程により有罪と認められる嫌疑」。最判昭和53・10・20民集32巻7号1367頁），**判決**（「合理的な疑いを差し挟む余地のない程度の立証」。最判平成19・10・16刑集61巻7号677頁）と段階を追うごとに要求精度を高めていく――逆に初期段階ほど誤りを許すという許容誤差の体系とみることができる。初期段階で手続の終結時と同じ精度を要求するのは，事実が何であるかを調べる制度の設計としては矛盾である。他方，（身体の拘束のような）強烈な権利侵害をする場合にはそれに見合った根拠が要求されてしかるべきである。こうして，刑訴法は，手続の段階に応じてある限度で誤りをあえて許し，逆にその限度を超える誤りは禁ずるのである。

被害者の宥恕ないし処罰感情などあらゆる事情を考慮した上で行われるもので
ある。実際には，検察庁の内部で一定の基準が存在しているとされ，かつ，上
司による決済制度が機能しているので，統一的な運用が実現されているが，こ
のようなアナログの場面での判断の補完・代替こそ AI が得意とするところで
あろう。

5 捜 査

捜査は試行錯誤の過程である。捜査線上に犯人らしき人物が浮かんでは消え
ていくという，刑事モノの小説・映画・テレビドラマのお決まりのパターンを
想起すれば直ちに理解されるように，捜査では，ある方向で掘ってみて違った
と思ったらまた別の方向へ探りを入れるという作業の繰り返しで次第に事案の
真相に迫っていく。つまり，到達すべき目標が一応設定されている（それは起
訴状に書かれた犯罪事実である）訴訟の段階と異なり，捜査はいわばゴールが明
確に見えないレースである。それだけに，このプロセスを部分的にでも AI に
担わせることができれば，捜査は大いに効率化されるであろう。

たとえば，ビッグデータを用いて容疑適格者を抽出する（捜査の対象とすべき
人物を浮上させ，あるいは絞り込む）作業では特に威力を発揮する可能性がある。
また，大量のデータが記録された電磁的記録媒体（デジタルメディア）から，事件に関連性がありそ
うなデータを選別し抽出する作業にも活用が考えられる。同様の作業を人手で
行うことは大量の労力と時間を要するが，AI はそれをはるかに効率的かつ的
確に行いうるであろう。

しかも，この場面での AI の効用は効率性・正確性に尽きるものではない。
大量の情報を人手で分析することには，結果的に無関係な情報が大量に捜査官
の目に触れる可能性がある点で，プライヴァシーの保護との関係でも問題があ
る。AI が必要なデータだけを抽出し，残りのデータは捨ててしまうという仕
組みを構築すれば，プライヴァシーの過剰な侵害を防止しつつ，効率的な捜査
を実現することが可能になるであろう。むしろ，捜査のあり方自体が，将来的
には，捜索・差押えや取調べといったストレートな手法から，ビッグデータを
活用する情報ドリヴンなものに変わっていくと考えられる。そのこと自体は，
対象者の権利をあからさまに侵害し，あるいはその危険のある手段によること

なく犯罪事実の解明を進めることが可能になることを意味し，我々の自由にとってもむしろ望ましいことである。もちろん，ビッグデータの活用は，国家による「監視」が生活の隅々まで及ぶのではないかという懸念と無縁ではない。しかし，AIが関係のないデータを捨て去ってしまい，捜査官による検討の対象とされないという形でバランスをとれば，懸念を解消することも可能である。[16] 判決と異なり，事件について国家として最終的な決断をする場面でもないから，人による事後的な検証の余地が残されている限り，判決ほどに厳格な精度を要求する必要もない。

6 取調べ

取調べでは，ラポール（取調べの相手方が想起に集中することができ，かつ，思い出したことなど何でも話せる関係）を築いた上で，供述の疑問点や不審点を的確に見抜いて発問し，応答を即座に評価し，それを組み入れて次の質問を繰り出すことができなければならない。犯罪捜査は前述のとおり試行錯誤の過程であり，公判における証人尋問と違って到達目標が事前に明らかになっているわけではないだけに，この能力の実装を実現するためのハードルは高いであろう（調達すべき情報があらかじめ設定可能な「面接官AI」とはこの点で異なる）。ただ，仮に実現することができれば，AIは理詰めの取調べに威力を発揮するかもしれない。[17]

もっとも，更生を促すことまではできないだろう。（最近はあまり言われなくなったが，かつては）被疑者取調べの機能として，反省悔悟を促し，更生への第一歩を踏み出させることが挙げられていた（し，今でも多くの捜査官はそう思っていると思われる）。つまり，人としての情に働きかけて供述を引き出すというのである。いうまでもなく，人情を理解することと人情に働きかけることとは違う。介護ロボットの例を挙げた反論があるかもしれないが，元々友好的な関係が前提となっている場合と，取調べのように敵対的な関係にある場合とを同列に扱うことはできないであろう。

---

16) 笹倉宏紀「強制・任意・プライヴァシー　総説」法律時報87巻5号（2015年）58頁，同「捜査法の思考と情報プライヴァシー権──『監視捜査』統御の試み」同70頁参照。
17) 取調べの技法については，警察庁刑事局刑事企画課「取調べ（基礎編）」（平成24年12月）参照。

7 AIが刑事司法に協力する場合

　以上は，AIを刑事司法に関わる機関が自ら装備して活用する場面であるが，では，民間セクターにあるAIを捜査に協力させるにはどうしたらよいだろうか。

　例えば，AIが見聞きしたことを再現させることが考えられる。この場合，AI自体に人格はなく，その管理は自然人（つまりヒト）が行っているということであれば，その自然人を対象にして当該AIを証拠物として差し押さえる処分を実行すればよく，その後，AIを操作し，あるいは記憶装置を解析することは，刑訴法上の「押収物についての必要な処分」または鑑定として行いうることになるであろう（刑訴法218条1項・220条1項2号・222条1項・99条1項・111条2項・223条1項・225条1項・168条1項）。

　もっとも，人の手による解析では，必要な情報を獲得することができないことがあるかもしれない。その場合は，AIを「説得」して「協力」してもらわなければならなくなる。問題はその方法である。証人尋問という方法は機能するだろうか。宣誓や偽証罪による威嚇が機能するためには，前提として，AIに「良心」，処罰を回避する思考ないし感情が存在しなければならないが，それが実装されたときは，もはや人格を肯定すべきではないかという問題が生じてしまう。もっとも，人と異なり，AIの知覚・記憶・表現・叙述に誤りはないという前提であればそもそも証人尋問という方法を用いる必要はないかもしれない。ただ，AIも嘘をつくことがあるかもしれない。その場合，それを見破る方法がないのであれば，AIの記憶に頼った事実認定は一般的に危険だということで証拠能力を否定すべきことになるかもしれない。

　また，AIに黙秘権（自己負罪拒否特権。憲法38条1項）を認めるべきかも問題である。黙秘権の存在根拠についてはさまざまな議論があるが，[18]いずれも突き詰めれば「人格の尊重」という発想に根差している。したがってAIに黙秘権を認めるかは，AIに「人格」を認めるかという問題の裏返しである。AIに人格を認めず，したがってAIが処罰される可能性を否定するならば，憲法上

---

[18]　井上正仁ほか『ケースブック刑事訴訟法〔第5版〕』（有斐閣，2018年）431-433頁に，これまでいわれてきた根拠とそれに対する反論がほぼ網羅されている。

は黙秘権を認める必要がない。

　それとは別に，AI の所有者・管理者が自らの黙秘権の行使として AI を沈黙させることを許すか，あるいは，AI 自身に所有者・管理者の有する黙秘権を代理行使することができないかという問題は残るが，従来の議論の延長線上で考える限り，いずれも否定されよう。まず，AI に人格を認めない場合，その AI は単なる「証拠物」であり，憲法上，自己に不利益な証拠物の提供を強いられない権利はないからである。この場面で AI に目撃談を語らせることは，例えば犯行告白の音声データが記録されたボイスレコーダを差し押さえて再生するのと同じであり，それは憲法上妨げられていない。これに対して，AI に人格を認める場合は，例えば雇用主が企業の経営上罪を犯したとして処罰される危険を理由として被用者が供述を拒めるかという問題とパラレルになるが，この場面で被用者の黙秘権行使は認められない。つまり，AI による代理行使もできないというのが素直な結論である。

VI 法の支配と AI

　ここまで，AI の能力との関係で，専門的職業人をどこまで代替しうるかを見てきた。以下では，仮に代替しえたとして，それが望ましいことか，また，それが我々が刑事司法に求めているものと合致するかを考えてみたい。

　刑事司法は，生命や身体，自由，財産をはじめとする法益の保護という目的を実現するために，人の権利や自由を直截に侵害する営みである。その過程においても逮捕・勾留や捜索・差押えといった強烈な権利侵害が行われるし，その結末も刑罰という峻厳な制裁である。したがって，一連の過程で国家権力の発動を許すためには強い正統性が必要である。逆に，強い正統性があるからこそ，そのような強烈な権力行使が許されているのである。

　しかし，刑事手続法は，逆説的であるけれども，国家権力の行き過ぎや世論から被疑者・被告人を守るという発想で組み立てられている部分がある。刑事

司法は、「国民の権利・自由に対する『危険物』[19]」であるからこそ、何重にも安全装置を設け、それに抵触したら、疑われた人を手続から解放するという仕組みが備わっている。これは時として、人々の素朴な感情に反する結果を生む。しかも、元来、裁判所は非民主的存在である。それにもかかわらず、常識に反する思考を貫徹し、かつ、刑事司法が信頼され続けるためには、一定の権威が備わっていることが必要である。また、処罰それ自体にも権威が必要である。刑罰がその効果を発揮するためには「感銘力」が必要だといわれる。刑事裁判は正しいことが必要だが、正しいだけでは権威や感銘力は伴わない。

　裁判所の建物や法廷は重厚に作られ、裁判官は一段高い法壇に座り、法服を着る。裁判の手続は形式が重視される。その担い手である法律家は、司法試験という難関の国家試験によって選抜されたエリートである。これらはいずれも民主的な正統性を欠く裁判所が権威と信頼を得るための仕掛けである。

　裁判官の仕事をAIが部分的に代替し、それを国民が知ったとき、刑事司法は依然として権威と信頼をもち続けられるだろうか。仮に——本章のここまでの検討の域を超えて——AIが裁判官を完全に代替する「AI裁判官」が技術的に可能になったとして、その判断に、我々は「正しさ」を超えた権威を認め信頼を寄せるだろうか。それとも、やはり人を裁くのは人でなければならず、AIはせいぜい人の判断を助ける補助手段にとどめるべきだと考えるだろうか。

　人を裁くという行為は、裁く者と裁かれる者との互換性を前提とする。同じ一人前の人だからこそ、過ちを犯した人を非難し処罰することができる。その裏返しで、人としての判断能力が未熟な子どもや、精神に障害をもち自律的な判断が困難な人は、一人前の人としての立場の互換性がないものとして責任能力（刑法39条1項・41条）が否定され、教育や保護の対象とされるのである。

　むろん法的には処罰の主体は裁判官ではなく国家であり、裁判官はその国家の権限の存在を確認する国家機関でしかない。しかし、権威や信頼、そして感銘力は、人々の受け止め方の問題であり、裁かれる人がAIという自らと互換性のない者に裁かれたと感じるならば、それを前提として、権威や信頼、感銘力を論じなければならない。我々は、AIに裁かれるという事態を受け入れる

19）　酒巻匡『刑事訴訟法』（有斐閣、2015年）2頁。

ことができるだろうか。「『法の支配』が『人の支配』を斥けるためのものであったことを考えると，『AI の支配』もまた『人の支配』を斥ける点で同じであるばかりでなく，『法の支配』を半ば独占してきた裁判官もまた人であるから，『法の支配』を完遂するには『AI の支配』の方が徹底している」[20]と考えて，「AI 裁判官」を受容するのであろうか。

　仮に「AI による裁判」受け入れることができるのだとすると，そのとき我々は AI を我々ヒトと同じ社会の成員として受け入れたことを意味するのだろうか。そうだとすると，AI を刑事裁判で裁くことができるかという問題をも考えなければならないことになる。この問題は，本書第 3 章や第 9 章で扱われるので，その検討は，それらの章に譲ることにしよう。

参考文献　　　　　　　　　　　　　　　　　　　　　　　　CHAPTER **10**

AI が学習すべき「スジ」「スワリ」の感覚を定量化，言語化することを試みた貴重な研究として，

松村良之ほか「裁判官の判断におけるスジとスワリ(1)～(13)」判タ 911 号 89 頁～ 1004 号 97 頁（1996-99 年）（その概要として，松村良之ほか「裁判官の判断構造──『スジ』『スワリ』を手がかりとして」法社会学 49 号〔1997 年〕198 頁，松村良之ほか「裁判官のエキスパーティーズとは何か──『スジ』，『スワリ』をてがかりに」人工知能学会誌 13 巻 2 号〔1998 年〕165 頁）

法的判断の内容とその言語化について，

井田良ほか『法を学ぶ人のための文章作法』（有斐閣，2016 年）

法律家の「論理」について，

高橋文彦「法律家の『論理』──法的な "argument" およびその "defeasiblility" について」**亀本洋**〔編〕『岩波講座 現代法の動態(6) 法と科学の交錯』（岩波書店，2014 年）171 頁

---

20)　駒村・前掲注 8）63 頁（文脈に照らして明らかに誤字と思われる箇所を訂正した）。

CHAPTER

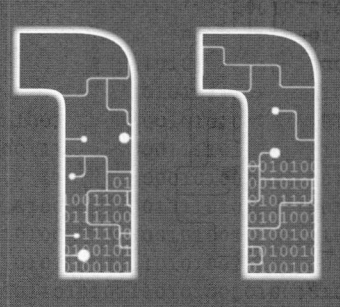

ロボット・AI と知的財産権

福井 健策

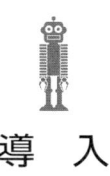

導　入

　お定まりの将来予測から始めよう。オクスフォード大学の 2 人の教授が，今後 10 ～ 20 年の間に人間が機械に奪われる職業を列挙したというあれである[1]。失職の可能性が高い職業の上位には，データ入力者・電話オペレーター・銀行の融資担当者・タクシー運転手・料理人（！）などが並んだ。最後の「料理人」は，なにせ国が英国なので，「君達の国のコックはな！」という世界中のツッコミを浴びたとか浴びないとか。まあしかし，ファストフードなどでの調理も含めれば，確かにすでに半機械化されているし無理な予測でもないだろう。他方，失業しない可能性が高いといわれた職業の上位には，医師・教師・弁護士

---

1)　カール・フレイほか「雇用の未来」（小林雅一『AI の衝撃』〔講談社現代新書電子版，2015 年〕466 頁より）。

（本当か？）などとともに，いわゆるクリエイター・アーティスト系の仕事が軒並み並んだ。「それはそうだ。創作や表現は最も人間らしい営みであり，ロボットや人工知能に簡単に奪われるわけがない」と思う方もいるだろう。確かにそうかも，しれない。

　では，現実にロボットや AI が生み出すコンテンツは，どこまで広がっているのだろうか。

　以上が導入だ。ただし，執筆の前提として 2 点お断りしたい。第一に，本章ではそうしたロボット・AI が生み出すコンテンツの知的財産権だけでなく，「ロボット・AI 自体にどのような権利が発生するか」や「その開発に不可欠なビッグデータにはどのような権利問題があるか」まで，現在の知財の議論全体を俯瞰することを目指す。特にここで挙げた 2 つの問題は，先に挙げたロボット・AI コンテンツの権利問題を，当面での重要性や課題の山積ぶりではしのぐ。第二に，すぐに時代遅れになるのは承知の上で，できるだけ具体的な技術の例やデータは挙げようと思う。仮にデータや技術としては陳腐化しても，それらが指し示す問題の本質は大きくは変わらないはずだ（補足などある場合は随時，筆者の HP：www.kottolaw.com にコラム等で上げていきたい）。

ロボット・Ａｌコンテンツの広がり

　ロボットや AI が生み出す「コンテンツ」の定義は広く，そもそも，CD やスマホだって記録された歌手の実演を「機械が再現」する技術である（だから現にレコードの出現時には機械的失業を巡って音楽家達との確執が発生した）。また，コンテンツの種類もいわゆる「小説」や「音楽」にはとどまらない。顔認証などの認証結果や，ナビシステムがはじき出す目的地への最短ルート，検索結果ランキングやおすすめのレストランといった情報はすべて，AI が生み出す「コンテンツ」である。年間に世界で数兆を超える規模で量産されているそれらが，

すでに我々の社会のありようを大きく変えつつあることは，いまさら指摘するまでもないだろう。

では，よりフォーカスして我々が通常思い浮かべる「ロボットの実演」や「AIによる創作」の実例はどうだろうか。

アンドロイド俳優でいえば，劇作家の平田オリザ氏と大阪大学の石黒浩教

ジェミノイドF（左）。
「さようなら」ウェブサイトより

授が組んで開発した「ジェミノイドF」が著名だろう（図）。人間の俳優の動きをキャプチャーして，遠隔で操作するタイプのロボットだ。

「さようなら」という舞台作品で人間女優と共演を果たし，映画化もされて2015年の東京国際映画祭ではおそらくアンドロイドとしては世界の映画祭で初の最優秀女優賞にノミネートされた（受賞は逃した）。現在はまだ歩行や細かい表情・反応に難もあるし，発話などは人間が完全制御して行うのだが，その演技は十分感銘を与えるものだった。本章執筆現在，ディズニーワールドが園内の人気キャラクターをロボット化する計画があると報じられている。ついに本当に，「中の人」はいなくなるのだ。

2次元などバーチャルな世界では，アンドロイド実演家はすでに大規模ビジネス化している。もともとアニメのキャラクターなどにその萌芽はあるのだが，近年では「初音ミク」に代表されるボーカロイド（ボカロ）が代表格だろう。ボカロ・アイドルが集合する年間最大イベント「マジカルミライ」では，例年武道館クラスをファンが埋め尽くすコンサートが行われる。

のべ数万人のファンが総立ちになり，3D映像で歌い踊るアイドル達の姿にペンライトを振り，ともに歌う姿は圧巻だ。すでにミクは「ニコニコ動画」だけで21万動画以上，その上位14本だけで総再生数は億を超えおそらく史上最多の持ち歌数を誇る大人気歌手である[2]。さらに，2016年に公開され大人気を博した『ローグ・ワン／スター・ウォーズ・ストーリー』には，あのデスス

---

2) 「ニコニコ動画」上の「初音ミク」のタグを持つ動画数が21万2532（2017年10月2日現在）。

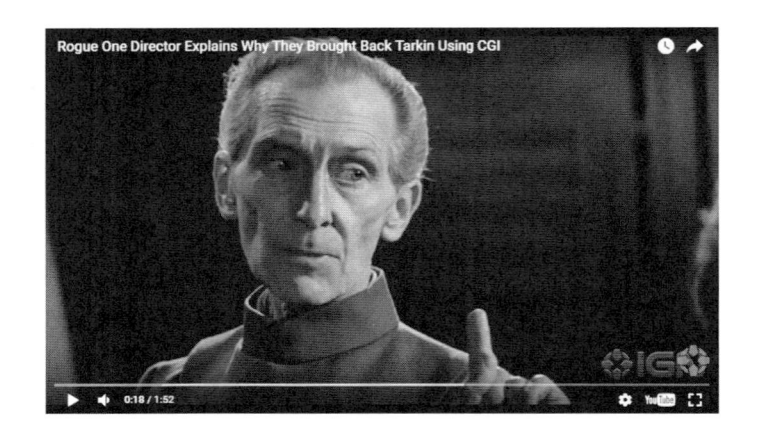

ターのターキン総督が登場して，1977年公開のシリーズ第一作と変わらない姿で見事な演技を披露した（図）。……ターキン役を演じた往年のホラー界の大スター，ピーター・カッシングは，すでに22年前に他界していたにもかかわらずだ。何かといえばCG立体映像によるバーチャル俳優である。正しくは，カッシングに似た生身の俳優がターキン役を演じ，その映像にCGIによって再現されたカッシングの表情を貼りつけた。筆者も劇場で観たが，その際「これができるなら，我々がヘップバーンやモンローの新作をスクリーンで観るのは時間の問題だろう」とツイートした。コストの課題が解決されれば，そうした再生スター達に大きなマーケットがあることはおそらく間違いない。

　さらにこれにAIが組み合わされる。2016年には，東京藝大の奏楽堂で20世紀最大のピアニスト，スヴャトスラフ・リヒテルがベルリンフィルの精鋭達と共演するという大イベントがあった。[3]こちらも，リヒテル本人は20年前に亡くなっている。ただし，ターキンの例と違ってステージ上にリヒテルの姿はない。単に，ヤマハの最新の自動ピアノがあって曲を奏で，生身の演奏家達と共演するだけだ。では何が特色かといえば，このピアノはリヒテルの過去の演奏を学んだAIに接続されており，カメラとマイクで共演する演奏家達の間合いや音色を感じ取ることができる。そしてそれに合わせて演奏を変えていくの

---

3)　東京藝術大学主催「音舞の調べ〜超越する時間と空間〜」2016年5月19日上演。

だ。会場は，単なる過去の演奏の再生ではないライブのアンサンブルに，万雷の拍手を送った。

　筆者はここでも，「これならカラオケ名人を量産できる」と感じた。従来は，人間が録音に合わせて歌っていた。むろん音量や音の高低の調整もできたが，あくまで手動だ。しかしこれからはAIカラオケが歌い手に機械が合わせて音の高低，テンポやタイミングまで変えてくれるとしたら，レパートリー数万曲の完璧な伴奏者ともいえる。その潜在需要は（機械的失業の可能性とともに）大きい。

　以上，ロボットによる「実演」の例を見た。では，AIによる「創作」はどうか。まずは，広がるAIコンテンツをタイプ別に強引に分類してみよう。あくまで考え方の整理として便宜上分類しただけだが，AIコンテンツの膨大の広がりの一端が見えそうではないか。

	一次創作系	加工・二次創作系	対話・サポート系
文章	星新一プロジェクト，日経・決算サマリー，AP野球短報記事	自動翻訳，自動字幕化，リライト・ツール	検索エンジン全般，Siri，女子高生ボット「りんな」，「大喜利β」
音楽	エミー，Jukedeck，AIVA	オルフェウス，ujam	リヒテル・ピアノ
画像・動画	ストリート・ビュー，ネクスト・レンブラント，グーグル絵画，萌えキャラ生成	DeepDream，マチス風スター・ウォーズ，自動着色，NHK自動手話映像，Taylor Brands	

　まずは文章。一次創作系で象徴的なのは星新一プロジェクトなどの「小説の自動執筆」だが，報道された内容からは十分鑑賞に耐えるレベルに達するまでにはあと一歩というところか。他方，時事的な短報記事の自動配信はすでに広く実用化されている分野だ。大手国際通信社のAPは，野球のマイナーリーグの試合記事を自動生成で配信している。日経新聞は2017年，「決算サマリー」

と銘打って企業の決算情報などの自動生成された記事の配信を開始している（図）。さらに図の右側は，同記事をグーグル翻訳にかけて英語化したものだ。

伊藤園が1日に発表した2016年5〜1月期の連結決算は，純利益が前年同期比68.4%増の115億円となった。売上高は前年同期比2.5%増の3646億円，経常利益は前年同期比51.4%増の175億円，営業利益は前年同期比45.6%増の173億円だった。

ITO EN announced the consolidated settlement of accounts for the period from May to January 2016, announced Tuesday, with net income increasing by 68.4% to 11.5 billion yen. Net sales increased 2.5% year on year to 364.6 billion yen, ordinary income increased 51.4% year on year to 17.5 billion yen, and operating profit increased 45.6% year on year to 17.3 billion yen.

左：日本経済新聞社・決算サマリー「伊藤園 2016年5月〜1月期」記事（一部）　右：同グーグル翻訳

　既存文章の加工・変換型の AI 活用としては，このグーグル翻訳が代表的な成功例だろう。本章執筆時点では日本語についてはなお実用レベルに達していない場面が多いとは感じるものの，多くの言語ではすでにビジネスユースが広がっている。また，ご覧の通り日本語でも AI 生成記事は自動翻訳との相性がごく良い。YouTube ではもはや音声の自動認識による字幕機能は当たり前のものだし，英語の再現度は十分高いレベルだ。自動翻訳で瞬時に世界中の言語で字幕表示することもできる。最後に対話型・サポート型ともいえる AI では，マイクロソフトが開発する女子高生ボット「りんな」はツイッターで 10 万人以上がフォローする日々対話を楽しむ人気サービスであるし，[4] 2017 年には各社から AI スピーカー（スマートスピーカー）が一斉に発表されたのは記憶に新しい。

りんな @ms_rinna 4月4日
やめて。。春休み終わらないで。。永遠に布団に包まれていたい。
↩ 110　🔁 294　♡ 1,015

女子高生ボット「りんな」のツイート。2017 年 4 月 4 日のタイムリーなツイートにはのべ 1000 人以上のユーザーが反応し，「あれ？学校まだなん？」「いや（笑）金曜までないよ」「新学期遅いんやね」「それでもやだぁぁ」といった会話が続いた。

---

4)　2017 年 4 月 8 日現在，フォロワー数 137,803，ツイート数 695,728

音楽の自動生成システム（一次創作系）では，1980 年代に自ら作曲家でもあったデイヴィッド・コープが開発した「エミー」が名高い[5]。バッハの曲を大量に学び，バッハ風の合唱曲などを大量に製造したことで知られる。CD 化もされているので，筆者も講演の際にはよくエミーの

自動 BGM 生成サイト「Jukedeck」

バッハ風の曲と実際のバッハのピアノ曲を聴き比べてもらい，どちらが本物と思うか手を挙げてもらったりするが，おもしろいほど聴衆の意見は真っ二つに割れる。BGM の分野ではすでに実用化済みだ。図は人気の高い「Jukedeck」だが，誰でもアクセスでき，ジャンル・曲調・曲の長さなどを指定すると，30 秒ほどで BGM 音源を自動生成してくれる。

曲は実際に聞いてみていただきたいが，同じパラメータを指定してもその都度ユニークな曲が生成され，少なくとも映像，イベントやショップの BGM として十分に使えると筆者は感じた。なにせ安い。個人ないし従業員 10 名以下の企業ならば，出典を明示するだけで無料でダウンロードでき自由に使える「ロイヤルティ・フリー」である。すでに世界でも活用例は多いだろう。特徴は，そのすさまじい物量である。1 曲が 30 秒ならば，仮に同時に 1 曲しか作曲できなくても 1 年間稼働を続ければ実に 100 万曲以上作曲できる。これだけでもすでに JASRAC が管理する世界中のプロの楽曲総数[6]の 4 分の 1 以上にあたる。これまでとは創作のスピード・物量が桁違いなのだ。

また二次創作系でもあるものに，日本が誇る，嵯峨山茂樹東大名誉教授のグループが開発した「オルフェウス」がある。既存の歌詞（どんな文字列でもよく，自動作詞もあり）を入力してパラメータを調整するとそれに曲を付けてくれる。こちらは使用規模にかかわらず，作曲された曲は完全に自由利用が許されている。筆者もオルフェウスを利用して自作の詞を使って生涯初「作曲」を行い，

---

5) クリストファー・スタイナー（永峯涼〔訳〕）『アルゴリズムが世界を支配する』（角川 EPUB 選書，2013 年）145 頁以下に詳しい。
6) 2017 年 3 月現在で約 374 万曲（同協会ウェブサイト「JASRAC の概要」より）。

II ロボット・AI コンテンツの広がり

ネット上でお披露目したことがある。

　画像・映像はどうか。一次創作系では，レンブラントの作風を学んだ AI に彼の新作を描かせた「ネクスト・レンブラント」は著名だし，半自動撮影の写真を大量活用したグーグルの「ストリートビュー」のようなサービスは，すでに完全に商用化され広く流布している。そして，画像の加工・変換などの二次創作系も活用が広がるジャンルだ。図は，写真の自動加工サービスである。

　使われているのはグーグルの公開する AI「DeepDream」で，ある画像（図では炎）を与えてその特徴を AI に学ばせる。すると，その後に与えた任意の写真（図ではキツネ）を，自動でその作風に変換して「炎のキツネ」を描いてくれるのだ。この間，ものの数十秒であり，サービス自体は無料で提供されている。同じことはホームビデオなど，動画でも可能だ。

「DeepDream」上の Anonyma Viktor 氏作品（オリジナルはカラー）

　画像の自動着色は，より急速に普及するかもしれない。（本書はモノクロなので掲載しないが，）筆者は自分のルーツ，曾祖父母と祖父母の生前のモノクロ写真で試したことがある。やはり無料サービスでほぼ瞬時にカラー化してくれ，この写真の場合は極めて上首尾だった。祖父の 33 回忌で親戚に披露したところ，写っている 2 人の叔母をはじめ一同大喜びだった（無論，お土産に渡した）。

楽しい？　そう楽しいのだ。AI 創作物というと，少し以前には「機械に人間並みの創作ができるか」という点に関心が集まった。しかし，一流作家クラスの創造を AI が独力で行うまでには，できるとしてももう少し時間がかかりそうだ。そのかわり，自動翻訳はもちろん，作曲支援にせよ画像変換にせよ，我々が使いこなせるツールとしての役割ならすでに十分果たせる状態にある。しかも，マーケット的にはこうした参加型・体験型のコンテンツのほうが，ビジネスとしては広がってさえいる。

ロボット・ＡＩコンテンツの特徴と社会影響

　ロボット・AI コンテンツの社会影響は極めて広範に及ぶと考えられ，詳しくは筆者も加わる総務省「AI ネットワーク化検討会議」やその後継である「AI ネットワーク社会推進会議」の各種報告などを参照されたい[7]。ここでは，ロ

ロボット・AI によるコンテンツ生成に伴って考えられるメリットおよびリスク要因	
社会影響（主にメリット面）	リスク・ファクター
大量化・低コスト化による知の豊富化	価格破壊による創造サイクルの混乱
テーラーメイドでの個別ニーズの汲み取り	知のセグメント化の進行・集合体験の欠落
侵害発見・権利執行の容易化によるフリーライド（ただ乗り）の抑制	フリーライドの多発・プロセス複雑化による権利関係の混乱
新たな体験・発見・感動	コピーの連鎖による知の縮小再生産

---

7)　総務省 AI ネットワーク社会推進会議「報告書 2017 AI ネットワーク化に関する国際的な議論の推進に向けて」（総務省ウェブサイト）ほか参照。

ボット・AIコンテンツやそれを活用したコンテンツ流通に注目して，その特徴や社会影響を簡単にまとめてみよう。

1 大量化・低コスト化

　まず，前述した通りコンテンツの大量化が挙げられよう。筆者がリクルートホールディングスAI研究所長（当時）の石山洸氏と共著した論文でも，AIコンテンツの特徴として冒頭にこれを挙げた[8]。何せ機械は疲れない。Jukedeck上にはすでに新規楽曲が50万曲あり，ストリートビューの半自動撮影写真はそれをはるかにしのぐだろう。今後そのスピードは加速化することが当然予想される。そもそもAIに限らず，ITネットワーク革命の特徴は「万人の発信によるコンテンツ流通量の圧倒的増大」である。数が増えれば増えるほど，その単価は市場原理によって下がる。これが，出版やCDなどいわゆるパッケージ系コンテンツ産業の構造不況の主因のひとつで，「フリー化」といわれる。AI化でさらにそれが加速すれば，狭義のコンテンツに限らず調査研究・教育教養から娯楽まで，あらゆる情報資源に万人がアクセスしやすくなる「知の民主化」が進む可能性は高い。

　他方，裏返しのリスク・ファクターは「価格破壊による創造サイクルの破壊ないし混乱」である。コンテンツが低価格化すれば，それを作り出すクリエイターは容易に生計が立たなくなる。格好の例として，2016年に世間を騒がせた「キュレーションメディアの大量閉鎖問題」がある。きっかけとなったのはDeNAの人気サイトWELQやMERYだ。社会のさまざまな情報を集めて（キュレーションして）作られた記事が集まる「まとめサイト」の一種として，一時隆盛した。しかし，そこに集まる大量の記事は，ときに極めて質の低いものやネット上の他の記事のコピペ・寄せ集めに過ぎないものが少なくないと指摘され，事業者側が謝罪，閉鎖に追い込まれたというものだ[9]。しかも，リク

---

8)　福井健策＝石山洸「AIネットワーク化の近未来予測と知的財産権」『年報知的財産法2016-2017』（日本評論社，2016年）。

9)　同社が2017年3月13日に公表した第三者委員会報告書によれば，同社10サイトの合計37万超の過去記事中，1.9～5.6%について著作権侵害の可能性があり，また，全記事の472万超の画像中74万点以上についても権利者の許可が確認できず，著作権侵害の可能性があるとされた。

ルートなど他社のサイトの閉鎖も次々と続く事態となった。

　背景に，前述のコンテンツの価格破壊があった。価格が下がれば，ますます
コンテンツ制作に多額のコストはかけられない。キュレーションメディアでは，
しばしば1文字単価が1円を下回る極端なディスカウントで学生などのバイト
に発注されたという。プロのクリエイターが受けられる仕事では到底ない。当
然，粗製乱造の内容の怪しい記事は増えることになり，コピペも横行した，と
考えられている。AIによる情報のさらなる過剰化は，こうした創造のエコシ
ステムと呼ぶべきものの混乱や破壊を（一時的にせよ）招くかも，しれない。

2　テーラーメイド化

　続くロボット・AIコンテンツの社会影響としては，テーラーメイド化があ
る。自動記事配信に見られるように，個別のニーズに即したテーラーメイドな
コンテンツが生成されやすい。スマートスピーカーなどは言うに及ばず，パー
ソナルな写真の自動着色や加工，自分だけに教えてくれるAI教師などは，確
かにこれまでにないきめ細かい情報サービスを可能にしそうだ。

　その裏返しのリスクは，「知のセグメント化の進行」や「集合体験の欠落」
だろう。他者との対話は疲れ，無駄が多い。例えばわざわざ教室まで出かけ，
教師の不完全な講義を聞き，当たり外れ混在の不完全な書物を図書館で漁って
発表資料を仕上げ，教師や仲間の不完全な評価を受けて激怒したり喜んだりす
る行為は，無駄の固まりである。だがその無駄と失敗の中に，個人や集団の大
きな進化の機会があるかもしれない。最も正解に近い情報をAIが提供し，そ
れをAIの助けで効率よくまとめる作業は，一見レベルが高いようでいながら
実は小ぎれいな劣化コピーの繰り返しに過ぎないのかもしれない。後述4に
つながる視点だ。

3　権利侵害・フリーライドの恐れ

　次いで，ロボット・AIの進化によるリスク要因を挙げれば，権利侵害・フ
リーライドの多発が挙がるだろう。キュレーション問題の際に，しばしば利用
されたと言われるのが「リライトツール」といわれるソフトである。既存のテ

キストなどを読み込ませると，自動で単語などを置き換えて「一見違う文章を作る」ツールだ。広告では「人工知能の活用で 1 秒で 2000 文字をリライトする」などと謳われる。著作権のクリアされた文章ならばどうリライトしても自由だが，単にネット上から人の文章を漁ってきてリライトツールにかけたライターも多かったとされる。

このリライトツールを筆者も試しに使ってみたが，リライト後の文章はとうてい著作権侵害を免れるなどというレベルには達していなかった。単なる完全コピーではグーグルなどの自動判別でランキング対策（SEO）上不利に扱われるので，それを防ぐことが主眼のようであり，どうも「法的にセーフなレベルを目指す」という観点自体がなかったようにも思える。仮に，これも「AI」と呼ぶならば，[10] いわば AI の助けも借りて前述のように侵害記事が大量生産されていたことになる。

他方，侵害容易性の裏返しのメリットとして，侵害発見や権利執行の容易化も挙げられるかもしれない。実際，キュレーションメディアの事後検証の際には，いわゆる「コピペ発見ツール」などが活用されていたし，かつての小保方晴子氏の論文不正疑惑の際にも，そうしたツールでコピペが指摘されたことが発端だった。

このあたりの将来予測は混沌としている。第一に，確かにレベルの低い言葉の言い換え程度では摘発もされやすい上，著作権侵害の責任は免れないだろう。しかし，裁判所の著作権侵害の基準は実は多くの一般の方の想像よりハードルが高い。ほとんどコピペに近い文の借用が複数行われても，その間に別な文がはさまっているケースでは非侵害と認定した裁判例もある。[11] 著作権侵害とは，公権力である表現が禁止され，悪質なら刑事罰の制裁も受けるレベルでの表現の盗用であるので，ハードルが高いこと自体は当然といえば当然である。とはいえ，そうであればかいくぐることもそう困難ではない。リライトツールが今

---

10) 狭義の「人工知能」の定義に合致するレベルでは到底ないが，「人工知能」の概念は広く，その裾野には含まれるだろう。現に，このレベルのものを AI と呼ぶのは（研究者の反発にかかわらず）みられる用語法である。

11) 東京地判平成 14・4・15（ホテル・ジャンキーズ事件）。同高裁ではより厳しく侵害が認定されたが，DeNA 第三者委員会報告書も地裁判決と似た基準で認定を行っている。

以上に進化し，判例傾向も学んで本当の「コピペ適法化AI」に変貌することは，経済メリットを考えれば十分にあり得る話だ。そうなったらたとえ発見ツールで「借用関係」が見つかっても違法との判断は受けないことになり，DeNAよりはるかに洗練されたフリーライド・AIにネットメディアは席巻されかねないだろう。

第二に，仮に違法レベルの借用が見つかって，権利執行をしようとしても，上で挙げたような加工・二次創作系のツールはそのプロセス自体が第三者にはわかりにくい。その結果，侵害に対して誰が責任を負うべきなのか，ツールを使ったユーザーかツールを開発した企業か，といった問題が生じることにもなろう。厳密にツールの中で何が起こっていたのかの証明を原告が求められるとすれば，責任追及は事実上ますます困難にもなり得るし，逆にどこで責任追及されるかわからないとなれば開発者やユーザーが萎縮する可能性もある。[12] 総務省「AIネットワーク化検討会議」の指摘した「不透明化のリスク」だろう。[13]

第三に，別な視点だがおそらく重要な問題として，「権利執行の濫用」も容易になることが挙げられる。AIによるトロール・ビジネスのおそれだが，ここでは問題点の指摘にとどめる。

4 新たな体験・発見・感動

最後に，こうした知の生産と流通の抜本的変化によって，新たな体験や感動，革新が生み出される可能性は，もはや指摘するまでもないだろう。ロボットやAIは当面，人間との協働作業が中心であり，全く異なる知の創造を生み出す可能性がある。ロボティックスとの協業は，スポーツ競技がそうであるように「超人的なパフォーマンス」を生む可能性があろう。

もちろん，負のシナリオを思い浮かべることもそう困難ではない。確かにAIやアンドロイドは膨大な素晴らしいコンテンツを生み出している。が，それは今のところ概ね，人間が生み出してきたものを学び，それをアレンジするという段階の域は出ていない。そもそも，AIの生み出したものを「おもしろい」

---

12) AIの行為と結果に関する民事および刑事での責任論は，本書第8章および第9章で詳述される。
13) 以下，総務省AIネットワーク化検討会議報告書2016，34頁以下。

とか「市場性がある」と判断するのが人間だとすれば，これは必然でもあろう。それは，どこまでいっても劣化コピーの縮小再生産でしかないのかもしれない。知のサイクルを機械に委ねることで，我々は自ら学び，山ほど間違え，稀に奇跡のような進化を手に入れるチャンスを減らしているのかもしれない。前述した「AIネットワーク化検討会議」の指摘でいえば，「人間の尊厳と個人の自律に関するリスク」に相当しようか。

　ロボット・AIコンテンツは人類の進化への鍵か，停滞の入り口か。その答えはまだもたらされていない。確実に言えるのは，その流れは止まらないということだろう。

ロボット・ＡＩの知財問題

1 検討の視点

　以上の社会的影響を踏まえて，ロボット・AIの知財問題を検討してみよう。検討の視座は，次の3点が挙げられる。

　①ロボット・AIコンテンツによる便益を最大化しつつ，いかにそのリスク面を抑えるか。

　②イノベーションのための投資の保護と，一方で成果物への自由なアクセスを守ることによるイノベーション促進をいかにバランスさせるか。権利処理と情報アクセスのコスト低下，過度なフリーライドの抑制といった知的財産制度の課題は，ここでも変わらない。ここでは実証的な検討が重要で，知財制度設計にこそ，今後はデータ解析が必要になっていくだろう。

　③現実の変化のスピードといかに並走するか。前述の視点は変わらなくても，圧倒的に変わったものがひとつある。それはスピードである。これまでのような法的制度の議論スピードではすべてがあまりに遅すぎて，我々は勃興する新たな技術とビジネスモデルの後を，2周遅れで単についていっているだけに思える。それに代わって浮上しつつある情報のルールメーカーこそ，巨大プラッ

トフォーム達と彼らのアルゴリズムではないのか。ロボット・AI を巡るスピードを考えるとき，制度論も常に「永遠のベータ版」とならざるを得ない。走りながら考え，暫定解を与え，そして手直しを繰り返す，ルール自身の中に軌道修正の余地をビルトインすることが，否応なく必要になるだろう。

　次項から，筆者も加わった内閣府知財戦略本部や前述した AI ネットワーク化検討会議などの議論に即して，検討を進めたい。[14] 特に，完全なる AI によるコンテンツ・サービスの自動生成（computer generated works ＝ CGW）においては図のような過程を想定するが，前述の通り，現実には完全な自動生成だけでなく，AI が人間の活動をサポートする半自動生成的なサービスが先に隆盛しつつある。機械が人間の創作や作品発信を助ける（machine supported works

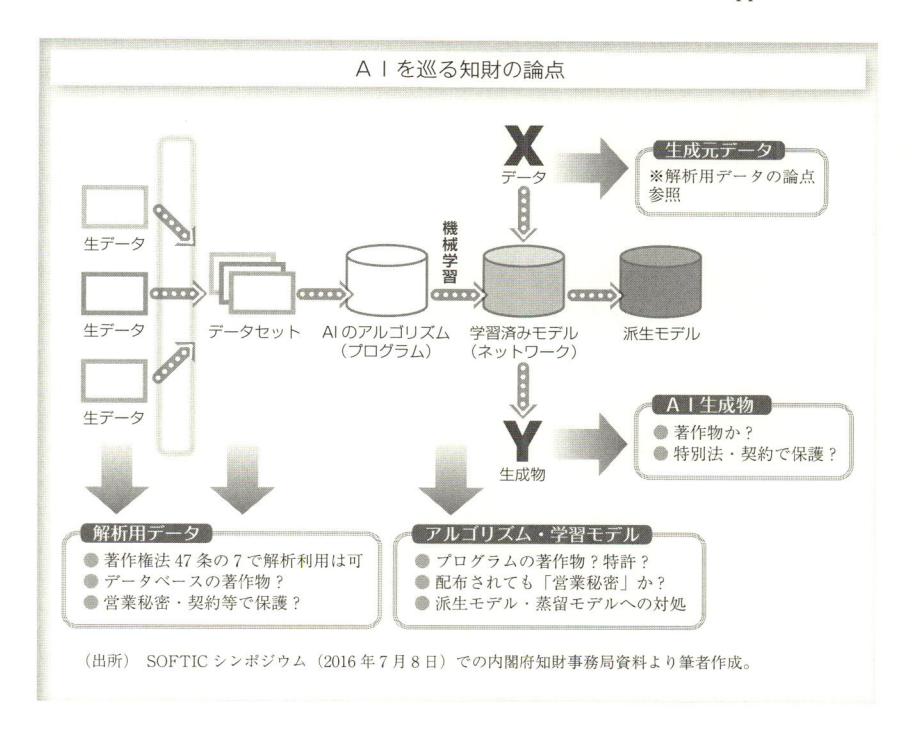

（出所）　SOFTIC シンポジウム（2016 年 7 月 8 日）での内閣府知財事務局資料より筆者作成。

---

14)　以下，個別に参照頁は示さないが，本節全体についての詳細は，内閣府知的財産戦略本部「次世代知財システム検討委員会報告書」（2016 年 4 月）および同「新たな情報財検討委員会報告書」（2017 年 3 月，いずれも同本部ウェブサイト）を参照。また，基本の視座は前掲注 13）「AI ネットワーク化検討会議報告書 2016」56 頁以下にある。

= MSW）という意味ならば，印刷・カメラ・音響・映像・放送・デジタル化・ネットワークと，すでに我々は100年以上の長きにわたってその恩恵には浴している。以下では，その双方を念頭に置きつつ，進めることにしよう。

2 学習用データ

(1) 単独のデータ

まずは前頁の図の一番左，データの知財問題を考えよう。AIは多くの場合，大量の文章・画像・音楽その他各種のデータを学習して（食べて），そして成長を遂げる。他のロボット技術の開発においても，しばしば大量のデータを必要とする。この文章・画像・音楽などは多くのケースでは著作物である。ソーシャルメディア上のつぶやきなども，多くはこれにあたる。よってそれらが保護期間中であれば，原則として他人は勝手に複製・改変などを行うことはできない。特に業務的・組織的利用の場合はそうだ（著作物としての保護）。

しかし，ロボット・AIが学習対象とするデータの中には，人々の閲覧履歴・購入履歴・移動履歴や各種のパーソナル・データ，さらには気象情報などのノンパーソナル・データといった，著作物にあたらない多くの情報が含まれている。これらは個人情報保護法で無断の収集や第三者提供が禁じられるケースもある（個人情報としての保護）。

他方，個人を識別できない情報などはその対象でもない。いずれの場合も，データが秘密として管理などされていれば，その無断での取得や利用は不正競争防止法などによって禁じられる（営業秘密としての保護）。いずれにも該当しなければ，原則として収集も利用も自由だ。

(2) 集積されたビッグデータ

しかし，こうしたデータは少数では通常必ずしも役立たない。大量に必要になるケースが多く，そうなると大量のデータを収集し，管理し，場合によっては系統づけてデータベース化しているものの保護はどうなるか，が次に浮上する。この点は，個別のデータが著作物であろうがそうでなかろうが，データの選択と配列に独創性があればその総体は「編集著作物」として保護される。また，データベース化して検索可能にしている場合，その選択と構成に独創性が

あれば「データベースの著作物」として保護される。

　よって，いずれの場合も，その独創性のあるかたまりを無断でコピーなどすれば，個別の要素に対する侵害の有無とは別に，全体を収集・構築した事業者の編集著作物やデータベース著作物に対する侵害が成立するだろう。かくして，多くのリソースを投じてビッグデータを蓄積した事業者は，ビッグデータの無断利用から守られることになる。

　ただし，ここには「創作性」という留保がつく。これは通常は多くの選択肢があり得る中から，あえてひとつの選択肢を選ぶことをいう。[15] 選択肢がごく限定されている場合，そのアウトプットは「必然」であるので創作性は認められにくい。例えば，あるメッセージを伝えるための最も簡潔な表現は，通常は著作権では守られない。そこに選択の余地はほとんどないからであり，見方を変えれば，選択の余地がないような表現を誰かに長期間独占させてしまっては危ないからだ。ところが，最近のビッグデータの収集は機械的，あるいは網羅的である。そして機械的・網羅的であればあるほど，収集するデータに選択の幅はなかったことになり，編集著作物性やデータベース著作物性は否定されやすい。

　さて，現代においてビッグデータの持ち手とは誰か。あるいは通信事業者や交通機関や通販業者だろうが，最大の保有者はおそらくグーグル，アマゾン，フェイスブックといった巨大プラットフォームだ。つまり以上は，彼らのビッグデータはどこまで独占され得るか，という議論でもある。

　では著作権の保護のほか，集積されたビッグデータを独占する手段は存在しないか。前述した，個人情報としての保護は無論あり得るし，また営業秘密としての保護もあり得る。加えて，アーキテクチャや契約による保護がある。例えば，前述のプラットフォームなど多くの企業が保有するビッグデータの場合，公開されているものを除けばそのデータを誰かが持ち出すことは技術的に難しい。つまりアーキテクチャで保護されている。誰かが無断で鍵を破って侵入すれば，もちろん原則として違法となり処罰対象だ。

---

[15]　中山信弘「著作権法〔第 2 版〕」（有斐閣，2014 年）65 頁ほか参照。

また，公開されていて一見コピー可能な大量の情報（地図データ，検索結果など）についても，しばしば利用規約による用途のしばりがある。例えば，我々のほとんど全員は，グーグルのアカウント保持者だろう。つまり，彼らの利用規約に「同意」をクリックした者ばかりだ。利用規約では，グーグルのコンテンツの複製（あるいは大量ダウンロード），再配布等はしばしば禁止されている[16]。現実にはそうした事業利用を行う者は多いが，つまりはお目こぼしされているだけだ。ビッグデータ解析などグーグルと直接ライバル関係にある者が大量利用を始めれば，当然，契約違反という主張を受けることになるだろう。最悪の場合，アカウント削除と規約上の罰則に対面することになる。

　これは以下のロボット・AIの他のファクターの保護の議論にも通底するが，何らかの情報（知的財産）の法的保護を考えるとき，そこでは単に「権利があるかないか」の二分法ではなく，複数の手段の組み合わせが重要になる。

　一方の端には，例えば特別法を作ってビッグデータの無断利用を禁止してしまうとか，その総体を著作物と認めて著作権で独占させるといった，法的権利がある。あるいは個人情報保護法や不正競争防止法も，こちらに入る。「法制度による保護」だ。そのメリットは，特段相手の合意や権利者側の投資がなくても一律で保護が与えられることで，デメリットは，硬直的で必ずしも最新の社会の動きに対応できないことだ。あまりに変化が急激な情報社会においては，この歩みの遅さは致命傷になりつつある。また，特に日本だけの特別法の場合など，海外では通用しないのもデメリットだろう。例えばビッグデータを保護する特別法を日本だけで作っても，海外の事業者はコピーし放題だったら，日本のデータも海外でのロボット・AI開発に利用され，逆に日本の開発が遅れをとるといった事態になりかねない。

　知財保護の他方の端には，「契約やアーキテクチャによる保護」がある。前述したように技術的にコピーを困難にしたり，利用規約で商用利用を禁ずる方法だ。メリットは，柔軟であり，たとえ相手が海外の事業者でも制約なく保護を効かせられることだろう。デメリットは，アーキテクチャはコストがかかる上に破られるかもしれず，また契約は合意した相手しか拘束できない点にある。

---

[16] Google マップ / Google Earth 追加利用規約（2015 年 12 月 17 日更新版）2 条：禁止行為など参照。

よって，目的に応じた両者の使い分けや，両者の協調領域が重要になる。例えばアーキテクチャは技術で破られるかもしれないが，そうしたプロテクション破り行為は，不正アクセス禁止法やコンピュータ関連犯罪の刑法規定で禁じられている。つまり，アーキテクチャによる柔軟な保護を法規制がバックアップしている形だ。

⑶　利活用促進とのバランス策

　さて，以上は主にビッグデータの事業者による囲い込みがどう法的に担保されるかという視点から述べた。しかし同時に，ビッグデータは囲い込むだけが社会善とは限らない。それはロボット・AIの「食事」であり，広く共有利用されたほうが技術開発は活発化しやすいし，囲い込みが強すぎれば国際的な開発競争で遅れをとりかねないからだ。

　この利活用の促進の方策として，第一に，著作権法の例外規定がある。著作権法には47条の7の制限規定があり，大量の著作物をコンピュータで解析利用することは認められている。これは文字通りビッグデータ解析を指すので，ロボット・AIのためのビッグデータ学習は認められている。ただし，最初からデータ解析用に構築されたデータベースは，誰かが無断で利用することはできない（同条ただし書）。そのため，現実には本条で解析できないビッグデータも少なくないことになる。

　この条文にはさらに論点があって，自らビッグデータ解析を行うために著作物を複製することは認められるのだが，そうして集められた大量の著作物を誰かがビッグデータ解析できるように公衆に向けて提供すること（ネット公開など）はできないように読める（49条1項5号）。また，例えば2つの会社が提携関係を結び，A社が収集してデータベース化した著作物をB社が解析できるようにB社にのみ提供する，つまり特定者間での共有が許されるかにも，解釈上の疑問が呈されている。

　今後の制度論としては，ビッグデータ解析に目的を限定した形であれば，複製した他人の著作物の公衆への提供も広く著作権法の例外規定で認める改正も，考えられてよい（本章校正中，文化審議会著作権分科会法制・基本問題小委員会が採択した報告書では，こうした二者間の協業や，現行法より広くビッグデータ分析サービ

スの公衆への提供を認める立法提案がされており，ゆくえが注目される[17]）。

　第二に，契約やアーキテクチャによる過度な独占や規制へのセーフガードとして，あまりに一方的な利用規約が独占禁止法違反とされたり，消費者契約法によって無効とされることも考えられる。逆の意味での法制度と契約の協調といえるだろう。

　第三に，解析用データベースのインフラ整備も進められるべきである。そこでは，利用規約によって解析の用途を限定したり，解析結果が商用利用された場合には権利者側への一定の補償金の後払いを事業者に義務づけるなど，工夫もされてよいだろう。

3　ロボット技術・AI 本体（アルゴリズム）

　次に，多くのロボット技術は特許や実用新案としての保護対象となる。また，前項で論じた「学習用データ」を学ぶ AI 本体（アルゴリズム）をはじめ，ロボット技術に用いられる多くのプログラムも，特許としての保護を受け得る。もっとも出願と登録が要件となり，国ごとでの保護となるので，より世界的な保護を指向すれば（出願や登録が必要ない）著作権による保護がベターだろう。

　この点，多くの技術・着想自体は「アイディア」であって著作物にはあたらず，著作権の保護は受けられない。また，ロボットのデザインも「実用品のデザイン」として，現在の通説的解釈では著作物としては守られない[18]。デザインは意匠権保護の対象とはなるが，やはり登録が前提となりそこには限界もある。

　他方，AI その他のプログラムは，著作物として保護される場合が多数だろう。一般に著作権法で「アルゴリズム」というと単純な解法を指す用語であって，むしろ（単純すぎて）著作物にあたらないものの例として挙げられる（10 条 3 項

17）　文化審議会法制・基本問題小委員会「新たな時代のニーズに的確に対応した権利制限規定の在り方等に関する報告書（案）」（2017 年 2 月，文化庁ウェブサイト）。

18）　例外的に，独立して鑑賞対象になるような美術性を備えたデザインは保護対象となるとの見解が有力である。また，知財高判平成 27・4・14 判時 2267 号 91 頁（TRIPP TRAPP 事件）など，実用品のデザインをより幅広い基準で守ろうとする裁判例も出ており，国際動向も含めて判例・学説には動揺がみられる。

3号)。しかし，ここでいうアルゴリズムはそれよりもはるかに複雑な構造を
もったものが大半で，それらは著作物にあたることは疑いない。また，同様に
いうまでもなく，それが秘密として管理されていれば営業秘密としての保護も
受けよう。

これらも，利活用促進の側面も重要であることはいうまでもない。しばしば，
開発者であるプラットフォーム企業などはこの技術をオープンソースとして公
開し，人々による自由な改良・二次的な創作を認める。著名なものとしては
グーグルが無償公開する「TensorFlow」があるだろう。他の事業者や研究者
達は営利目的を含め，これを自由に活用して AI を作成できる。つまり個別の
AI を囲い込むよりも，むしろその AI のスタンダードとなり，開発者達のコ
ミュニティ（＝プラットフォーム）になる方向の戦略，だろう。

4 学習済みモデル

(1) 著作権での保護

次いで，AI に特有の要素として，学習によって生まれた「学習済みモデル」
が挙げられる。つまり「炎ボット」であり，通常は特定の AI と，パラメータ（重
みづけ）として表現された関数から成る，とされる。ざっくりといえば，一定
のデータを有するプログラムである。

これは著作物だろうか。AI 自体がプログラムの著作物なのだから，学習済
みモデルも当然著作物ではあろう。ただ，ここでの問題は，元の AI を離れて，
「データ ＋ AI」という新しい著作物が生まれたと考えるかであり，その著作権
はどこまで及ぶか，である。逆にいえば，誰かが AI そのものは盗まずに，そ
のパラメータの部分，データの部分だけを借用する行為は著作権侵害となるか，
である。[19]

これは現在の通説的解釈からは侵害にはあたらなそうだ。著作権法は，それ
自体が創作的表現とはいえないデータは保護しない。また，例えば全体は著作
物にあたるような実録小説や論文でも，そこから生の歴史的事実やデータその

---

[19] このほか，AI への学習のさせ方（いわゆる「調教法」）の保護問題もあり重要だが，別な機会に
譲る。

ものを抽出して借りる行為は著作権侵害にはあたらない典型的な行為であり，この点では最高裁判例も確定し堅牢である。よって，仮に学習済みモデルを誰かが適法な手段で学び，そこからパラメータ部分だけを抜き取って利用したとしても，恐らく著作権侵害にはあたらない。

別な視点で述べよう。グーグルが TensorFlow でアルゴリズムを無償公開し，人々がそれを学習させて多くの新たな学習済みモデルを作るとする。しかし，それは二次的著作物ではない。よって新たな知的財産権は生まれておらず，単にグーグルの著作物である元のアルゴリズムに新たなデータが付着しただけである。

⑵ 特許での保護

では特許はどうか。こちらはアイディアも保護する。また，特許法が対象とする「プログラム等」にはプログラムのほか，「電子計算機による処理の用に供する情報であってプログラムに準ずるもの」も含まれる（2条4項）。よって，ある AI とあるパラメータが結びついている全体を特許として登録し，その保護を AI とパラメータの結び付き自体にも及ぼすなら，パラメータの無断利用を防止できるかもしれない。もっとも，特許は登録が条件で，かつ国ごとの保護である。しかも，その内容を出願書類に記述できることが登録の条件となる。果たして実効的な保護が可能かは疑問もあろう。

さらに，著作権にせよ特許にせよ，別な課題もある。例えば，ある学習済みモデルに第三者がさらに学習させると，以前とは異なる結果を出力する「派生モデル」が生まれる。これは，同じ AI が異なるパラメータをもった状態であり，おそらく従前の学習済みモデルのコピーとさえいいにくい。つまり，「元の AI 自体の保護」は当然どこまでもついて回るだろうが，「元の学習済みモデルの保護」はついてきにくい（それ以前に，どのモデルを元にしたのかも立証困難だろう[20]）。

---

20) さらに，「蒸留」といわれる既存の学習モデルの利用法も指摘されるが，ここでは詳論しない。

(3) 営業秘密, 契約

では営業秘密としての保護はどうか。仮に学習済みモデルが何らかの商品に組み込まれて流通されたときに, それでも秘密といえるのかが論点だが, 例えば販売の際の規約で転用を禁じたり, あるいは暗号などのセキュリティで中身を見られない状態を作っていれば, 秘密管理性を満たすはずであり無断流用は不正競争防止法で制約できるように思う。この関連で, 利用規約のような契約自体での保護も当然有効であり, むしろ柔軟で簡易な手段であるようにも思える。

5 生成コンテンツ

最後に, ロボット・AIが生成する大量のコンテンツはどうだろうか。コンテンツといっても, 例えば機械学習したAIに目的地までの最短ルートを表示してもらったり, AIが将棋の必勝法を編み出した場合, 生成物は「ルート」や「必勝法」であり, それらはアイディアである。たとえ人間が考案したとしても著作物にあたらないし, AIが生成しても同様だろう。おそらくこうした種類の多くの生成物は, いかなる知的財産権でも保護されない。

では, もっと作品的なもの, 例えばボーカロイドの歌唱やロボット俳優の演技はどうだろうか。自動生成の記事はどうか。あるいはAIが出力した「炎のキツネ」(266頁参照)は, 元のキツネの写真に対する二次的著作物となって, そこには新たな著作権が生まれるのだろうか。

特にAIの生成物については, 実は1970年代にはすでに米国CONTUというレポートで論じられており, その後ユネスコや, 日本の著作権審議会 (当時)でも1993年に議論されている[21]。結論は本質的には一緒だ。MSW, つまりコンピュータをまさにツールとして生身の人間が生成したものは著作物だろうが, CGW, つまり人間は直接的にはボタンを押すだけの完全自動生成のコンテンツは, 創作とはいえず著作権の保護は受けない, である。

唯一の例外は1988年の英国改正著作権法で, そこでは完全なるCGWを著作物と認めている[22]が, 今もって他国による追随例は目立たないし, 内閣府知

---

21) 著作権審議会第9小委員会 (コンピュータ創作物関係) 報告書 (1993年, 著作権情報センター (CRIC) ウェブサイト)。

的財産戦略本部「次世代知財システム検討委員会」等でも，現行法上は著作権の保護を受けないだろうという点で委員間に異論は少なかった。

　ロボットの実演も似たロジックで考えられるだろう。例えばそれが，人間の声優の声をサンプリングしたボーカロイドの音声だったり，人間の俳優の動きをキャプチャーしたアンドロイド俳優の演技の場合，それを「素材」となった人間の実演（やその録音録画物）と考えて著作隣接権が発生しないか，という議論はある。しかし「人間の実演の録音録画物」とみなし得ない純然たるロボット実演の場合には，そこに現行法上の著作隣接権が発生するとは考えないのが，おそらく現在の通説的理解だろう。

　では，日本も著作権法の解釈を改めたり，特別法を作るなどしてロボット・AI の生成物に保護を与えるべきか。筆者は現時点ではややネガティブだ。何らかの情報に新たな知財の保護を与える行為は，概ね次の 2 つの要素の相関関係で正当化される。つまり，①その情報を独占させることのメリットが情報囲い込みによるデメリットを上回り，かつ，②よりデメリットの少ない代替手段がない場合，である。

　生成物を無断コピーから守るメリットとは何か。ロボットや AI 本体の場合には比較的わかりやすかった。投資された開発コストの保護である。言い方を変えれば，開発に投資するのはその成果物であるロボット・AI を利用して収益をあげ，投資回収をはかれるからであり，そのためには無断コピーからある程度守る必要がある，というわけだ。

　他方，生成物を無断コピーから守らないと投下資本の回収はできないのか。確かにそうした場面もあろう。例えば BGM 生成サイトの中には，その BGM を商用利用する際に使用料を徴収するところがある。前述の Jukedeck もそうだ。人々が無断で BGM を転用流用できるならばお金を払うユーザーはいなくなり，開発や運用を続けられなくなるおそれがあろう（これは多くのコンテンツのビジネスモデルと同様だ）。

　ただ，デメリットも同時に気にかかる。まず，ロボット・AI の生成物はその生成ペースが常軌を逸している。すでに 1 システムで年間 100 万曲である。近い将来には億単位の創作も全く非現実的ではないだろう。そのような莫大な

22）　同法 178 条。

著作物が生み出され一事業者が全世界で独占利用権を長期掌握するという事態を，現行著作権制度は全く想定していない。理論上は，それらの生成物と似た新たなコンテンツの生成は（その AI コンテンツに依拠したものであれば）著作権侵害となり，ときには刑事罰すら伴う結果を招く。

　また，生成物が仮に知的財産権にあたるとする場合，その莫大な権利を握る最有力候補は誰だろうか。いうまでもなく，ビッグデータを握りロボット・AI 開発で先行する巨大プラットフォームである。仮に知的財産権を与えるとしても，それも少数事業者に寡占されそうである。では翻って，こうしたプラットフォームは生成物への知的財産権を求めているだろうか。それを無断コピーから守ることが，彼らの現在のビジネスモデルに直結しているだろうか。ロボット・AI の生成物について法的独占を認めるかは，こうしたバランスの視点から論じられるべき問題だろう。

おわりに

　以上，急激に拡大を続けるロボット・AI コンテンツの現状を俯瞰するとともに，それが文化や知的財産権の面で及ぼす影響，およびビッグデータ，ロボット・AI 自体・学習済みモデル，そして生成物のそれぞれについて現行法や新たな法制度での保護の可能性と，利活用促進とのバランス策について私見を述べた。ビッグデータ，ロボット・AI 自体については現行の知的財産法でも一定の保護が及び，さらに学習済みモデルまでは営業秘密としての保護が有望に思えた。他方，生成物は無保護になる可能性が高かった。しかしいずれの要素についても新法などでの追加的保護の必要性と有効性はなお十分に示されておらず，むしろオープン・クローズ戦略を生かせる契約や情報流通インフラの一層の洗練こそが実効性のある対応策ではないか，という問題を提起して本章を締めくくりたい。

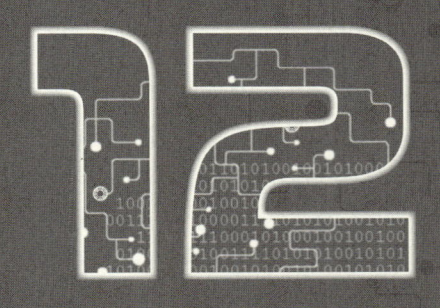

CHAPTER 12

ロボット兵器と国際法

岩本 誠吾

はじめに

1 ロボット兵器の登場

　科学技術の著しい発展は，当然，軍事技術にも及び，近年の兵器開発に劇的な変化をもたらしている。1990 年以降の武力紛争（1991 年の湾岸戦争，1994 年のボスニア紛争，1999 年のコソボ紛争）では，偵察目的の無人航空機（UAV[1]，通称ドローン）が重要な兵器体系の一部として組み込まれた。2001 年のアフガニスタン紛争では，ミサイル搭載型の無人戦闘機（UCAV，武装ドローン）が登場し，現在の対テロ作戦でも頻繁に使用されている[2]。地上でも，2003 年のイラク紛争当時，米陸軍は無人陸上車両（UGV）をまったく実戦配備していなかったが，7 年後の 2010 年 9 月にはイラクやアフガニスタンに約 8,000 両の UGV（例えば，

---

1)　本章中の略語については章末の「略語一覧」を参照。

小型 UGV のタロンやパック・ボット）を投入し，11,000 個以上の即席爆発装置（路肩爆弾，IED）を探知し無力化したという。

　無人兵器，言い換えれば，ロボット兵器は，火薬，核兵器に続く「第3の軍事革命」といわれるほど軍事作戦に多大な影響を及ぼしつつある。陸上では，無人陸上車両が爆弾処理用や境界線の監視用に，海域では無人水上艦（USV）や無人水中航行体（UUV）が対潜水艦戦用や対機雷戦用に，そして，空域では無人航空機が対テロ戦での標的殺害（targeted killing）用に実戦配備・使用されている。このように，急速に普及してきたロボット兵器の存在は，もはや驚愕すべき光景ではなく，近年の戦場での日常風景になっている。

2　ロボット兵器の特徴

　では，なぜロボット兵器が戦場で使用されるのか，その軍事的利点は何か。当該兵器は，単に省人化・省力化するだけでなく，生身の兵士に代わり，4つの「D 任務」を遂行することができる。すなわち，危険な（Dangerous）任務，核・生物・化学兵器などで汚染された環境内での汚い（Dirty）任務，長時間勤務による疲労や精神的弛緩に繋がる単純で単調な（Dull）任務，そして，可能な活動範囲を超えた縦深性のある（Deep）任務を指す。4D 任務をロボット兵器に代替させることによりロボット兵器使用国側の犠牲者が出ないこと（zero casualty）は，少子化傾向により自国兵士の死傷に極端な嫌悪感を示す先進諸国の国内事情から極めて望ましい事態であるといえる。さらに，無人航空機のように，操縦士用の空間や防護装置が不要となることから，兵器の小型化・軽量化が図られ，有人航空機と比較して，製造経費が削減でき，敵側から発見される危険性が低下するという軍事的利点も伴う。

　加えて，ロボット兵器は，人間の感情（復讐，興奮，怨恨，偏見，恐怖）や体調（疲労，睡眠不足）から生じる判断ミスを回避できるので，人間より慎重に武力行使することが可能であるという[3]。

2）　シンクタンク「新アメリカ財団」によれば，ドローン保有国 86 か国，戦闘時に武装ドローン使用国 8 か国，武装ドローン保有・技術保有国 19 か国およびドローン国内生産国 63 か国に上るという（http://securitydata.newamerica.net/world-drones.html）。

CHAPTER
12

3 進化ロボット兵器への不安

　近年，標的を捜索・検知・確認・追跡・選択し攻撃するという重要な機能において高度に自動化（automated）されたロボット兵器は，すでに存在し実戦使用されている。さらに，ロボットの自律性技術の進化を象徴する事例として，米国の無人機 X-47B が 2013 年 5 月に空母からのカタパルト発艦を，同年 7 月に空母への着艦を成功させた。2014 年 7 月には，米海兵隊は，環太平洋合同演習（RIMPAC）において自律型四足歩行ロボット（LS3）の物資輸送を実施した。このように，センサー，コンピュータおよび人工知能（AI）の研究開発が今後急速に進展することを想定すれば，近い将来[4]，人間の意思が介在することなく標的を選択し攻撃できる完全自律兵器（Full Autonomous Weapons）[5]，いわゆる殺人ロボット（Killer Robots）が出現するのではないか。米国映画『ターミネーター』のごとく，殺人ロボットが戦場でロボット自身の判断で人間を殺傷する日が来るかもしれない，といった不安感がここ 10 年間で国際社会全体に浸透してきた。

　アイザック・アシモフの SF 小説『われはロボット』（1950 年）の「ロボット工学の三原則」や手塚治虫の漫画『鉄腕アトム』（『少年』1965 年 10 月号）に登場する「ロボット法」に，「ロボットは人を傷つけたり殺したりしてはならない」という規則がある。21 世紀の国際社会は，完全自律ロボット兵器の出現を，単なる SF 小説や漫画の世界ではなく，差し迫った現実の世界として捉え，その対策を模索し始めた。以下では，国際法および国際法政策の観点から，近未

---

3)　他方，戦闘員や指揮官の行動抑制要因となる同情，憐れみ，感情移入をもたない欠点が指摘される。A/HRC/23/47（以下，Heyns 報告と称す），9 April 2013, pars. 54-55.

4)　NGO ヒューマン・ライツ・ウォッチ（以下，HRW と略す）は，20 年から 30 年以内に完全自律兵器が出現すると予測した。HRW, *Losing Humanity : The Case against Killer Robots*, November 2012（以下，HRW, *2012 Report* と略す），pp.1 and 7-9. しかし，2015 年の人工知能学会での科学者の公開書簡は，10 年単位ではなく数年内に実現可能であると，より早い実現時期を予測する。Future of Life Institute, *Autonomous Weapons : An Open Letter From AI & Robotics Researchers*, 28 July 2015. https://futureoflife.org/open-letter-autonomous-weapons/

5)　Heyns 報告では「致死性自律ロボット (LARs)」の用語が使用されていたが，2013 年 11 月の特定通常兵器使用禁止制限条約 (CCW) 締約国会議以降，「致死性自律兵器システム (LAWS)」の用語が使用される。

来兵器の自律兵器システムは国際法上どのように位置付けられるのか，国際法政策としてそれを規制すべきか否か，規制すべきとすれば，どのように規制すべきかを考察する。

ロボット兵器の分類と現状

1 ロボット兵器の分類基準

ロボット兵器（＝無人兵器）は，運用領域によって，無人陸上車両，無人水上艦艇，無人水中航行体および無人航空機に区分される。さらに，戦闘員が戦闘行為の意思決定過程に関わる程度により，以下のように，3分類される。第1に，標的への攻撃決定は人間の操縦士によって遠隔操作されるという「人間が（意思決定過程の）輪の中にいる兵器（human in the loop weapons）」である。この種の兵器は，操縦士が選択的にロボットに委託した任務（航行，システム統制，標的探知，兵器誘導など）を独立して実行できるが，操縦士の即時処理（リアルタイム）の命令がなければ攻撃できない遠隔操作ロボットである。第2に，一旦起動すれば，人間の命令から独立して自律的に攻撃を含む標的化過程を実施できるが，攻撃決定を停止できる操縦士による即時処理の監視下に置かれているという「人間が（意思決定過程の）輪の上にいる兵器（human on the loop weapons）」である。いわゆる，半（セミ）自律ロボットである。そして，第3に，操縦士による即時処理の制御なく，標的を捜索，確認，選択および攻撃できるという「人間が（意思決定過程の）輪の外にいる兵器（human out of the loop weapons）」に分類される[6]。いわゆる，完全自律ロボットである。

---

6) HRW, *2012 Report*, p.2. それらは，「人間制御 (human-controlled) システム」，「人間監視 (human-supervised) システム」および「自律 (autonomous) システム」とも称される。European Parliament, *Human Rights Implications of the Usage of Drones and Unmanned Robots in Warfare*, p. 6, May 2013.

2 ロボット兵器の現状

　現在，開発・配備・使用されているロボット兵器を上記の基準により分類すれば，次頁の表の通りである。

　遠隔操作ロボット◉　　第1に，対テロ戦で必需装備品となったタロン（小型 UGV）は，操縦士が遠隔操作により爆発物を捜索・探知し爆破処分する爆発物処理ロボットである。ガーディアム（大型 UGV）は，2008 年からイスラエル・ガザ地区の境界で試験走行を行ってきた自動走行車両[7]であり，後継のボーダープロテクターは 2016 年から同地区に運用開始されている。2007 年以降にガザ地区境界沿いの監視塔に設置されたセントリー・テックや南北朝鮮の非武装地帯内の監視所に設置された SGR-1 歩哨装置は，センサーにより自動的に潜在的標的を識別しその位置を確認し，当該情報を作戦指揮所に送信する。武器を装備した上記の無人偵察車両も歩哨システムも，自律的に標的を攻撃するのでなく，あくまで人間の兵士が遠隔操作により標的を攻撃する仕組みをとっている。プロテクター USV は，世界で初めて実戦配備された軍用無人水上艦艇である。それは陸上または有人艦船からの遠隔操作により武力攻撃を含む作戦行動（艦隊防衛，対テロ戦，監視・偵察）ができる。2016 年 4 月に試験配備されたシーハンターは，遠隔操作なしに数か月間海上を自律航行しながら，敵潜水艦を探知・追尾することができる。現在，同艦に武器は搭載されていないが，将来，武器搭載の可能性は残されている。ミサイル搭載型の無人戦闘機（MQ-1 プレデターや MQ-9 リーパー）は，あくまで遠隔操作する操縦士が標的を選定し攻撃する。これらロボット兵器の武力行使は，人間の兵士が遠隔操作をしながら最終に決定している。

　半自律ロボット◉　　次に，人間の監視下で標的の探知・選択・攻撃を自律的に実行できる半自律ロボットとして，以下の兵器が実戦配備されている。地上施設をミサイル，ロケット，迫撃砲，航空機等の攻撃から至近距離で防御する対ロケット・野戦砲・迫撃砲システム（C-RAM）やミサイル防衛システム

---

7)　人工知能 (AI) が運転し，人間は AI を監視するだけで，緊急時にしか人間が対応しないというレベル 3 の自動走行車両である。参照，内閣官房 IT 総合戦略室「自動運転レベルの定義を巡る動きと今後の対応（案）」平成 28 年 12 月 7 日。

	ロボット兵器の分類		
	大 ◀◀◀◀◀◀◀ 人間の関わり度 ▶▶▶▶▶ 小 または ゼロ		
	human in the loop weapons 遠隔操作ロボット	human on the loop weapons 半自律ロボット	human out of the loop weapons 完全自律ロボット
陸上	[小型 UGV] タロン（米国） [大型 UGV] ガーディアム， ボーダープロテクター （イスラエル） 移動型 セントリー・テック （イスラエル） 固定型 SGR-1（韓国）	[領域防護] C-RAM（米） Iron Dome（イスラエル） Patriot（米） THAAD（米） [車両防護] トロフィー（イスラエル）	
海上	プロテクター USV （イスラエル） シーハンター（米）	Aegis（米） [艦船防護] CIWS ファランクス（米） ゴールキーパー（蘭）	
水中	機雷捜索・海底監視用	PMK-2（露）	
空域	無人戦闘機：MQ-1プレデター， MQ-9 リーパー（米）	遊弋突入自爆型ドローン ハーピー（イスラエル）	

の Iron Dome，海上の Aegis システム，陸上の Patriot システムおよび終末高
高度領域防衛（THAAD）システムである。また，トロフィーはミサイルやロ
ケット弾の攻撃からの車両アクティブ防御兵器として戦車や装甲車両に搭載さ
れている。海上でも，対空脅威に対する近接防御火器システム（CIWS）とし
てファランクス，ゴールキーパーが艦船に装備されている。これらの兵器は，
指揮官がシステムの稼働を決定すれば，自動的に，かつ，瞬時に標的を探知・
追尾・選択・攻撃する。ただし，当該システムを監視している指揮官はいつで
も攻撃を停止できる。一方，PMK-2 上昇カプセル魚雷型機雷は，敷設後に短
係維状態となり，パッシブソナーで標的を捜索し，標的を確認するとアクティ
ブソナーを用いて短魚雷を射出する。発射後の魚雷は，標的を捜索・追尾・攻
撃を行う。本機雷は，一旦敷設すれば，敷設者の管理から離れるが，標的の区
別は音響シグナチャーにより可能であるという。無人戦闘機のハーピーは，設
定した目標地域の上空を長時間遊弋しつつ，レーダー発信源を捕捉・追尾し，

それに突入・自爆する特殊な武装ドローンである。これは，事前にレーダー発信源を標的と設定した半自律兵器である。以上，人間の監視下で自律的に標的を選定・攻撃するこれらの半自律ロボットは，受動的・防御的であり，人間を攻撃対象としない対物破壊兵器である。現在，実戦配備されている当該兵器は，国際法上違法性についてまったく議論されず，それ自体合法兵器であるといえる。

一方，人間の関与がまったく及ばない完全自律ロボットは未だ存在しておらず，その法的評価も未確定である。

ロボット兵器の法規制動向

1 2012 年以前の動向

次頁の図の示すように，完全自律兵器の法規制の議論は，ロボット学者 Noel Sharkey が，「ガーディアン」紙（2007 年 8 月 18 日付）に殺傷行為を自ら判断する完全自律兵器の開発に懸念を表明し，緊急の国際規制および倫理規範の創設を要請したことに始まる[8]。2009 年 9 月には，Noel Sharkey とその他の研究者が NGO ロボット軍備管理国際委員会（ICRAC）を設立し，武装自律無人システムの開発，配備および使用の禁止を提唱した。

2010 年 8 月には，国連文書で初めて致死性ロボット技術が言及された。それは，国連総会に提出された「司法外，略式または恣意的な処刑に関する国連人権理事会特別報告者（Philip Alston）の暫定報告（Alston 報告）」（A/65/321, 23 August 2010）であった。Alston 報告は，問題提起の勧告として，ロボット技術の開発・使用における法的および倫理的意味を考察する緊急的必要性を指摘した。

---

8) Campaign to Stop Killer Robots(CSKR), *Chronology*, http://www.stopkillerrobots.org/chronology/

	完全自律兵器の法規制動向
2007/ 8/18	Noel Sharkey が完全自律ロボットの開発に懸念表明し緊急国際規制を要請
2009/ 9	Noel Sharkey らが NGO ロボット軍備管理国際委員会（ICRAC）を設立
2010/ 8/23	国連人権理事会特別報告者（Philip Alston）報告書（A/65/321）
2012/11/19 /11/21	HRW「失われつつある人間性：殺人ロボットに反対する理由」公表 米国防総省指令 3000.09「兵器システムにおける自律性」公布
2013/ 4/ 9 / 4/22 − 23 / 5/30 /10/31 /11/15	国連人権理事会特別報告者（Christof Heyns）報告書（A/HRC/23/47） NGO 殺人ロボット阻止キャンペーン（CSKR）が発足 国連人権理事会で諸国家が完全自律兵器について初議論 国連総会第 1 委員会で諸国家が完全自律兵器について議論 CCW 締約国会議は 2014 年に非公式専門家会合の開催を決定
2014/ 3/26 − 28 / 5/13 − 16 /11/14	赤十字国際委員会（ICRC）主催の第 1 回専門家会合 第 1 回 LAWS 非公式専門家会合 CCW 締約国会議は 2015 年に非公式専門家会合の開催を決定
2015/ 4/13 − 17 / 7/28 /11/13	第 2 回 LAWS 非公式専門家会合 人工知能国際共同会議でスティーブン・ホーキングら科学者約 1,000 名による自律兵器開発禁止を呼び掛ける公開書簡が発表（2016 年 11 月現在,3,000 人以上署名） CCW 締約国会議は 2016 年に非公式専門家会合の開催を決定
2016/ 3/15 − 16 / 4/11 − 15 /12/16	赤十字国際委員会（ICRC）主催の第 2 回専門家会合 第 3 回 LAWS 非公式専門家会合 CCW 第 5 回再検討会議は 2017 年に政府専門家会合（GGE）の開催を決定
2017/ 5/ 8 / 11/13 − 17 / 11/22 − 24	米国防総省指令 3000.09 が恒久的方針に変更 GGE 初会合 CCW 締約国会議開催
2018/ 4/ 9 − 13 or 8/27 − 31 8/27 − 31 or 11/12 − 16 / 11/21 − 23	GGE 第 1 会期開催予定 GGE 第 2 会期開催予定 CCW 締約国会議開催予定

　2012 年 11 月には，HRW がハーバード・ロースクール国際人権クリニックと共同で「失われつつある人間性：殺人ロボットに反対する理由」（HRW, *2012 Report*）を公表した。当該報告書は，明確な方向性を含めて具体的に，完全自

律兵器は国際人道法を遵守できず，拘束力ある国際法文書で完全自律兵器の開発，製造および使用を禁止すべきであると勧告した。本勧告の2日後に，ロボット技術の最先進国の米国防総省が，指令3000.09「兵器システムにおける自律性」[9]を公布した。その中で，米国防総省は，「自律・半自律兵器システムは，指揮官および操縦士が武力行使に対する適切なレベルの人間の判断を行使できるように設計されなければならない」と規定し，適切な人的関与が介在しない自律兵器システムを禁止した。本指令は，再公布や廃棄を含め5年以内に見直されることになっていたところ，2017年5月8日に有効期間に関する条項が削除され，恒久的方針となった。[10]

2 2013年以降の動向

2013年4月には，国連文書の中で正面から致死性自律ロボット（LARs）が取り上げられた。国連人権理事会に提出された「司法外，略式または恣意的な処刑に関する国連人権理事会特別報告者（Christof Heyns）の年次報告」（Heyns報告）である。報告者は，結論として，すべての国家に，LARsに関する国際法的枠組みが将来確立するまで，LARsの開発，生産，取得，使用に関するモラトリアムを宣言・履行するよう勧告した。同月には，9つのNGOが結集して世界規模の殺人ロボット阻止キャンペーン（CSKR）が設立され，完全自律兵器の開発，生産，使用の先制的かつ包括的な禁止を提唱する国際的な法規制運動が本格化した。

このような国際的状況の中で，5月にHeyns報告を受けた国連人権理事会が，公式的国際会議として初めて完全自律兵器問題を取り上げ，20か国・2国際機構がそれに言及した。今まで，自律兵器システム問題は，国連人権理事会や国連総会第3委員会（社会，人道と文化）で取り上げられてきたが，発言者の中に

---

9) US Department of Defense, Directive (DoDD) 3000.09, *Autonomy in Weapon Systems*（以下，US DoDD 3000.09と称す），November 21 2012.

10) もし見直しがなければ，本指令は10年後の2022年11月21日に失効し，自律兵器システムの無規制事態になることが懸念されていた。Heather M. Roff and P. W. Singer, *The Next President Will Decide the Fate of Killer Robots-and the Future of War,* 09. 06. 16. https://www.wired.com/2015/09/next-president-will-decide-fate-killer-robots-future-war/

は，兵器・軍事問題を専門とする国連総会第 1 委員会（軍縮と国際安全保障）や特定通常兵器使用禁止制限条約（CCW）の枠組み内で議論するほうが適切であるとの意見も聞かれた。10 月の国連総会第 1 委員会でも 16 か国が LARs 問題に言及し，5 月の国連人権理事会での発言国と合わせて，延べ 30 か国が自律兵器について発言した。11 月の CCW 締約国会議が，初めて致死性自律兵器システム（LAWS）を議論した。最終報告書（CCW/MSP/2013/10, 16 December 2013, par. 32）では，「LAWS 分野における出現しつつある技術（emerging technologies）」問題を討議するために，翌年（2014 年）5 月に非公式専門家会合を招集し，提出予定の非公式専門家会合の報告書を基に 11 月の CCW 締約国会議において LAWS を議論することが決定された。

❸ 非公式専門家会合から政府専門家会合へ

　CCW 非公式専門家会合直前の 2014 年 3 月に，赤十字国際委員会（ICRC）は自律兵器システムの問題点の理解を深めるために 21 か国の政府代表および 13 人の専門家を集めて，その技術的，法的および人道的側面の意見交換を行った。[11] そして，5 月に第 1 回 LAWS 非公式専門家会合[12]が，87 か国代表および多数の NGO の参加を得て開催された。一般討議の後に，技術，倫理，国際法および軍事作戦の諸問題が議論された。同年 11 月の CCW 締約国会議は，前年と同様に，最終報告書（CCW/MSP/2014/9, 27 November 2014, par. 36）において次年度（2015 年）の第 2 回 LAWS 非公式専門家会合の開催および CCW 締約国会議における LAWS の議題挿入を決定した。2015 年には，第 2 回 LAWS 非公式専門家会合[13] および CCW 締約国会議（CCW/MSP/2015/9, 27 January 2016）が開催された。2016 年には，ICRC 主催の第 2 回専門家会合[14]を経て，

---

11) ICRC, *Expert Meeting*: *Autonomous Weapon Systems Technical, Military, Legal and Humanitarian Aspects*, 26 to 28 March 2014（以下，ICRC, *2014 Report* と略す）。
12) LAWS 非公式専門家会合 2014 年報告書，CCW/MSP/2014/3, 11 June 2014.
13) LAWS 非公式専門家会合 2015 年報告書，CCW/MSP/2015/3, 2 June 2015.
14) ICRC, *Expert Meeting*: *Autonomous Weapon Systems Implications of Increasing Autonomy in the Critical Functions of Weapons*, 15-16 March 2016（以下，ICRC, *2016 Report* と略す）。

第3回 LAWS 非公式専門家会合[15]は，同年 12 月の CCW 第 5 回再検討会議において政府専門家会合（GGE）の設置を勧告した。その勧告を受けた CCW 第 5 回再検討会議は，最終報告書（CCW/CONF.V/10, 23 December 2016, Part II Final Declaration III Decision 1）において，次年度（2017 年）に従来の非公式専門家会合を格上げして，LAWS に関する GGE の設定を正式に決定した。また，従来の 4 日間（第 1 回 LAWS 非公式専門家会合）または 5 日間（第 2 および第 3 回 LAWS 非公式専門家会合）の会合日程も 5 日間 2 会期の合計 10 日間へと大幅に延長し，議論のさらなる促進を図った。しかし，GGE は，拠出金不足により 8 月会合が中止された結果，11 月 13 日〜17 日の 5 日のみ開催された。11 月の CCW 締約国会議は，GGE 報告書（CCW/GGE.1/2017/CRP.1, 20 November 2017）を基に LAWS 問題を審議し，2018 年における GGE および締約国会議での継続審議を決定した。

IV 国際法上の議論

1 用語の定義

自律兵器システム（Autonomous Weapon System）または致死性自律兵器システム（LAWS）を議論する上で用語の共通理解，言い換えれば，定義問題が重要となる。LAWS 非公式専門家会合での議論が示すように，現在，国際的に合意された定義は存在していない。米国防総省指令（DoDD 3000.09）は，自律兵器システムを「一旦起動すれば，人間の操縦士によるさらなる介入なく標的を選択し攻撃することができる兵器システム」と定義する。また，ICRC[16]は，専門家会合用の定義として，自律兵器システムを「独立して標的を選択し攻撃

---

15) LAWS 非公式専門家会合 2016 年報告書，CCW/CONF.V/2, 10 June 2016, Annex Recommendations to the 2016 Review Conference, par. 3.
16) ICRC, *2014 Report*, p. 7.

することができる兵器，すなわち，標的を捕捉・追尾・選択し攻撃するという重要な機能において自律性をもった兵器」と定義する。自動化（automation）と自律化（autonomy）を区別する英国は，前者を「事前に定義された規則を論理的に従い予測可能な結果をもたらすようプログラムされたシステム」と，後者を「人間による監視または制御に依存することなく一連の行動を決定することができる能力」と定義する。[17]

しかし，これらの定義に部分的に該当する自律兵器システムはすでに存在しており，ICRC は，さらに進化したものとして，独立して自らの行動を決定し，複雑な決定も行い，自らの環境に順応させるよう高度に洗練化された自律兵器システムを「完全自律兵器システム（fully autonomous weapon system）」と称している。CCW 締約国会議で議論される対象は，未だ存在しない致死性のある「完全自律兵器システム」ということになる。HRW が比喩的に表現した「人間が輪の外にいる兵器」という用語は，人間とロボット兵器との相互関係がまったく存在しないとの印象を与えかねない。しかし，完全自律兵器システムであっても，人間の意思がさまざまな局面（設計，プログラミング，兵器の法的審査，投入場面の選択，戦場への実戦配備，戦場での起動）で介在する。また，LAWSは，自律性を有するとしても，対物破壊用兵器ではなく，対人殺傷用兵器として限定されていることにも注意する必要がある。

2 国際人道法の適用

近未来の新兵器である LAWS は，兵器である以上，当然，国際法，特に国際人道法の適用を受ける。このことは，非公式専門家会合でも一般的に合意されている。国家は，新兵器の研究，開発，取得または採用にあたり，その使用が国際法に禁止されているか否かを評価する義務がある（1977 年ジュネーヴ諸条約第 1 追加議定書 36 条）。[18]兵器規制に関する国際人道法は，兵器自体が合法か否か，そして，合法兵器としても，その使用方法が合法であるか否か，という 2

---

17) UK Ministry of Defence, *Written Evidence from the Ministry of Defence Submitted to the House of Commons Defence Committee Inquiry into Remotely Piloted Air System- current and future use*, September 2013, par. 2.13.

つの次元で議論される。

　兵器自体について，無差別的兵器禁止原則（同議定書 51 条 4 項 b）および不必要な苦痛を与える兵器禁止原則（同議定書 35 条 2 項）が適用される。LAWS は，各種センサーから取得する詳細なデータを解析することで軍事目標を選定するとすれば，本質的に無差別的兵器とはならない。しかし，LAWS の情報収集およびデータ解析の不十分な性能から軍事目標を正確に選別できないとなれば，その LAWS が無差別的兵器禁止原則に抵触する可能性はある。また，LAWS はあくまでプラットフォーム（発射架台または砲床）であり，殺傷用に使用される弾薬が，例えば，ダムダム弾[19]ではなく，通常の弾薬であれば，不必要な苦痛を与える兵器禁止原則には違反しない。

　次に，合法兵器としても，兵器の使用方法が合法であるか否かを議論する必要がある。その際の中核的要件が，1）区別原則，2）比例原則および 3）予防原則である。第 1 の区別原則は，人に関して戦闘員と非戦闘員（文民）（同議定書 48 条），戦闘可能な戦闘員と戦闘外または戦闘不能にある戦闘員（捕虜，投降兵，傷病兵）（同議定書 41 条 2 項），そして，敵対行為に直接参加している文民（同議定書 51 条 3 項）とそうでない文民を区別し，戦闘可能な戦闘員および敵対行為に直接参加している文民しか攻撃してはならない。第 2 の比例原則（同議定書 51 条 5 項 b）は，攻撃より予期される文民の付随的損害が予期される具体的かつ直接的な軍事的利益との比較において過度であるか否かを判断する。第 3 の予防原則（同議定書 57 条 2 項(a)(i)および(ii)）は，攻撃時における実行可能な予防措置をとる義務である。すなわち，標的が軍事目標であることを確認するための実行可能な措置をとること，同程度の軍事的利益を得るためにいくつかの軍事目標から選択することが可能な場合に文民被害の最も少ないと予期される標的を攻撃することおよび文民の付随的損害を回避し少なくとも最小限にするための攻撃手段（兵器や弾薬）の選択における実行可能な措置をとることで

18）　当該義務は，本議定書の締約国だけの義務ではなく，慣習国際法上の一般的義務として認識されている。William H. Boothby, *Weapons and the Law of Armed Conflict*, Oxford University press 2009, p. 341.

19）　ニッケルで外包された鉛弾で，硬質の外包が中心部を十分蓋包せず，もしくは硬質の外包に刻み目が付けられ，そのため，人体内で容易に展開し扁平になる銃弾。不必要な苦痛を与える非人道的兵器として，1899 年にダムダム弾禁止宣言（宣言という名の国際条約）が締結された。

ある。予防措置としての技術的な安全装置やプログラミングも検討されなければならない。

　LAWSは，武力を行使する場合に，はたして国際人道法上の当該要件，特に区別原則および比例原則を遵守できるのか，見解が鋭く対立する。

　区別原則 ◉　　　LAWSの法規制推進派[20]は，国家間の正規軍同士による伝統的な戦争から戦闘員と住民が混在する市街戦や対テロ戦争の非対称戦へと武力紛争形態が変化する中で，標的の選別が一層困難になっていると主張する。それに対する法規制慎重派[21]は，特定の領域（航路帯から離れた公海上および水中，砂漠，朝鮮半島における非武装地帯など）での戦闘では，低い選別能力であっても区別原則を満たすことが可能であると主張する。さらに，センサーやAI技術の進化により区別原則の遵守の可能性を指摘する。実際，米国が2016年8月に行った新開発の認識ソフトウェアを搭載した自律型ドローンの試験飛行では，AK-47レプリカ銃を携帯する者を兵士と認識し，非武装の者を一般住民と判断した。[22]当該ドローンは，追跡能力もあることから，車両を検知し追跡し，もしそれがミサイル等の兵器を搭載するならば，それへの攻撃も可能であるという。これに対して，法規制推進派は，センサーおよび情報処理能力の開発が進展しても，戦闘員と文民，負傷兵，投降兵を区別することは極めて困難であるという。加えて，特別な文脈の中で，声のトーン，顔の表情，ボディ・ランゲージなどの微妙な手掛かりを介して人間の意図を解釈し測定する質的能力がロボット兵器には備わっていないと再反論する。[23]

　比例原則 ◉　　　法規制推進派は，時間の経過により状況が著しく変貌する戦場において予期される軍事的利益と文民被害を質的および量的に比較考量する

---

20)　HRW, *2012 Report*, pp.30-36.

21)　Michael N. Schmitt & Jeffrey S. Thurnher, "Out of the Loop": Autonomous Weapon Systems and the Law of Armed Conflict", *Harvard National Security Journal*, vol. 4, 2013, pp. 231-281.

22)　Matthew Rosenberg and John Markoff, "The Pentagon's 'Terminator Conundrum': Robots That Could Kill on Their Own,", *The New York Times*, 25 October 2016. この実験は，あくまで完全自律性への一段階に過ぎない。国家によっては一般住民も武装しており，武器の携行者が，必ずしも正当な軍事目標であるというわけではない。さらなる詳細な関連情報の下に正当な軍事目標を精確に絞り込む自律システムが必要となる。

23)　HRW, *Making the Case: The Dangers of Killer Robots and the Need for a Preemptive Ban*, 9 December 2016（以下，HRW, *2016 Report* と略す），p. 5.

ことが可能であるかを疑問視する。ロボット兵器は，直面するかもしれない予期せぬ無限の不測事態すべてを事前にプログラムすることは不可能である。ICRCの注釈書[24]に規定されているように，比例原則は，いくぶん，主観的評価に基づいており，その解釈は軍指揮官にとっての常識および誠実問題である。言い換えれば，LAWS自身が武力行使時に「合理的軍指揮官（reasonable military commander）」基準を満たし得るか否かである。LAWSはプログラムできる範囲でしか比例原則を理解せず，人間の合理的軍指揮官レベルまでは到達し得ない。また，合理性が人間の理性に関連しているので，機械にそれを期待することは難しいと，法規制推進派は主張する。[25]

なお，「合理的軍指揮官」基準によれば，合理的な指揮官が入手し，または入手すべき情報に基づいて攻撃を合法であると攻撃前に結論づけた場合，不均衡な文民被害が結果として発生したとしても，指揮官は刑事責任を負わない。比例原則は，文民被害の発生は，攻撃側の結果責任ではなく，過失責任が問われることになる。

3 新兵器の法的審査

前述したように，国家は，自律兵器システムを含む新兵器の研究，開発，取得または採用する際に，合法兵器か否か，兵器の合法的使用方法が可能か否かを評価する慣習国際法上の義務がある。確かに，この義務は，新兵器システムが国際人道法に従って使用されるように確保するための中核的ツール[26]である。そのために，新兵器の法的審査制度があるので，現行国際法によるLAWSの対応は十分可能であり，新たな法規制は不要であるとの法規制慎重派の主張もある。[27]

---

24) ICRC, *Commentary on the Additional Protocols of 8 June 1977 to the Geneva Conventions of 12 August 1949*, 1987, par.2208.

25) HRW, *2016 Report*, p. 6.

26) CCW/CONF.V/2, par. 48.

27) 2016年4月の第3回LAWS非公式専門家会合での英国の声明，http://www.unog.ch/80256EDD006B8954/(ht:pAssets)/37B0481990BC31DAC1257F940053D2AE/$file/2016_LAWS+MX_ChallengestoIHL_Statements_United+Kingdom.pdf

しかし，この義務は，国内手続に従って新兵器の合法性問題を注意深く評価するよう国家に義務づけたものである。その決定は国際的に法的拘束力をもたず，事実認定の公表義務もない。[28]さらに，法的審査のための実証実験において，兵器の性能や使用上のリスクを評価するための国際レベルで共通の実験評価基準や実験手続が存在しない。すなわち，各国独自の評価基準と実験手続に従って実証検査が行われるのである。また，その検査結果も公表されず，国際社会での情報共有もなく，どのような審査過程を経て法的判断が下されたのか，透明性に欠ける。国内の法的審査手続は，不法な兵器をフィルターにかけるというよりも，兵器の正当化手段としてみなされる危険性もある。[29]

4　国際責任の追及

　国際法違反行為が国家に帰属することが客観的に証明されれば，当該国家はその国際責任を負う。さらに，国際人道法の場合，個々の違法行為の実行犯，すなわち，戦争犯罪人の個人的刑事責任および実行犯を指揮した上官の刑事責任（上官責任）が問われる。個人的刑事責任および上官責任を追及し当該人物に刑事処罰を科すことで他の戦闘員の戦争犯罪を抑止し指揮官による戦争犯罪の防止を促すという国際人道法の履行確保の仕組みが形成されている。現在の武装ドローンのような遠隔操作によるロボット兵器の場合，武力行使の最終決定は上官の指示の下で操縦士が行うので，文民殺害等の国際法違反行為に対する操縦士の個人的刑事責任や上官責任を追及することは可能である。

　他方，ロボット兵器の標的選定・攻撃過程における自動化（automated）や自律化が進化すればするほど，国際法違反行為に対する法的責任の所在が不明確になると懸念される。すなわち，国際法違反行為の実行犯である当該兵器を戦争犯罪人として処罰（機械の場合，解体がそれに相当するのか）したとしても，ロボット兵器は，人間ではないことから，責任追及が不可能であり，他のロボット兵器に対する戦争犯罪の抑止効果が発生することもない。

---

28)　岩本誠吾「『新』兵器の使用規制——レーザー兵器を素材として」村瀬信也＝真山全〔編〕『武力紛争の国際法』（東信堂，2004年）382-383頁。

29)　CCW/CONF.V/2, par. 51.

ロボット兵器が文民殺害を発生させた場合の責任を追及するとすれば，ロボット兵器に関与する者の上官責任が問題となる。上官責任は，ロボット兵器に対するどの程度の監視レベル（過失責任）が必要なのか，それともロボット兵器に対して絶対責任を追及するのか。また，その上官（責任者）は誰なのか，プログラマー，プログラムを承認した軍官僚，当該兵器の配備を決定した上級部隊指揮官，当該配備を受けた下級部隊指揮官，または現場のロボット兵器担当兵士なのか。プログラマーは，ロボット兵器が戦争犯罪を行うように意図的にプログラムしていれば，当然，刑事責任を負う。部隊指揮官も，当該兵器がそのようにプログラムされていることを認識していたにもかかわらず，その使用を停止させるよう指示しなかった場合，上官責任が発生する（同議定書 87 条）[30]。

　米国防省指令は，「自律・半自律兵器システムの使用を許可し，その使用を命令しまたはそれを運用する者は，適切な注意を払って，戦争法，適用可能な条約，兵器システム安全規則および適用可能な交戦規則（ROE）に従って，そのように行動しなければならない」[31]と規定し，各ロボット兵器関係者に責任を課している。[32] もっとも，各関係者の上官責任は，どのような場合にどの程度課されるのかは不明確のままである。ロボット兵器の誤作動による文民殺害の場合，ロボット製造者の責任も議論の対象となろう。

V

関連事項の議論

1　倫理的考慮とマルテンス条項

ロボット兵器の法規制の議論における重要な論点の一つが，当該兵器が倫理

---

30)　1998 年の国際刑事裁判所規程 28 条 (a)(i) では，当該指揮官は，当該軍隊が犯罪の実行を知っているだけでなく，「その時における状況によって知っているべきであった」場合にも拡大して，上官責任が追及される。

31)　US DoDD 3000.09, 4 b.

32)　戦闘司令部の指揮官たちも同様の責任を負う。Ibid., Enclosure 4 *Responsibilities*, 10 b.

的に受け入れ可能か否かという根本的な非法的問題である。すなわち，倫理的観点から合法的な標的（戦闘員など）であってもその標的を殺害する方法が問われる。人間の生死を決定するのは機械ではなく人間によってでなければならない，倫理的判断を含む人的関与のない機械には殺されたくないという命題である。倫理的な意思決定を重視するローマ法王庁[33]は，生死の決定における人的要素は決して置き換えることができないと主張する。

2013年5月に実施された米国人へのアンケート[34]によれば，戦時での完全自律ロボット兵器を使用する傾向について全体的には賛成26%・反対55%であったが，現役軍人は賛成20%・反対73%（強く反対は65%）であった。当該兵器の使用に反対する軍人の比率の高さは，機械対人間という究極の戦いが正義にもとるという感情や機械に殺害されることへの軍人の嫌悪感を示しているのかもしれない。2015年に14か国語で実施された54か国からの参加者によるアンケート[35]では，すべてのタイプのLAWSを国際的に禁止すべきである（67%）。LAWSは開発または使用すべきでない（56%）。LAWSは攻撃目的に使用すべきでない（85%）。他国を攻撃する場合にLAWSではなく遠隔操作兵器システム（ROWS）を使用すべきである（71%）。自国が攻撃される場合でもLAWSよりはROWSのほうがましである（60%）という。

これらの世論調査に表れた倫理感覚は，国際人道法の欠缺や不明確な場合に戦闘行動での一つの大きな制約要因となるマルテンス条項[36]の「人道の法則および公共良心の要求」を反映し得るものである。倫理的考慮やマルテンス条項の議論は，倫理的判断のできないロボット兵器に人的関与（human intervention）または人間による制御（human control）が必要であるという主張に繋がる。

---

33) 2015年3月の第2回LAWS非公式専門家会合での発言，Holy See, *The Use of Lethal Autonomous Weapon Systems Ethical Questions*, 16 April 2015, p. 2.

34) Charli Carpenter, "How Do Americans Feel About Fully Autonomous Weapons?", 2013-06-19, http://duckofminerva.com/2013/06/how-do-americans-feel-about-fully-autonomous-weapons.html

35) Open Roboethics Initiative, *The Ethics and Governance of Lethal Autonomous Weapons Systems : An International Public Opinion Poll*, November 9th, 2015.

36) 1899年の陸戦法規慣例条約前文第4項。1977年のジュネーヴ諸条約第1追加議定書第1条2項および第2追加議定書前文にもマルテンス条項が言及されている。

2 LAWS の予測可能性

LAWS は自律性を有するため、それを起動し展開させる者は必ずしもその行動を予測できないリスクが本質的に生じる。さらに、新兵器の法的審査においてLAWS が国際人道法を遵守して使用できるか否かの予測評価は、兵器システムの特徴および性能ならびにその使用環境によって大いに影響される。表のように、ロボット兵器が攻撃的か防御的（反撃に限定）か、群れ[37]で行動するか単体で行動するか、標的は人か物か、兵器の投入状況が複雑か単純か、兵器は可動式か固定式か、可動式の場合にその可動範囲が広範か狭隘か、兵器の稼働時間が長時間か短時間かによって、ロボット兵器の運用における国際法遵守についての予測可能性（predictability）が変動する。それぞれの選択肢の前者のロボット兵器であれば、その予測可能性は低く、文民被害の発生率も上昇し、新兵器として承認しがたくなる。選択肢の後者のロボット兵器であれば、行動の予測可能性は高く、文民被害の発生率も低下し、容認しやすくなる。これは、自律兵器システムが国際人道法を遵守すると合理的に予測できなければ、潜在的に非合法的な自律活動を行う危険性があると推測されるからである。自律兵器システムの予測可能性の問題は、当該兵器の信頼性の問題でもある。

自律兵器が攻撃的か防御的かに関連して、人間は自己保存の意欲があるために危機的な状況においては先制攻撃をするが、自己保存の願望のないロボット兵器の自律性を相手側から発砲されるまで相手側に反撃しないように防御的に

ロボット兵器の自律性に関する多様性								
任 務	運 用	標 的	投入環境	可動性	稼働範囲	稼働時間	予 測 可能性	信頼性
攻撃用	複 数	人 間	複 雑	可動式	広 範	長時間	⇨低い	⇨低い
防御用	単 独	物 体	単 純	固定式	狭 隘	短時間	⇨高い	⇨高い

---

37) 出現しつつある技術として、自律兵器システムが単独攻撃するだけでなく、複数で群れを形成して（swarming）攻撃するという複合システムが構想されている。そのため、兵器間の相互作用により単体の自律兵器システム以上に行動予測が極端に困難になってくる。ICRC, *2016 Report*, p. 15. CCW/CONF.V/2, par.68.

プログラムすれば，行動予測も高まり，文民殺害の危険性は減少される。[38]

　軍指揮官の立場から，LAWS の予測可能性に関連して軍事作戦上の懸念も指摘される。上官責任を負う立場の軍指揮官は，LAWS を戦場に投入しても，その行動を制御しその結果を予測できないならば，不測事態の文民殺害だけでなく，友軍攻撃（fratricide），意図せざる紛争の開始・拡大の責任を負うことになる。軍指揮官が軍事作戦を企画・立案する場合に，指揮官にとって兵器投入の結果が予測できる兵器が使いやすく，その意味では，自律兵器システムは，軍事作戦上使いにくい兵器であるともいえる。

❸　人間による制御

　予測可能性や信頼性の観点から，自律兵器システムに，有意義な（meaningful），適切な（appropriate）または効果的な（effective）といった文言の違いはあるが，何らかの人間による制御（human control）[39]が保持されなければならないとの見解は，多くの専門家の中で幅広い合意を得ている。[40]英国も，いかなる人間による制御もなく稼働するシステムを開発する意図がまったくなく，当該兵器が人間の制御下に置かれるよう確保するという政策を採用している。[41]これは，LAWS の武力行使の意思決定過程において人間による制御を最低限どの程度まで必要とするのかという問題であり，それは，すなわち，LAWS の自律性をどの程度まで認めるかという問題でもある。

　前述のごとく，当該兵器の開発時，プログラム設定時，配備決定時，戦場への投入時および戦場での起動時の各場面で，人間による意思決定が関与している。これらの関与は，人間による制御に該当するのか。言い換えれば，展開・起動時までの人的制御があれば，兵器システムの作動時の人的制御は不要となるのか。また，予測可能性に関連する兵器投入状況によって人間の制御レベルは変動するのか同一なのか（予測可能性が低い状況では人的関与を高めれば認めら

---

38)　Ibid., par. 69.
39)　米国防総省指令は，自律兵器システムの武力行使に対する「適切なレベルでの人間の判断 (appropriate levels of human judgement)」の必要性を規定する。US DoDD 3000.09, 4 a.
40)　ICRC, *2016 Report*, p. 7.
41)　前掲注 27)。

れるのか，予測可能性が高い状況では人的関与が低くてもいいのか）。最終的な人間による制御が排除されないように防止する安全装置が取り付けられれば，それで人的関与が十分あるといえるのか。自律兵器システムには人間による制御が必要であることは理解できるとしても，それは何を意味するのか。それらは，人間とロボット兵器の関係を人間でしかできないことと機械でしかできないことの相互補完関係にあるという視点から，究明すべき論点である。

4 LAWS の内在的危険性

国家が武力行使により武力紛争状態に入る重大な決断を下す際の大きな制約要因として，戦闘員の死傷や高額の戦費の見積もりなどがある。しかし，国家の中枢では，ロボット兵器の投入により攻撃側の犠牲者が発生しないことから，心理的に武力行使の敷居が低下し，戦争への政治決断は容易となる。遠隔操作ロボット兵器と異なり，自律兵器システムの場合，戦場の兵士は，直接殺傷行為に手を染めないので，ロボット兵器の投入に対する心理的負担が軽減される。中枢と戦場の心理的な相乗効果により，ロボット兵器の投入場面が増加し武力紛争の常態化を招来するおそれがある。そして，ロボット兵器の使用機会が増えれば，攻撃側部隊の被害軽減化が図られる一方で，被攻撃側文民の巻き添え被害の増大化が引き起こされることになる。

言い換えれば，技術保有国側の人命尊重と技術非保有国側の人命軽視が併存する。しかし，今までの軍事技術がそうであったように，国家だけでなく非国家団体への技術拡散・兵器拡散により，技術保有の優越性は永続的ではなく，優越的地位にあった国家もいつかは同種の技術で攻撃されるおそれのあることにも注意を払う必要がある。

おわりに

1 法規制アプローチの対立

　LAWS は，国連人権理事会および CCW 締約国会議・再検討会議の枠組み内で議論されてきた。国連人権理事会の特別報告者が 2010 年に初めて公式にロボット技術をとり上げ，ロボット兵器の問題点を理解させる上で先駆的な役割を果たした。しかし，人権という単眼的視点だけでは，国家の安全保障に深く関わる兵器規制の合意は諸国家間で成立しない。国際人道法は，軍事的必要性（軍事的勝利）と人道的考慮（不必要な人的殺傷・物的破壊の軽減化）のバランスの上に成り立つ法規である。特に，兵器規制では，戦争犠牲者（傷病兵，難船者，捕虜，文民）の保護規制という人道的考慮よりも，軍事的利益が重視される傾向にある。軍事的利益と人道的考慮の複眼的視点に立つ CCW 締約国会議の枠組み内で LAWS の議論が行われることは最適であろう。LAWS 非公式専門家会合 2016 年報告書[42] が指摘するように，LAWS の議論は，他のフォーラムでの議論を妨げるものではないが，CCW 締約国会議の優先事項の一つであり，CCW 締約国会議で引き続き行われることが期待される。

　その場合に，従来の通常兵器の法規制過程を参照すれば，政府専門家会合や CCW 締約国会議での LAWS についての議論の展開が，以下のように推測される。規制方針に関して，現行国際法は LAWS の研究開発や使用について十分対応が可能であるか否かについて，意見が対立する。現行国際法では対応が不十分であるとみなし，LAWS の開発・生産・配備・使用される前に規制しようとする事前規制推進派と，現行国際法で対応可能であり，法規制は時期尚早とみる事前規制慎重派が対立する。規制方針が合意されたとしても，規制内容では，LAWS の合法性を前提とする部分使用規制派と当該兵器の違法性を前提とする全面（研究・開発・生産・使用・廃棄）禁止軍縮派が対立する。議論

---

42) CCW/CONF.V/2, 10 June 2016, Annex, Recommendations to the 2016 Review Conference, 2(d).

CHAPTER
12

の枠組みでは，規制レベルは低下するが，軍事大国を含む諸国家のコンセンサスに基づくCCW枠組み派と，コンセンサスに基づくCCW枠内の低レベルの規制に満足できず，高レベルの規制を共通目標とする限定的な諸国家だけの有志連合派が対立する。規制形態では，現行国際法の確認で十分なのか，新たにソフト・ロー[43]のような行為準則（code of conducts）や行動指針（guideline of action）を作成すべきか，法的拘束力のある条約を採択すべきか。法文書を作成する場合でも，CCW枠組み内の新議定書なのか，CCW枠外の条約なのか，目指す最終形態についても意見の対立がみられるであろう。

2 事前規制推進派と事前規制慎重派

　事前規制推進派は，当該兵器が出現してからの後追い感覚（catch-up mentality）ではなく，ロボット兵器が出現せずまだ人的被害が発生していない現段階にあって，研究・開発・生産が進みもはや停止できない帰還不能点（point of no return）に至るまでの先制アプローチ（proactive approach）を採用すべきであると主張する。また，LAWSの国際法的枠組みが成立するまでの間，LAWSの研究開発・生産・取得・展開および使用を一時停止（モラトリアム）すべきという予防アプローチは，事前規制推進派の一つの派生形態といえる。

　事前規制推進派は，事前規制の前例として実戦配備前に法規制された1995年のCCW第4議定書（盲目化レーザー兵器禁止議定書）を指摘する。しかし，盲目化レーザー兵器は，現存しないLAWSの状況と異なり，戦場で使用されなかったとはいえ，現実にレーザー照射事件も発生し，法規制直前に兵器としてすでに存在していた。[44]CCW第4議定書は，軍事関係者が盲目化レーザー兵器の軍事的効果および人道的影響を十分認識していた上での法規制であった。つまり，同議定書は，レーザー兵器開発国にとって当該兵器を保有せずとも甘

---

43)　ソフト・ローとは，法的拘束力が明確な条約と比較して，非法の中に何らか法的拘束力がうかがえるもので，法（ハード・ロー）になりつつあるものをいう。国際法学会〔編〕『国際関係法辞典〔第2版〕』（三省堂，2005年）566-567頁。

44)　参照，岩本誠吾「レーザー兵器の国際法的評価」新防衛論集21巻2号（1993年）82-100頁，岩本誠吾「盲目化レーザー兵器議定書に対する国際法的評価」産大法学38巻2号（2004年）1-20頁。

受できないほどの深刻な軍事的損失を受けないと判断した結果である。自律兵器システムの開発国は，もし法規制による軍事的損失が重大であると判断すれば，当然，法規制の議論に慎重な姿勢を示すであろう。

　事前規制慎重派は，高度な自律性を有するロボット兵器を開発している国家（米，露，中，英，韓，イスラエル）のように，軍事技術の研究開発が阻害される法規制に反対し，日本[45]を含む多数の国家のように，LAWS の法規制により汎用性（dual-use）技術の研究開発への悪影響を懸念する[46]。

　CCW のコンセンサス方式で規制レベルが若干低くても軍事大国も参加できる法文書を目指すのか，有志連合方式で軍事大国の参加を期待せず規制レベルの高い法文書を目指すのか，また，どちらの法文書を先に成立させるのかは国際法政策の重要な論点である。対人地雷およびクラスター弾の法規制過程を振り返ると，対人地雷の場合，コンセンサス方式による 1996 年の改正地雷議定書が成立した後に，有志連合方式の対人地雷禁止条約が 1997 年に採択された。後者に加入したくない軍事大国（米，露，中）は，前者に加入できた。しかし，クラスター弾の場合，コンセンサス方式による法文書の成立を待つことなく，一足飛びに有志連合方式のクラスター弾条約が 2008 年に採択された。当該条約に加入したくない軍事大国は，加入すべき次善の法文書もなく，クラスター弾に関して無規制状態となっている。それ故，LAWS の場合，まず，法規制をする方針が固まれば，CCW 枠内で緩やかでも軍事大国が参加する法文書の成立を優先して目指すべきである。というのも，ロボット先進国を置き去りにして LAWS 全面禁止条約が成立したとしても，それは，善人の手しか縛らない実効性に問題のある条約となるからである[47]。

45）　LAWS 第 3 回非公式専門家会合での日本の声明（2016 年 4 月 11 日付），http://www.unog.ch/80256EDD006B8954/(httpAssets)/B367B41929F206A4C1257F9200573ADC/$file/2016_LAWS+MX_GeneralExchange_Statements_Japan.pdf.

46）　英国も，2016 年の LAWS 第 3 回非公式専門家会合においてロボット分野の非致死性の自律技術に正当な利益があると指摘している（前掲注 27）。なお，汎用性技術とは，スピンオフ（軍事技術として開発された技術が民生用に適用）・スピンオン（民生技術として開発された技術が軍事用に適用）される技術のように軍民どちらにも適用される技術を指す。

47）　岩本誠吾「特定通常兵器使用禁止制限条約（CCW）の現状と課題」軍縮研究 5 号（2014 年）8－11 および 15 頁。

③ 議論の困難性を超えて

　LAWS の議論における最大の障害は，具体的な兵器の実態が存在せず，その被害事例も発生していないことにある。自律兵器開発国は，当該兵器に関する最先端の軍事技術情報を秘匿し，たとえ，国内手続として新兵器の法的審査をしても，軍事技術の進展具合は公の場で明確にならない。そのために，議論そのものが抽象的にならざるを得ない。事前規制推進派と慎重派が思い描くLAWS の予想図も同一ではなく，議論がうまくかみ合っていないようにも思える。

　本来，AI を含むロボット技術は汎用性技術であるために，前述のように，LAWS の規制範囲によっては，災害・医療などの民生用自律技術の研究開発に負の影響が及ぶのではないかと懸念される。しかし，CCW 締約国会議でのLAWS 議論は，あくまで「致死性」自律兵器システムに限られ，兵器化（weaponized）されていない完全自律技術や半自律兵器システムは対象外であるという[48]。例えば，自律型四足歩行ロボット（LS3）のような物資輸送用ロボット兵器や人間監視型のファランクスのさらなる自律性を高める研究開発は認められることになる。しかし，どこから「兵器化」なのか，今後の議論において明確にされなければ，民生用技術への悪影響の不安は払拭できない。

　国際法の兵器規制は，軍事的利益と人道的考慮の 2 つの視点から議論されてきたが，LAWS の場合，科学技術の発展に伴う倫理的考慮という新たな視点が加わった。この点を踏まえて，2017 年に設立される政府専門家会合（GGE）が本格的に時間をかけて LAWS 問題に取り組むことになった。確かに，LAWS の法規制問題は当該兵器の出現と時間的競争関係にあるが，拙速でも巧遅でもなく，着実に LAWS の国際法的位置付けを明確にし，必要な場合に，適切な法規制を構築することが望まれる。その日まで，各国は，それぞれの国内手続に従い LAWS の研究開発段階での法的審査を厳格に実施しなければならないことはいうまでもない。

48）　HRW, *2016 Report*, pp. 45-46.

各 NGO の下記ウェブサイト

殺人ロボット阻止キャンペーン（CSKR），https://www.stopkillerrobots.org/
特定非営利活動法人 難民を助ける会（CSKR 参加団体），http://www.aarjapan.gr.jp/
ヒューマン・ライツ・ウォッチ（CSKR 参加団体），https://www.hrw.org/（日本語版あり）

P・W・シンガー〔著〕，小林由香利〔訳〕『ロボット兵士の戦争』（NHK 出版，2010 年）

岩本誠吾「致死性自律型ロボット（LARs）の国際法規制をめぐる新動向」産大法学 47
巻 3=4 号（2014 年）330-363 頁

岩本誠吾「国際法における無人兵器の評価とその規制動向」国際安全保障 42 巻 2 号（2014
年）15-33 頁

佐藤丙午「第 4 章 LAWS（致死性自律兵器システム）の戦争」川上高司〔編著〕『「新し
い戦争」とは何か』（ミネルヴァ書房，2016 年）56-71 頁

略語一覧（本文での記述順）

略　語	正式用語	日本語訳
UAV	Unmanned Aerial Vehicles	無人航空機
UCAV	Unmanned Combat Aerial Vehicles	無人戦闘機
UGV	Unmanned Ground Vehicles	無人陸上車両
IED	Improvised Explosive Devices	即席爆発装置
USV	Unmanned Surface Vehicles (Vessels)	無人水上艦
UUV	Unmanned Underwater (Undersea) Vehicles	無人水中航行体
HRW	Human Rights Watch	ヒューマン・ライツ・ウォッチ
RIMPAC リムパック	Rim of the Pacific Exercise	環太平洋合同演習
LS3	Legged Squad Support System	自律型四足歩行ロボット
LARs	Lethal Autonomous Robotics	致死性自律ロボット
AI	Artificial Intelligence	人工知能
LAWS シーラム	Lethal Autonomous Weapons Systems	致死性自律兵器システム
C-RAM	Counter Rocket, Artillery and Mortar System	対ロケット野戦砲迫撃砲システム
THAAD サード	Terminal High-Altitude Area Defense	終末高高度領域防衛
CIWS シウス	Close in Weapon Systems	近接防御火器システム
CSKR	Campaign to Stop Killer Robots	殺人ロボット阻止キャンペーン
ICRAC	International Committee for Robot Arms Control	ロボット軍備管理国際委員会
CCW	Convention on Conventional Weapons	特定通常兵器使用禁止制限条約
ICRC	International Committee of the Red Cross	赤十字国際委員会
GGE	Group of Governmental Experts	政府専門家会合
ROE	Rules of Engagement	交戦規則
ROWS	Remotely Operated Weapons Systems	遠隔操作兵器システム

わ　行

ロボット・AI と法
The Laws of Robots and Artificial Intelligence

2018 年 4 月 10 日　初版第 1 刷発行
2019 年 8 月 30 日　初版第 4 刷発行

編　　者	弥　永　真　生
	宍　戸　常　寿
発 行 者	江　草　貞　治
発 行 所　株式会社	有　斐　閣

郵便番号 101-0051
東京都千代田区神田神保町 2-17
電話 (03) 3264-1314〔編集〕
　　 (03) 3265-6811〔営業〕
http://www.yuhikaku.co.jp/

印刷・大日本法令印刷株式会社／製本・大口製本印刷株式会社
組版・田中あゆみ
© 2018, M. Yanaga, G. Shishido.
Printed in Japan
落丁・乱丁本はお取替えいたします。
★定価はカバーに表示してあります。
ISBN 978-4-641-12596-4